# 混合智能算法研究及应用

Hunhe Zhineng Suanfa Yanjiu Ji Yingyong

胡桂武　陈建超　胡劲松◎著

·广州·

**图书在版编目(CIP)数据**

混合智能算法研究及应用/胡桂武,陈建超,胡劲松著.—广州:华南理工大学出版社,2018.12

ISBN 978-7-5623-5869-5

Ⅰ.①混… Ⅱ.①胡… ②陈… ③胡… Ⅲ.①计算机算法-研究 Ⅳ.①TP301.6

中国版本图书馆 CIP 数据核字(2018)第 288275 号

**混合智能算法研究及应用**

胡桂武 陈建超 胡劲松 著

---

**出 版 人**:卢家明

**出版发行**:华南理工大学出版社

(广州五山华南理工大学 17 号楼,邮编 510640)

http://www.scutpress.com.cn E-mail:scutc13@scut.edu.cn

营销部电话:020-87113487 87111048(传真)

**责任编辑**:欧建岸

**印 刷 者**:虎彩印艺股份有限公司

**开 本**:787mm×960mm 1/16 **印张**:13.25 **字数**:330 千

**版 次**:2018 年 12 月第 1 版 2018 年 12 月第 1 次印刷

**定 价**:45.00 元

---

# 目 录

## 理论篇

## 应用篇

# 理 论 篇

# 第一章　绪　论

优化是在给定的环境条件下获取最好结果的行为，在任何工程系统的设计、施工和维护中，工程师必须在各个阶段采取很多工艺和管理方面的决策，所有这些决策的最终目的无非是使完成某一任务所必须做出的努力最小，或是使其效益最大。因为所必须做出的努力或所希望的效益在任何实际情况下均可表示为一些决策变量的函数，故优化可定义为寻找给定函数取极大值或极小值的条件的过程。

从传统的观点来看，寻优法也称为数学规划方法，是运筹学的一部分。运筹学是数学的一个分支，涉及用科学的方法和手段进行决策及确定最好和最优解的数学。

从现代的观点来看，优化问题的解决依赖于计算机强大的计算能力，其关键在于算法，其实质就是一种搜索，因此它是人工智能的关键技术之一，属于计算机科学的范畴。该领域是人工智能研究的一个热点，比如，有大量的学者从事遗传算法方面的研究。

因为不存在一种可以有效地求解所有优化问题的优化方法，故为了求解不同类型的优化问题，人们发展了很多优化方法。

## 1.1　优化问题的应用背景

不论对基础研究还是应用研究，优化问题都是一个普遍的问题，有广泛的应用背景。Schwefel 说：[1]“很少有一本现代科学杂志，不论是工程、经济、管理、数学、物理乃至社会科学杂志，其中没有‘优化’这个关键词。如果概括所有的专家的观点，问题的解决可概述为从许多可能的事件状态中选择一个较好的或最好的。”实际优化问题形式多种多样。

从广义的角度来说，优化可用来解决任何工程问题，为了说明优化应用的广泛性，下面列出优化在不同工程学科的一些传统的典型应用：

(1)飞行器和宇航结构设计中，要求重量极小；

(2)求空间运载工具的最优轨迹；

(3)土木工程结构设计中，要求成本最低；

(4)水力资源系统设计中，要求效益最好；

(5)结构的最优塑性设计；

(6)机械部件的优化设计，加工条件的选择，节约材料成本最小；

(7)电力设备、电网的优化设计中，最低损耗问题；

(8)销售员在一次旅行中访问不同城市的最短路程问题，即 TSP 问题；

(9)控制系统的最优化问题。

优化问题也是计算机应用和工程中的重要问题，随着 IT 业的飞速发展，最新的热门应用有布线方案、调度问题、自适应控制，游戏规则、认知模型、运输问题、优化控制、通信网络、计算机网络的规划和优化设计，路由器、交换机的路径选择、最短延时、网络虚通道路由选择和带宽分配[2]、数据库查询优化[3]等。

## 1.2 优化问题分类

优化问题可用以下不同的方法进行分类：

(1)按是否有约束分类。根据问题中有无约束，任何优化问题可分为有约束和无约束两种。

(2)按设计变量性质分类。第一类问题为寻找一组设计参数值，使在满足一定约束条件下，这些参数的某规定函数达到极小值。第二类问题的目的是寻找一组设计参数，在于规定的约束条件下使目标函数极小。动态优化问题属于第二类问题。

(3)按问题的物理结构分类。优化问题可分为最优控制问题和非最优控制问题。一个最优控制问题通常可用两类变量来描述，即控制变量(设计及变量)和状态变量。控制变量调节系统从一阶段到另一阶段的演变，而状态变量描述系统在任一阶段的性态。最优控制问题是包含若干个阶段的数学规划问题，当中每一阶段都是由前一阶段按确定方式演变来的。问题是要求一组控制或设计变量，在满足于对状态变量和控制变量有关的一定约束条件下，使总的目标函数在整个阶段为极小。

(4)按所包含方程式的特性分类。即根据目标函数和约束函数表达式的特性来分。按这种方法，问题可分为线性规划、非线性规划、几何规划和二次规划。从计算的观点来说，这种分类法很有用，因为研究出的很多方法仅对某一类问题能有效地求解。

①非线性规划问题。目标函数和约束函数中的任意一个函数是非线性的，称为非线性规划问题。这是一类最普遍的规划问题，且所有其他问题均可看作非线性规划问题的特殊情况。

②几何规划问题。几何规划问题是目标函数和约束函数可表示成正多项式的规划问题。

③二次规划问题。目标函数为二次，约束为线性的非线性规划问题称为二次规划问题。

④线性规划问题。目标函数和全部约束函数都是设计变量的线性函数。

(5)按设计变量容许取值来分类。根据设计变量容许的取值，优化问题可分为整数规划问题和实数规划问题。

①整数规划。如优化问题中几个或全部设计变量只能限于取整数(或离散值)，这种问题称为整数规划问题。

②实数规划。若所有设计变量可取任何实数，这种问题称为实数规划问题。

(6)按包含变量确定性的性质分类。根据所包含变量的确定性的性质，优化问题可分为确定性规划问题和随机规划问题。某几个或全部参数(设计变量和/或预先给定的参数)是概率性的(不确定的或随机的)优化问题称为随机规划问题。反之为确定性问题。

(7)按函数的可分离性分类。按目标函数和约束函数的可分离性，优化问题可分为可分离规划问题和不可分离规划问题。

(8)按目标函数的个数分类。可分为单目标和多目标规划问题。

# 1.3　传统优化方法

### 1. 古典微分法

古典微分法可用于求具有几个变量的函数的无约束极大值和极小值，这些方法假设函数对设计变量是二阶可微，且导数连续。对于具有等式约束的问题，常用 Lagrange 乘子法，但一般说来这种方法导致一组非线性联立方程组，可能难于求解。

### 2. 一维极小化方法

主要有以下几种：无约束搜索法、穷举搜索法、两分搜索法、Fibonacci 法、黄金分割法、二次插值法、三次插值法、直接求根法。

该方法的基本原理是按以下步骤产生一系列改进的近似解去逼近最优解：

①从一个初始点开始；

②找一个合适的方向，方向为大致指向极小点的方向；

③求沿合适方向移动的合适步长；

④求得新的近似点；

⑤检验该点是否为最优点，若是，停止程序，否则继续执行以上步骤。

### 3. 非线性规划之无约束优化方法

主要有随机搜索法、坐标轮换法、模式搜索法、Rosenbrock 旋转坐标法、单纯形法、最速下降法、共轭梯度法、拟牛顿法、变尺度法。

### 4. 非线性规划之有约束优化方法

主要有复合形法、割平面法、可行方向法、罚函数法、内点罚函数法、外点罚函数法。

### 5. 动态规划法

动态规划法是一种非常适用于多级决策问题的数学工具，它是由 Richard Bellman 在 20 世纪 50 年代提出的。动态规划技术在应用时是将一个多级决策问题表示为或者说分解为一系列单级决策问题。因此一个 $N$ 个变量的问题是被表示为一系列 $N$ 个单变量问题，并顺序求解。在大多数情况下解这 $N$ 个子问题比解原问题要容易些。

### 6. 整数规划法

当优化问题中的所有变量都只允许取整数值时，此问题称为全整数规划。当仅某些变量限于取整数值时，则此优化问题称为混合整数规划。当一优化问题的所有问题的所有设计变量只允许取 0 和 1 时，此优化问题称为 0-1 规划。

整数规划法主要有割平面法、分支界面法、Balas 法、一般罚函数法。

7. 随机规划

随机和概率规划用来处理几个或全部参数使用随机(或概率)变量而不是确定量来描述的优化问题，根据问题中所包含的方程式的特征(被随机变量表示的方程)，随机优化问题可分为随机线性规划和随机非线性规划问题。求解任何随机规划问题所用的基本思想是把随机问题转换为确定性问题。因而所形成的确定性问题可用线性、几何、动态及非线性规划等熟悉的方法求解。

## 1.4 现代优化算法

在现代管理科学、计算机科学、大规模集成电路设计及电子工程等科技领域中存在着大量组合优化问题。尽管许多经典优化算法解决了一些问题，但是其中很多问题至今没有找到有效的多项式时间算法。业已证明，许多问题是 NP 完全问题，对其求解的算法时间复杂度是指数阶的。在问题规模增大时，往往由于计算时间的限制，而丧失可行性。因而必须寻求其快速近似算法。

许多实际优化问题的目标函数都是非凸的，存在许多局部最优点，如何有效地求出一般非凸函数的全局最优点，仍然是一个尚未解决的难题。特别是对于大规模优化问题，寻找有效的搜索方法具有重要的意义。寻求全局优化问题的解的方法基本上可以分为两类：确定性方法和随机方法。当目标函数满足特定的条件时，确定性方法给出的搜索策略能够保证求得全局最优点，但是该方法往往要求目标函数满足特定的条件(如连续可微性、Hessian 矩阵存在、目标函数为凸函数等)，而实际问题的目标函数往往不满足这些条件，因而限制了其应用范围；随机方法在搜索策略中引入随机因素，对目标函数一般不需要有特定的限制，适用范围比确定方法要广，该方法不能保证一定能够求得全局最优解，只能保证在概率意义下能够求得全局最优解。由于随机搜索方法的这些优点，使得该方法在实际中获得了广泛的应用。为了克服传统优化方法的不足，许多智能计算方法如遗传算法(GA)[4]、进化规划(EP)[5]、进化策略(ES)[6]、模拟退火(SA)[7]、禁忌搜索(Tabu Search，简称 TS)[8]等日益受到重视。

### 1.4.1 模拟退火

1982 年，Kirkpatrick 等将退火思想引入组合优化领域，他首先意识到固体退火过程与组合优化问题之间存在的类似性，Metropolis 等对固体在恒定温度下达到热平衡过程的模拟也给他以启迪：应该把 Metropolis 准则引入到优化过程中来，最终提出一种解大规模组合优化问题，特别是 NP 完全组合优化问题的有效近似算法——模拟退火算法[7]。它源于对固体退火过程的模拟，综合了统计物理学和局部搜索方法的思想，采用 Metropolis 接受准则，并用一组称为冷却进度表的参数控制算法进程，使算法在多项式时间里给出一个近似最优解，比传统的局部搜索算法优越。算法的基本思想是从一给定解开始的，使用一产生器和接受准则，不断把目前结构的解转变为邻近结构的解，接受准则允许目标函数在有限范围内变坏，它由一控制参数 $t$ 决定，其作用类似于物理过程中的温度 $T$，对于控制参数 $t$ 的每一取值，算法持续进行“产生新解——判断——接受或舍弃”的迭代过程，对应着固体在某一恒定温度下趋于热平衡的过程。经过大量的解变换后，可以求得给定控制参数 $t$ 值时组合优化问题的相对最优解。然后减小控制参数 $t$ 的值，重复执行上述迭代过程。当控制参数逐渐减小并趋于零时，系统亦越来越趋于平衡状态，最后系统状态对应于组合优化问题的整体最优解。该过程也称冷却过程。由于固体退火必须“徐徐”降温，才能使固体在每一温度下都达到热平衡，最终趋于平衡状态，因此，控制参数的值必须缓慢衰减，才能确保模拟退火算法最终趋于组合优化问题的整体最优解。

### 1.4.2　Tabu 算法

Tabu 算法即搜索(Tabu Search，简称 TS)、禁忌搜索，是一种亚启发式搜索技术[9]，它通过禁止邻域中的某些移动从而跳出局部最优点，防止循环(跳出后又返回)。或者说，在迭代进行过程中，邻域是可变的，目的是防止循环；同时“遗忘”又使得这些禁止是弱禁止，即在一定的时间之后这些禁止将失效。最终完成全局优化之目的。

我们知道，著名的模拟退火算法是模拟统计物理中晶体的降温过程完成全局优化，而 Tabu 搜索算法是一种完全不同的思路，它设法模拟人的思维过程，在这个意义上，TS 可看作是一种智能搜索技术。TS 技术是通过几个简单的基本要素(Ingredient)的组合构成的。这几个基本要素包括邻域、Tabu 表(List)及评价函数。在这里，邻域与一般的优化技术中的定义是一致的，不再赘述。Tabu 表是一个或数个数据序列，是对先前的数步搜索所做的记录，记录的方式是很多的，记录的长度也是可变的，选取的好坏直接影响算法的效率。而评价函数通常就是问题的目标函数或它的某种变换形式，用于对一个移动做出评价。由 Tabu 表和评价函数可以构造一种 Tabu 条件：不在 Tabu 表中，或者尽管在 Tabu 表中但评价函数改善。

TS 技术简言之就是在邻域中搜索评价函数的极小点，若该点满足 Tabu 条件则接受，否则拒绝，直至迭代终止。TS 算法的具体步骤可以参考文献[10]。我们知道，SA 算法的两个主要特征是采用了随机策略和退火策略，而正是这两个策略导致 SA 算法运算量往往较大，消耗大量机时。TS 是确定性算法，也不需要退火，因此具有较快的收敛速度，同时由于 3 个基本要素的共同作用，算法能同样有效地跳出局部极小点，具有 SA 相当的全局优化能力。

目前，Tabu 算法已广泛应用于组合优化的作业安排问题(Jobshop)[11]，旅行、商问题[12]、图着色问题[13]、神经网络学习[10]以及聚类分析等之中。

Tabu 搜索的核心是记录搜索过程的短期和长期履历，以此对搜索过程加以控制，增强搜索的广泛性和集中性。

下面是 Tabu 搜索的算法框架：

①初始化：生成一初始解 $X$，令暂定最优解 TempBest $= X$，迭代步数 $k=1$，Tabu 表 $T=\Phi$。

②生成候选解集合：从 $X$ 的邻域中找出一定数量的解作为候选解集合 $N(X)$。

③搜索：Ⅰ. 若 $N(X)=\Phi$，转②重新生成候选集；否则，从 $N(X)$ 中找出最优解 $Y$。

Ⅱ. 若 $Y\in T$，并且 $Y$ 不满足激活条件，令 $N(X)=N(X)-\{Y\}$，转Ⅰ；否则，令 $X=Y$。若 $Y$ 好于 TempBest，TempBest $=Y$。

④修改 Tabu 表：若满足终止条件，输出 TempBest；否则，令 $T=T\cup\{X\}$(Tabu 表是

有一定长度的先入先出表)，令 $k=k+1$，转②。

在实际应用中，Tabu 搜索中的禁止集合与激活条件可以灵活地实现，可以把各种先验知识和搜索的履历、解的性质等以禁止集合或其他形式记录下来，从而控制以后的搜索过程。

### 1.4.3 遗传算法

遗传算法，有的作者译为基因算法[14]，是一种模拟自然选择和遗传机制的寻优程序，它是20世纪60年代中期美国密歇根大学 J. Holland 教授首先提出[15]并随后主要由他和他的一批学生发展起来的。把计算机科学与进化论撮合到一起的最初尝试是在20世纪50年代末60年代初。但由于过分依赖突变而不是配对来产生新的基因，所以收效甚微。Holland 的功绩在于开发一种既可描述交换也可描述突变的编码技术，这是最早的遗传算法，文献中现在把它称为简单遗传算法(Simple GA，SGA)。

一般的遗传算法由4个部分组成：编码机制、控制参数、适应度函数、遗传算子。

GA 最直接的应用或许就是多元函数的优化问题。如果函数表达式是清楚的，又具有良好的分析性质，自然用不着 GA。但若所讨论的函数受到严重的噪声干扰而呈现出非常不规则的形状，同时所求的也不一定非是精密的最大(小)值，则 GA 就可以找到它的应用。

近年来，GA 在商业应用方面取得一系列重要成果。或许这也是它受到学术界之外的企业界、政府部门以及更广泛的社会阶层普遍重视的原因。GA 的商业应用五花八门，覆盖面甚广，Goldberg 在 Comm. ACM 上的一篇专论[16]较为详细地介绍了美国近年来的一些成果。例如，通用电器的计算机辅助设计系统 Engeneous，这是一个混合系统(hybrid system)，采用了 GA 以及其他传统的优化技术作为寻优手段。Engeneous 已成功地应用于汽轮机设计，并改善了新的波音777发动机的性能。美国新墨西哥州州立大学心理学系开发了一个 Faceprint 系统，可根据目击者的印象通过计算机生成嫌疑犯的面貌。计算机在屏幕上显示出20种面孔，目击者按十分制给这些面孔评分。在此基础上，GA 按通常的选择、交换和突变算子生成新的面孔。Faceprint 的效果很好，已申报专利。同一个州的一家企业——预测公司(Prediction Company)则首先开发了一组用于金融交易的时间序列预测和交易工具，其中 GA 起了重要作用。据说，这一系统实际运行效果很好，可以达到最好的交易员的水平，引起银行界的关注。GA 在军事上的应用也有报道：如用于红外线图像目标判别的休斯遗传程序系统(Hughes genetic programming system)，效果很好，以至准备把它固化成硬件。

今后几年，可以预期，扩广更加多样的应用领域，其中包括各种 GA 程序设计环境的开发，仍将是 GA 发展的主流。事实上这也是21世纪高新技术迅速发展带有规律性的特点，即面向应用。

### 1.4.4 进化策略

进化策略是由德国的 I. Rechenberg 和 H. P. Schwefel 建立的[5]。进化策略假设不论基因发生何种变化，产生的结果(性状)总遵循零均值、某一方差的高斯分布。它与遗传算法的主要区别是没有交叉算子，全部依靠设计各种不同的变异算子来产生后代。目前采用多父体产生多后代的方法。用$(\mu+\lambda)$进化策略或$(\mu, \lambda)$进化策略表示。前者指$\mu$个父体产生$\lambda$个后代，然后这$\mu+\lambda$个个体参与竞争，并选择最优的$\lambda$个个体遗传到下一代。后者表示仅$\lambda$个后代遗传到下一代，$\mu$个父体全部被替换。

进化策略是模拟自然界生物进化过程的计算模型，是一种全局优化搜索方法。进化策略按父本参与生存竞争与否，可分为"+"规则进化策略和"·"规则进化策略，分别以$(\mu+\lambda)-ES$和$(\mu, \lambda)-ES(\lambda \geqslant \mu \geqslant 1)$来表示。进化策略的简单形式描述如下。

```
begin;
Generation: =0;
初始化：设定父本个数μ，并初始化父本；
适应度计算：用适应度函数计算每个父本的适应度；
while(终止条件不满足)do
变异：通过对父本加高斯变异产生λ个子本；
适应度再计算：计算λ个子本的适应度；
选择：if(采用(μ+λ) - ES)
        then：μ个父本和λ个子本共同竞争，选择适应度高的μ个个体作为新的父本；
        else：仅λ个子本竞争，选择适应度高的μ个个体作为新的父本；
Generation: =Generation+1;
end;
```

如何实现在复杂而庞大的空间中搜索最优也是进化策略实际应用中的难题之一。文献[17]将经典的进化策略进行改进，以降低搜索空间复杂度，提高搜索效率，并节省存储容量。改进从变异方式、个体选择和策略形式3个层次进行。

### 1. 变异方式：单分量变异

单分量变异法：从个体中随机取一个分量，对此分量加高斯随机数发生一次变异，并计算局部适应度。如果在个体的所有分量加高斯随机数发生变异，由于各分量之间的相互影响，对较优分量的继承性不好。当个体分量较多时，搜索时间过长。研究表明，局部搜索比全局搜索更为有效[18]，通常局部搜索采用传统的优化方法，如梯度下降法等，但对于目标函数不可微的问题实现起来较为困难。文献[17]提出的单分量变异从降低搜索空间的复杂度出发，搜索随机地对各分量进行。当个体的各分量之间是有规律相关时，选择与此分量相关性较强的若干分量，组成一个"局部个体"。单点变异后，与此分量对应的"局部个体"受到较大的影响，忽略对其他分量的影响，计算"局部个体"的适应度(称为局部适应度)，并以局部适应度作为个体是否被保留的判断条件。局部适应度的计算，可以有效地降低计算时间。

### 2. 个体选择：优胜劣汰规则

个体的选择采用"优胜劣汰"规则，即要求子本的适应度高于或等于父本。子本的适应度高于父本，使得每一步变异都朝适应度增大的方向进行，避免了重索，加快了收敛速度。而且，通常$(\mu+\lambda)-ES$是父本和子本共同参与生存竞争，同时要保存$(\mu+\lambda)$个个体，采用"优胜劣汰"选择规则，则子本与父本的比较逐个进行，不需要同时存储所有的个体，易于在 PC 机上实现，这相当于一种变 $\lambda$ 的 $(\mu+\lambda)$ - ES。

**3. 策略形式：组合进化策略**

组合进化策略：搜索过程采用 $(\mu+\lambda)$ - ES 和 $(\mu, \lambda)$ - ES 相结合的策略形式。

比较而言，$(\mu+\lambda)$ - ES 较好地继承了父本的优良特性，收敛性好，但易于陷入局部最优；$(\mu, \lambda)$ - ES 易于跳出局部最优，但由于放弃了上一代的结果，所以收敛较慢。采取 $(\mu+\lambda)$ - ES 和 $(\mu, \lambda)$ - ES 相结合的策略，以 $(\mu+\lambda)$ - ES 快速逼近最优，当判断适应度函数陷入了局部最优时，则下一代采用 $(\mu, \lambda)$ - ES$(\mu=\lambda)$，重新产生初始个体，以此来跳出局部最小，这类似于自然界的毁灭性"大灾难"，然后继续 $(\mu+\lambda)$ - ES 进化。

在理论上，经过无穷多次搜索，进化策略可以找到全局最优解。而在实际应用中，当搜索空间过于庞大时，无法穷举所有局部最优，只能在若干个局部最优解中选择最佳者作为满意解。组合进化策略就是基于这种思想，在若干次"大灾难"之后，选择适应度最佳的一个个体作为满意解。

### 1.4.5 进化规划

进化规划[6]是 Fogel L. J. 在 20 世纪 60 年代中期创建的，它利用有限自动机的原理产生后代。其基本算法与进化策略相似，也仅有变异算子。值得一提的是进化策略和进化规划均直接采用浮点数而不是二进制编码。虽然上述方法在一些实现细节上有所不同，但概念上接近一致。进化算法在运用诸如基因突变、基因重组、基因选择等进化算子的基础上，建立了一种与生物进化相似的非常通用和有力的搜索寻优及学习方法。

进化规划用于函数优化问题一般包括如下步骤：

①初始化：在搜索空间中随机产生 $N$ 个可行解构成的初始种群（$N$ 为种群规模）；

②变异过程：采用高斯变异算子，把个体 $X$ 的每个分量作一随机扰动（均值为 0，方差为 $\sigma$ 的高斯随机变量），产生新的个体 $X'=X+N(0, \sigma)$；

③选择过程：根据目标函数，确定父代和子代对应个体的性能优劣，把性能较好的个体保留下来，作为新一代的个体；

④终止条件判定：判定中止条件是否满足，如果满足，则结束，否则，重复以上过程。

标准进化规划算法仅给出了用进化规划算法求解优化问题的一般过程。在进化过程中，结合搜索过程中所积累的知识，将有助于改善解的性能。

遗传算法、进化规划和进化策略这三类进化算法都是基于对自然进化的模拟，思想来源于达尔文"适者生存"的理论，其区别在于产生下一代群体的规则不同，但下一代群体的产生又都是仅依赖于其父代。

### 1.4.6 神经网络

神经网络是由大量处理单元组成的非线性、自适应、自组织系统，它是在现代神经科学研究成果的基础上提出的，试图模拟神经网络加工、记忆信息的方式，设计一种新的机器，使之具有人脑风格的信息处理能力。

20 世纪 80 年代，Hopfield 提出一个连续时间神经网络模型（简称 HNN 模型），它是高度互联的非线性动力学系统，具有高速并行计算的特征，并且结构一致，联接方式规则，便于集成。HNN 是反馈动力学系统，比前向神经网络具有更强的计算能力，为实时求解大型非线性规划和优化问题提供一个新的研究途径。正是由于 Hopfield 神经网络解决了难度很大的旅行商问题，从而掀起了研究神经网络的高潮。我国学者在这方面起步较早，在理论和应用方面都有所突破，如王守觉、鲁华祥等的神经网络计算机[19, 20]。

## 1.5 现代优化算法的应用

### 1.5.1 神经网络的优化

利用各种优化算法对神经网络本身进行优化一直是神经网络研究的热点，也是优化算法的重要应用。优化神经网络结构是神经网络学习领域一个重要和新兴的研究方向，存在许多亟待解决的问题，

神经网络学习包括两方面：拓扑结构和联接权的变化。但一般的神经网络学习算法仅仅改变网络的权值，而拓扑结构是不变的，即静态的，从开始到学习结束整个过程，均不改变它。这有许多缺点[21]：

(1)对用户提供的参数(学习率、动量项等)很敏感；

(2)学习期间出现局部最小；

(3)没有一种有效地选择初始拓扑结构(结点数、层数)的方法。

目前的研究已证明，动态拓扑结构可以解决以上几个问题。

设计神经网络拓扑结构是个非常重要的问题，网络中隐结点少，学习过程可能不收敛，过多了，长时间不收敛，还会由于过拟合(overfitting)，造成网络的容错性能下降。每个应用问题需要有适合它自己的网络结构。在一组给定的性能准则下优化神经网络结构是个复杂的问题。

本书第一至十章研究应用优化算法对神经网络进行优化的问题。

### 1.5.2 生物信息处理中的序列比对

在过去的 5 年到 10 年，随着生物数据呈几何级数的增加，从生物数据中提取有用的生物信息，已经成了当务之急，生物信息处理已经成为现代生物学、医学、生物信息学中的研究重点。在目前的生物信息处理中，序列分析已经成了“硅”科学在生物医学中应用的热点。研究高效率的计算方法已经成为一个很有前途和紧迫的研究领域，其中序列比对[148]算法的研究是其中最重要、最基本、也是最有挑战性的任务之一，它在现代分子生物学中的重要性表现如下[147-151]：

(1)它在识别具有功能、结构重要性的局部保守区中有极其重要的意义；

(2)它可以辅助检查一个序列家族中的全局相似性和进化亲缘关系；

(3)它可以用来预测新的蛋白质序列的结构和功能，特别是二级和三级结构的预测。

从非生物学的角度来看，序列比对就是运用某种特定的数学模型或算法，找出两个或多个序列之间的最大匹配碱基或残基数。比对的结果反映了算法在多大程度上反映了序列之间的相似性关系以及它们的生物学特征。因此，设计一个合理高效的序列比对算法已成

为生物信息学领域中的一个非常重要的研究课题[150]。

序列比对分为两类。一类是全局比对，即从整体上分析两个序列的关系，即考虑序列的整体比较，用类似于使整体相似最大化的方式对序列进行比对。另外一类是局部比对，就是用使局部相似最大化的方式对序列进行比对。本文只讨论全局比对。

为了便于理解，我们对多序列比对过程给出下面初步的描述。把多序列比对看作一张二维表，表中每一行代表一个序列，每一列代表一个残基的位置。将序列依照下列规则填入表1－1中：

①一个序列所有残基的相对位置保持不变；

②将不同序列间相同或相似的残基放入同一列，即尽可能将序列间相同或相似残基上下对齐。

**表1－1　多序列比对的定义**

| | 1 | 2 | 3 | 4 | 5 | 6 | 7 | 8 | 9 | 1 |
|---|---|---|---|---|---|---|---|---|---|---|
| Ⅰ | Y | D | G | G | A | V | - | E | A | L |
| Ⅱ | Y | D | G | G | - | - | - | E | A | L |
| Ⅲ | F | E | G | G | I | L | V | E | A | L |
| Ⅳ | F | D | - | G | I | L | V | Q | A | V |
| Ⅴ | Y | E | G | G | A | V | V | Q | A | L |

我们称比对前序列中残基的位置为绝对位置。如序列Ⅰ(YDGGAVEAL)的第7位的残基是E，则E在序列Ⅰ的绝对位置就是7，是不变的。相应地，我们称比对后序列中残基的位置为相对位置。如序列Ⅰ(YDGGAVEAL)的残基是E，则E在序列Ⅰ的绝对位置就是7，在比对后的相对位置是8。也就是说，绝对位置是序列本身固有的属性，或者说是比对前的位置，而相对位置则是经过比对后的位置，也就比对过程赋予它的属性。另外，同一列中所有残基的相对位置相同，而每个残基的绝对位置不同，因为它们来自不同的序列。

表1－1表示5个短序列(Ⅰ－Ⅴ)的比对结果。通过插入空位，使5个序列中大多数相同或相似残基放入同一列，并保持每个序列残基顺序不变。

多序列比对具有极高的计算复杂性，双序列比对的复杂性为$O(L_1L_2)$。其中$L_1$、$L_2$是指两条序列的长度。三序列比对则可以理解为将双序列比对的两维空间扩展到三维，即在原有二维平面上增加一条坐标轴。这样算法复杂性就变成了$O(L_1L_2L_3)$，其中$L_i(k=1,2,3)$表示第$k$条序列的长度。

随着序列数量的增加，算法复杂性也不断增加。$n$个序列进行比对的算法复杂性为$O(L_1L_2L_3\cdots L_n)$，其中$L_n$是最后一条序列的长度。若序列长度相差不大，则可简化成$O(ml)$，其中$m$表示序列的数目，$l$表示序列的长度。显然，随着序列数量的增加，序列比对的算法复杂性按指数规律增长，已经证明多序列比对是NP问题[151]。

近几十年来许多学者对序列比对算法进行了研究，最有影响的是Smith和Waterman提出的动态规划算法[156]，该算法是一种最优算法，但所需的时间和空间复杂性分别是$O(2^nL^n)$和$O(L^n)$，$n$表示序列数目，$L$表示序列的长度(假设序列长度都是$L$)，尽管求解结果很好，但适应性不强。降低算法复杂性，是目前研究多序列比对的一个重要方面。目前主要的方法是启发式算法，一般分为渐进算法和迭代法。最著名的是Feng-Doolittle的渐进算法[180-182]，该方法的时间复杂性是 $O(nL^2)$，极大地提高了求解的速度。算法过程简单描述如下：

①用标准动态规划法计算任意两条序列的距离，构建距离矩阵，反映序列；

②用算法(聚类算法)然后根据距离矩阵计算产生系统进化指导树。然后从最紧密的两条序列开始，逐步引入临近的序列并不断重新构建比对，直到所有序列都被加入为止。

Feng-Doolittle 软件 ALIGN 对其进行了实现，目前可以在 http://www-biology. ucsd. edu/~msaier/transport/software 上免费得到。算法速度的优势，吸引了许多工作者的研究，在此基础上产生了不少很有实用意义的多序列比对算法。有代表性的软件有 MULTALIGN (Barton 和 Sternberg，1987)[187]、MULTAL (Taylor，1988)[173]、PILEUP 和 CLUSTALW (Thompson 等，1994)[174]、POA(Lee 等，2002)[202]等。这些软件尽管速度很快，遗憾的是质量不能得到保证，所有这些软件包中，目前 CLUSTALW 是最成功的。

迭代法主要应用于遗传算法、模拟退火算法和概率中马尔可夫理论等，代表性的有 HMMT (Eddy，1995)[189]，Hanada，Yokoyama 和 Shimizu[238]，SAGA(Higgins)[207]，(Notredame 和 Higgins，1996)[208]等的迭代法。迭代法的优点是能得到更好的解，缺点是不稳定、速度慢。文献[280,200]做了详细的分析。

目前该问题依然是很受关注的问题，2003—2004 年被三大索引收录的文献有 100 多篇，但都只是局部解决一些问题。总的来说，目前还没有一个最佳的多序列比对方法，所有方法只是解决了多序列比对的部分问题。随着人类基因组计划的进行，各种模式的生物全基因组序列不断涌现，对序列比对的算法提出了更高的要求，这也是研究该问题的原因和意义。另外，计算智能在求解优化问题上具有优势，并且已经有一些有意义的探索[197]，这使得计算智能技术在研究序列比对问题的可行性得到了保证。

本书第十一至十四章研究应用优化算法对进行序列比对的问题。

## 1.5.3 文本挖掘中的概念知识库构建

### 1. 当前文本处理系统的局限性

电子文字资料(后面都统称为文本)是一种完全非结构化的数据，为了能让计算机更有效地处理文本，产生了一个新的学科：自然语言处理[367] (Natural Language Processing，NLP)。NLP 是一个很广泛的范畴，所有借助于计算机来进行语言文字处理的研究工作，都属于这个范畴。这是一个计算机科学和语言学的交叉学科，目前，很多高校都建立了自然语言处理实验室。从事此项研究的包括了来自上述两个领域的研究人员，他们一般都是以自己的专长为主，并部分借鉴了对方的相关知识，从而也往往形成了对同一个问题的不同理解和处理方式。

在中文领域，分词系统[368]是 NLP 中最为基础也是较为成功的一项工作，其意义在于让上层的其他自然语言处理系统可以以词(而不是字)为单位来处理文本。一字之差，却是巨大的进步，无论是文本本身的组织方式，还是人类理解文本的方式，都是以词为基本语言单位的。由对字的处理转化为对词的处理，给上层的自然语言处理系统带来了很大的便利，也大大改善了效果。

但是分词系统只解决了中文文本中词的边界的问题，并没有解决这些词的语义的问题，对于其他自然语言处理系统来讲，如果没有词语语义知识库的支持，最后只能把词和词串当作普通的字符串处理。当前的很多自然语言处理系统，包括了被广泛使用的Microsoft Word编辑软件和各种主流的搜索引擎(Google，百度等)，尽管大大提高了人们处理文本的效率和效果，但其本质都是词和词串的字符串处理。例如，搜索引擎虽然能搜索并返回各种网页，但它只是在每个网页中以字符串匹配的方式查找有没有关键词，它并不知道关键词在当前的网页中是否表示一个独立的意思(关键词可能只是网页中一个复杂词的一部分)，也无法处理关键字的同义词、多义词或词与词的其他语义关系所引起的复杂问题，对网页的内容更是一无所知。其他的一些文本分析算法或系统(例如，文本聚类、文本分类)，也存在类似的问题。

基于字符串的文本处理，只是对文本的表面化的处理，并未触及蕴含在文本内在的语义内容，所以不能算是智能化的处理方式。只有以词的意义和词与词之间的语义关系为基础的自然语言处理，才是智能化的处理方式。

**2. 智能化文本处理的解决途径——建立概念知识库**

模仿人类自身的认知特点或思维模式，是实现人工智能的一个重要途径[368,373,374]。神经网络是一个最典型的例子，遗传算法也是对物种(包括人类)进化行为的模仿。近年来，大量的研究人员通过对人类认知心理模式[368-370]的研究，研发出模仿人类认知行为的智能算法[371,372,375]。杨炳儒系统的研究了基于内在机理的知识发现理论[376]，在数据挖掘机制中模仿了人类的认知行为，研究并提出了一系列具有人类认知行为特性的数据挖掘算法。所以我们同样可以通过研究并模仿人类阅读和理解文字资料的智能行为，实现文本处理的智能化。

人类的知识是对客观世界现象与规律的客观反映，而客观世界的现象与规律，本质上就是客观事物(系统)的自身特性以及不同事物(系统)之间的相互作用。这些客观世界中事物的性质以及事物之间的相互关系，反映到人类的知识体系中，就成为概念的属性，以及概念之间的相互关系。所以，人类的知识体系，是关于概念的属性以及概念之间相互的复杂关系的体系，我们把这个体系称为人类的概念知识库。作为人类知识载体的各种文本，本质上就是对概念的属性以及概念之间关系的书面描述。而人类阅读文本以获取新知识的过程，就是一个通过自身已有的知识库去理解文本，从中获取新的知识，并进而充实自身知识库的过程。

当前各类自然语言处理系统无法实现真正的智能化文本处理的根本原因，正在于它们并不具备一个与人类自身的概念知识库类似的知识库。例如，对于一个普通人来讲，由于其已经预先知道了“电脑”和“计算机”这两个词的含义，所以在阅读文章的时候，能把它们作为同义词来理解，但是普通的自然语言处理系统却并不具备这样的知识，只能把它们当作字符串加以简单的比较，而这两个词语在编码上并不相同，所以无法认识到这两个词语其实表示了相同的意思。

要实现自然语言处理系统真正的智能化，必须组建一个类似于人类知识体系的概念知识库，作为各类自然语言处理系统的支撑知识库。

本书第十五至十八章研究构建概论知识库的若干关键问题。

# 第二章 遗传算法分析

本章对遗传算法及相关的进化规划、进化策略做一个简单的概述，介绍遗传算法最近的研究成果，讨论遗传算法的机理及相关的定理，分析其难点及遗传算法的不足之处，提出了远交叉、近交叉两个新的概念。在第六章，我们将利用这两个概念结合极值组合原理对遗传算法进行剖析，指出其缺陷的根源之所在。

## 2.1 进化算法

受到自然界生物进化原理的启发，许多新型的模拟进化算法蓬勃发展起来，模拟进化算法通过模拟由个体组成的群体的集体行为而达到优化之目的，属于随机搜索技术，众多研究已经表明模拟进化算法具有许多优良的特性，如不需要导数信息、适用面广、简单易行、容易操作、具有较强的鲁棒性等，因而得到了广泛的应用。目前研究的进化算法主要有三种：遗传算法(GA)、进化规划(EP)、进化策略(ES)。GA 是由美国密歇根大学的 J. Holland 教授创立的，后经 K. DeJong、J. Grefensette、D. Goldberg、L. Davis 等人的研究，在组合优化、自适应控制、机器学习、人工生命等领域得到了广泛应用。进化规划最早是由美国的 L. J. Fogel、A. J. Owens、M. J. Walsh 提出的，后经 D. B. Fogel 研究而完善。进化策略是由德国的 I. Rochenberg、H. P. Schwefel 首先提出的。进化规划和进化策略用实数编码，很适于函数优化。

## 2.2 遗传算法基本原理

遗传算法，有的作者译为基因算法，是一种模拟自然选择和遗传机制的寻优程序，它是 20 世纪 60 年代中期美国密歇根大学 J. Holland 教授首先提出[15]，随后主要由他和他的一批学生发展起来的。把计算机科学与进化论撮合到一起的最初尝试是在 20 世纪 50 年代末 60 年代初。但由于过分依赖突变而不是配对来产生新的基因，所以收效甚微。Holland 的功绩在于开发了一种既可描述交换也可描述突变的编码技术。这是最早的遗传算法，文献中现在把它称为简单遗传算法。

一般的遗传算法由四个部分组成：编码机制、控制参数、适应度函数、遗传算子。步骤如下：

①编码。由于遗传算法不能直接处理解空间的解数据，因此我们必须通过编码将它们表示成遗传空间的基因型串结构数据。

②初始群体的生成。由于遗传算法的群体性操作需要，所以我们必须为遗传算法操作准备一个由若干初始解组成的初始群体，要说明的是，初始群体的每个个体都是通过随机方法产生的。初始群体也称为进化的初始代，即第一代。

③适应度评估检测。遗传算法在搜索进化过程中一般不需要其他外部信息，仅用评估函数值来评估个体或解的优劣性，并作为以后遗传操作的依据。评估函数值又称作适应

度。为了利用评估函数，即适应度函数，要把基因型个体译码成表现型个体，即搜索空间中的解。

④选择。选择或复制操作的目的是为了从当前群体中选出优良的个体，使它们有机会作为父代为下一代繁殖子孙。判断个体优良与否的准则就是各自的适应度值。显然，选择操作是借用了达尔文适者生存的进化原则，即个体适应度越高，其被选择的机会就越多。选择操作实现方式很多，绝大多数采用和适应度值成比例的概率方法来进行选择。常用的方法是，首先计算群体中所有个体适应度的总和，再计算每个个体的适应度所占的比例，并以此作为相应的选择概率。由此概率可计算出每个个体被选择的次数。该方法也称为赌轮法。

⑤交叉操作。简单的交叉(即一点交叉)可分为两步进行：首先对配对库中的个体进行随机配对；其次在配对个体中随机设定交叉处，配对个体彼此交换部分信息，通过交叉得到新的个体。多个新的个体形成了新的群体，即新的一代。交叉操作是遗传算法最主要的操作。新的群体中的个体适应度和平均值一般要有所提高，总进化方向是朝我们期望的方向进行。

⑥变异。变异操作是按位进行的，即把某一位的内容进行变异。对于二进制的编码个体来说，若某一位为0，则通过变异操作就变成了1，反之亦然。变异操作也是随机进行的。一般而言，变异概率都取得很小。变异操作是十分微妙的操作，它需要和交叉操作妥善配合使用，目的是挖掘群体中个体的多样性，克服有可能陷于局部解的弊病。

上述遗传算法操作过程构成了标准遗传算法，也叫简单遗传算法 SGA。SGA 的特点是：

(1)采用赌轮选择法；

(2)随机配对；

(3)采用一点交叉并生成两个子个体；

(4)群体内允许有相同个体存在。

遗传算法与普通的优化搜索相比，采用了许多独特的技术和方法，归纳起来主要有以下几个方面：

(1)遗传算法的处理对象不是参数本身，而是对参数集进行了编码的个体。此编码操作使得遗传算法可直接对结构对象进行操作。所谓结构对象泛指集合、序列、矩阵、树、图、链和表等各种一维或二维甚至三维结构形式的对象。这一特点，使得遗传算法具有广泛的应用领域。

(2)许多传统的搜索方法是单点搜索算法，即通过一些变动规则，问题的解从搜索空间中的当前解移到另一解。这种点对点的搜索方法，对于多峰分布的搜索空间常常会陷于局部的某个单峰的优解。相反，遗传算法采用同时处理群体中多个个体的方法，即同时对搜索空间中的多个解进行评估，更形象地说，遗传算法是并行地爬多个峰。这一特点命使遗传算法具有较好的全局搜索性能，减少了陷于局部优解的风险，同时使得遗传算法本身也十分易于并行化。

(3)在标准遗传算法中，基本上不用搜索空间的知识或其他辅助信息，而仅用适应度函数值来评估个体，并在此基础上进行遗传操作。需要提出的是，遗传算法的适应度函数不仅不受连续可微的约束，而且其定义域可以任意设定。对适应度函数的唯一要求是：对于输入，可计算出加以比较的正的输出。遗传算法的这一特点使它的应用范围大大扩展。

(4)遗传算法不是采用确定性规则，而是采用概率的变迁规则来指导它的搜索方向。遗传算法采用概率仅仅是作为一种工具来引导其搜索过程朝着搜索空间的更优化的解区域移动。因此，虽然看起来它是一种盲目搜索方法，但实际上有明确的搜索方向。

上述这些具有特色的技术和方法使得遗传算法使用简单，鲁棒性强，易于并行化，从而应用范围甚广。

## 2.3　遗传算法的理论难点及进展

遗传算法的理论基础目前还十分薄弱，有大量工作要做。例如：控制参数的选择；交换和突变这两类最重要的算子的确切作用；并行 GA 和分布式 GA 的研究；其他类型生物机制的模仿，如免疫、病毒、寄生等，以丰富 GA 的内容；等等。

自然，不论从理论还是应用的角度看，最紧迫的应是关于算法收敛性问题的研究，特别是过早收敛的防止，这对 GA 的实际应用关系重大。

### 1. 模式定理

Holland 首先用模式定理“解释”了遗传算法的搜索行为，该研究成果奠定了遗传算法的数学理论基础[15][23]。根据隐并行性得出每一代处理有效模式的下限值是 $o(N^3)$，其中 $N$ 为群体大小，这是遗传算法能够有效搜索的根本原因之所在。Bertoni 和 Dorigo[24]推广了此项研究，并获得了 $N=2^{\beta l}$，给出 $\beta$ 为任意值时处理多少有效模式的表达式。每代遗传会产生多少新模式是衡量遗传算法效率的一个重要因素。恽为民和席裕庚[25]给出了每代至少产生 $o(2^{N-1})$ 数量级的新模式。最近，一些学者对模式定理的正确性提出了质疑。马丰宁[26]通过测试黎曼函数和相应的理论分析，指出模式定理推导中的错误，并提出了新模式定理；张铃等[27]也得出类似的结论，并对模式定理进行了修正；Grefenstette[28]指出模式定理不能保证适应度变换的唯一性；Muhlenbein[29]指出了模式定理中计算模式适应度中存在的问题；Radcliffe[30][31]通过对模式定理的分析，指出遗传算法并不总比随机搜索算法好；Vose 等[32]也论述了模式定理中存在的一些问题。

尽管大量成功的实际应用支持了模式定理所依赖的积木块假设，但至今还没有一种方法用来判别“对于一个给定的问题，积木块假设是否成立[33,34]”。

### 2. 编码策略

Holland 模式定理建议采用二进制编码，并给出了最小字符集编码规则。为了克服早熟现象，Schraudolph 等[35]提出了动态变量编码，通过对 De-Jong 的 5 个函数进行测试，发现动态变量编码比普通二进制编码的优化效果好得多。双倍体是高等生物染色体的重要特性，有长期记忆等作用，早期的研究者[36]多考虑双倍体表示。Goldberg 和 Smith[37]用动态背包问题进行比较研究，实验表明双倍体比单倍体的跟踪能力强。浮点数编码具有精度高、便于大空间搜索的优点，因此越来越受到重视。

Michalewicz 等[38, 39]比较了两种编码的优缺点；Qi 和 Palmieri[40]基于 Markov 链，对浮点数编码的遗传算法进行了严密的数学分析。张晓缋等[41]研究了二进制和十进制编码在搜索能力和保持群体稳定性上的差异，结果表明二进制编码比十进制编码的搜索能力强，但前者不能保持群体稳定性。Vose 等[42]扩展了 Holland 的模式概念，揭示了不同编码之间的同构性。由于编码是遗传算法应用中的首要问题，因此建立完善的理论指导是非常必要的。

目前，关于采用何种编码策略仍然存在许多争议。一派根据模式定理，建议尽量用少的符号进行编码；另一派以数值优化计算的方便和精度为准，采用一个基因一个参数的方法，并把相应的基因操作改造成适合实数操作的形式。Bosworth 等[43]是后一派的开创者。近年来，许多学者[44, 45]发现在有些问题上，采用大符号集编码的遗传算法比采用二进制编码的遗传算法的性能要好，最小字符集编码规则受到了怀疑。Antonisse[46, 47]从理论上证明了 Holland 在推导最小字符集编码规则时存在的错误，指出大符号集编码的设计可提供更多的模式，与最小字符集编码规则得出的结论截然不同。

### 3. Markov 链与收敛性

生物进化的“趋势向上”性似乎蕴含着遗传算法的最终收敛性，但还须从理论上对这一事实给予证明。遗传算法是全局收敛的这一结论主要是根据 Holland 的模式定理得出的，事实上这一结论受到普遍怀疑并引起争论。

近几年，遗传算法全局收敛性分析取得了突破性进展。Goldberg 和 Segrest[48]首先使用 Markov 链分析了一个极为简单的遗传算法的性能；Eiben 等[49]用 Markov 链证明了一类基于保留最优个体的抽象 GA 的全局收敛性；Fogel[50]分析了没有变异算子的 GA 的渐近收敛性；Suzuki[51]用 Markov 链状态转移矩阵的特征根分析了 GA 的收敛行为；Qi 和 Palmieri[41]基于 Markov 链对浮点数编码的遗传算法进行了严密的数学分析，但其分析基于群体无穷大这一假设；Rduolph[52]用齐次 Markov 链证明了标准遗传算法收敛不到全局最优解，若采用保留最优个体的选择机制，则改进的 GA 全局收敛；王丽薇等[53]用类分析方法分析了 GA 的收敛性；李书全等[54]用随机泛函分析证明了保留最优个体 GA 的全局收敛性；田军[55]用 Markov 链和随机摄动理论证明了 GA 进入最小能量集的条件；梁艳春等[56]用 Markov 链研究了基于扩展串的等价遗传算法的收敛性；张讲社等[57]提出了一类非齐次、保证收敛且容易判断是否收敛的新型 GA，证明了算法收敛的充要条件。该算法收敛速度快，有极强的避免早熟的全局优化能力，具有合理的停机标准。

以上这些研究成果，要么基于群体无穷大这一假设(破坏了 GA 实现的可能性)，要么基于分析简单化的或特殊的 GA，要么实际应用中的可操作性太差，但文献[57]的研究成果是值得借鉴的。尽管如此，一般遗传算法的收敛性分析以及如何构造一个收敛的遗传算法，仍是这一领域亟待解决的重要理论问题。

上述的收敛性分析都是建立在计算时间趋于无穷这一条件上。事实上，遗传算法的计算复杂性问题是实际应用中更为关心的问题。Baeck[58]，Muhlen-bein[59]和 Asoh[60]等对简化的遗传算法进行了计算复杂性研究；恽为民等[61]基于 Markov 链对此做了粗略的分析；Niwa 等[62]基于群体遗传学中的 Wright-Fisher 模型，使用扩散方程对此进行了分析。Aytug 和 Koehler 等[63, 64]基于有限群体下的 Markov 模型，通过引入置信水平，得出了遗传算法达到置信水平时算法迭代次数的上下限。尽管研究成果在实际应用中存在概率转移矩阵过大，以致难以计算等缺点，但他们的分析思路是值得借鉴的。

#### 4. 维数分析

因为使用 Markov 链无法判断遗传算法中控制参数的重要性，所以一些学者[65, 66]利用了维数分析方法。维数分析来源于工程科学，它试图辨识一个复杂系统中的重要因素(维数)，并在它们之间建立函数关系。当使用维数分析来分析遗传算法时，选择、交叉和选择算子等因素被放到各自的函数关系中。可以说，这些函数关系是一种“猜测”的结果，并且必须通过模拟来判断这些函数关系的有效性。这种分析思路有助于遗传算法的研究。

#### 5. BGA 理论

Muhlenbein 和 Schlierkamp[67, 68]根据数量遗传学，构造出一种特殊的遗传算法——复制遗传算法(BGA)，并受到广泛的关注。因为它提供了一套完整的理论框架，证明了 BGA 在求解多峰函数时的计算复杂性为 $o(N\ln N)$，分析过程是基于球形对称和群体无穷大这两个假设。事实上，当变异概率较小时，BGA 理论所依赖的旋转不变性并不成立，从而使得球形对称假设也不成立。这时所有变量相互依赖，算法仅沿着坐标轴方向搜索，从而导致算法的计算复杂性变为 $o(N^N)$，比随机搜索算法的计算复杂性 $o(\mathrm{e}^N)$高得多[33]。

#### 6. 可分离函数

文献[23, 69]分析了当变异概率 $P_m = 1/N$ 时，遗传算法求解所有可分离函数的计算复杂性为 $o(N\ln N)$。所谓函数可分离，即函数满足以下公式：

$$f(x) = \sum_{i=1}^{n} f_i(x_i)$$

根据这一定义，目前的测试函数大都是可分离函数。实验表明，如果变量 $x_i$ 相互独立，遗传算法将有较好的性能。文献[70]将这种方法推广到二进制编码的遗传算法中，分析表明，在连续函数的优化过程中，采用浮点数编码比二进制编码的遗传算法性能更好，因为二进制编码增加了算法的复杂性。

#### 7. Walsh 函数分析

傅立叶、Walsh 和 Haar 函数都是正交函数，被应用于构造 GA 难易问题和欺骗问题，其中 Walsh 变换在遗传算法的分析中扮演着重要的角色。Bethke[71]运用 Walsh 函数和模式转换发展了一种有效的分析方法，Holland 进一步扩展了这种计算。

Frantz[64]首先察觉到一种常使遗传算法从全局最优解发散出去的问题，即遗传算法欺骗问题。Gold-berg[65]用 Walsh 模式转换构造出最小欺骗问题，得出对于第一类最小欺骗问题 GA 总是收敛到全局最优解，对于第二类最小欺骗问题 GA 并不总是收敛到全局最优解的结论，但并未给出严格的数学证明。

Takahashi[66]和 Yamamura 等[67]分别从选择—交叉微分方程和 Markov 链两个不同的角度证明了上述结论。Goldberg 等[68, 69]将上述模式分析推广到更高阶数的欺骗问题。Deb 和 Goldberg[70]给出了判别是否是欺骗问题的充分条件以及判别所需的时间。Barrios 等[71]通过 Walsh 级数分析，证明了对于欺骗问题 GA 收敛的充分条件，给出了欺骗问题的严格定义。另有一些学者[72, 73]针对欺骗问题，从应用的角度构造出一些有效的算法。尽管如此，

“欺骗性”仍然遭到严厉的批评。Greferstette[74]认为欺骗性定义是以静态超平面分析这一错误的假设为基础的，它不是引起 GA - 难问题的根本原因；Liepins 和 Vose[37]指出，可以通过一个简单的变换将所谓的完全欺骗问题转化为一个 GA—易问题。

研究欺骗问题是为了预测遗传算法求解给定问题时的难易程度。如果一个问题满足积木块假设，用遗传算法求解效率就高；否则，效率就低。目前尚无法判定一个问题包含欺骗的多少与问题相对于遗传算法的难易程度，因为影响遗传算法效率的因素尚不十分清楚。

### 8. 傅立叶分析

Kosters 等[83]使用傅立叶函数来分析遗传算法，建立了一套完整的分析框架。他们将遗传群体看作一个概率分析，其实质是认为群体无穷大，通过跟踪群体分布在遗传算子作用下的变化情况来研究遗传算法的进化过程。Kosters 重新定义了遗传算子，分析了基函数的期望值和目标函数期望值在遗传算子作用下的变化情况，推导出对任意可测函数下的 Walsh 模式变换，并通过模拟试验进行了验证。

Koehler 等[76]将上述结论推广到非二进制编码的遗传算法分析中。受上述研究成果的启发，我们自然想到，可否采用小波分析理论来研究遗传算法？这是一个值得深入研究的问题。

### 9. 二次动力系统

二次动力系统(QDS)模型常被用于刻画生物界和物理界中的自然现象。如文献[77]所述，如果假设群体无穷大，那么可将遗传算法看作一个 QDS。由于 QDS 的模拟是一个 PAPACE-complete，所以它不是一种有效的分析方法[78]。目前，基于 QDS 的研究主要分析了系统的特征根和稳定性。一般说，只有当群体规模很大时，基于 QDS 的预测才会有较好的精度。

### 10. No Free Lunch 定理

遗传算法的基础理论研究至今还没有取得突破性进展，理论与应用之间还存在着很大的差距。Stanford 大学 Wolpert 和 Macready 教授提出了 No Free Lunch(简称 NFL)定理[79]，它是优化领域中的一个重要理论研究成果，其意义极为深远。现将其结论概括如下：

No Free Lunch 定理　假定有 A，B 两种任意(确定或随机)算法，对于所有问题集，它们的平均性能是相同的(性能可采用多种方法度量，如最优解、收敛速率等)。

NFL 定理的证明可参见文献[79]。对于上述结论，Radcliffe 和 Surry 也有相同的结论[80]。例如，如果遗传算法求解问题集 A 时的性能比模拟退火的性能好，那么必然会有模拟退火求解问题集 B 时的性能比遗传算法的性能好。平均所有的情况，两种算法的性能是相同的。因此说没有哪种算法比随机搜索算法更好。

根据 NFL 定理，算法性能“好”与“坏”不仅与一定的问题有关，而且与个体适应度的概率曲线有关。显然，只要知道概率曲线就可评价算法性能的好坏。由此可见，不应盲目地将遗传算法应用到任何问题的求解中。

## 2.4　GA目前的发展方向

遗传算法在各种问题的求解与应用中展现了其特点和魅力，同时也暴露出它在理论和应用上的诸多不足和缺陷。比如相对鲜明的生物基础，其数学基础显得极为薄弱，尤其是缺乏深刻且具普遍意义的理论分析。正因为如此，遗传算法现阶段的研究重点又回到了基础理论的开拓与深化，以及更通用、更有效的操作技术和方法的研究上。目前的研究重点应集中在以下几方面：

(1)算法的数学基础。包括算法的收敛性，收敛速度估计，早熟机理的探索与预防，交叉算子的几何意义与统计解释，参数设置对算法的影响等方面。算法的收敛速度估计是当前特别值得花大气力研究和探讨的问题，因为它能从理论上为遗传算法的任何修正形式提供评判标准，指明改进算法性能的正确方向。

(2)算法与其他优化技术的比较和融合。充分利用遗传算法的大范围群体搜索性能，与快速收敛的局部优化方法混合产生有效的全局优化方法。这种策略可从根本上提高遗传算法计算性能，对此需进行大量的理论分析和实验。

(3)算法的改进与深化。应根据具体应用领域对遗传算法进行改进与完善，仅泛泛地对一般问题进行研究是远远不够的。当前针对具体应用问题深化研究遗传算法是特别值得提倡的工作。

(4)算法的选择。由于基于实验研究的结论并不具有普遍意义上的指导作用，而且No Free Lunch定理的出现使遗传算法作为21世纪关键智能计算技术的地位受到了冲击，因此开展这方面的理论研究将对“算法选择”提供理论指导。

(5)算法的并行化研究。遗传算法的群体、适应度评价、随机搜索等特征使其具有明显的并行性。因此，设计各种并行执行策略，建立相应并行化算法的数学基础，是一项具有重要意义的工作。

当前一个特别值得重视的趋势是一些面向对象的智能技术，其中主要是模糊逻辑(Fuzzy Logic，FL)、神经网络(Neural Network，NN)以及GA等的综合应用。众所周知，FL有较强的知识表达能力，NN的长处在于自学习，它们与GA相结合形成新的集成化技术，即所谓的混合智能系统(Hybrid Intellectual System)。这一思想在20世纪90年代初逐步形成，而由模糊集论的创始人——美国的Zadeh L. A. 在1993年于首尔召开的国际模糊系统协会(IFSA)第五届世界会议首先明确提出[81]，随后在许多有关的国际学术会议上得到充分体现。应该指出，我国学者对这一趋势的认识较早。例如，清华大学李衍达院士领导的研究集体在几乎同一时期开展了这一重要方向的研究[82]。1995年，Zadeh在IFSA的第六届世界会议上再次强调了这一方向的重要性，并且认为上述混合智能系统的应用将覆盖从消费品生产到核反应堆设计以至证券管理，而“在未来几年中可能无处不在”[83]。

## 2.5　遗传算法的缺点

遗传算法虽然有种种优点，但是也有几个致命的缺陷：

(1)搜索效率很低。因为遗传算法克服局部极小的方法是依靠大规模的种群，其计算量很大，尤其是当被优化函数的维数较大时，遗传算法的计算时间将变得无法忍受。即使是一个简单的函数，遗传算法也需要不少时间。因此对于需要实时优化的场合，遗传算法是无能为力的。相对于模拟退火、Tabu 搜索等方法，遗传算法的时间是最长的。

(2)局部搜索能力弱。遗传算法逼近一个局部极值点的能力较弱，因此算法的精度不高，即使是采用浮点编码。当接近一个局部极值点时，算法的收敛速度会变得非常慢。

(3)未成熟收敛问题。遗传算法的全局搜索能力在目前的各种优化算法之中是最强的，理论上能找到全局较小，但前提是搜索时间无限长。这实际上是不可能的。

## 2.6 分析遗传算法的新理论

遗传算法为什么能优化？或者说为什么选择适应度高的父本进行交叉组合能得到更好的下一代？选择适应度低的父本进行交叉组合能得到更好的下一代吗？什么时候遗传算法不能优化，或者效果不好？

这些问题似乎很简单，但都是很基本的重要问题，目前的解释仍然是从生物进化的角度出发，多是一种生物上的模糊描述，缺乏清晰的理论证明。积木块假设是遗传算法最重要的理论之一，但一直没有得到理论上的证明[92]，Bethke 提出的 Walsh 模式分析[92]似乎带来了希望，但是大部分应用中的目标函数都不容易表示成 Walsh 多项式，无法判定一个函数是否 GA 难，即是容易表示成 Walsh 多项式，计算 Walsh 系数要对解空间的每个点计算 $F(x)$，这是不可能的，如果计算了 $F(x)$，就知道了最优解，不必用遗传算法了[92]。

尽管有大量的文章对遗传算法诸多缺点如未成熟收敛、效率低下、局部搜索能力弱、欺骗问题等进行了探讨和改进，但是目前大多数文章列举的测试函数过于简单，或者维数很低，或者函数形式特殊(变量之间耦合性不强)，文献[22]的附录 B 有一个总结，并且由于遗传算法运算时间很长，绝大多数文章都回避算法的效率问题。所有的问题归结到一点，就是仍然没有一个完整的理论能清楚地解释遗传算法为什么能优化?，所以各种改进只能是在黑暗中摸索。

本文为此提出两个新的概念，以帮助我们深入分析遗传算法的诸多缺点。

设有定义域 $D$，另有域$D_1 \subset D$，$a$ 是 $D_1$ 内唯一的极值点，$b$ 是 $D_1$ 内另一点。又有域 $C_2 \subset D$，$c$ 是 $D_2$ 内唯一的极值点，$e$ 是 $D_2$ 内另一点。

定义 8：若某域内只有唯一极值点，称其为极值域。如 $D_1$，$D_2$。

### 1. 远交叉

不同极值域之间的点的元素的组合，称其为远交叉。如 $a$ 与 $c$ 的组合有可能形成新的极值点(关于这一点我们将在下几章讨论)。

### 2. 近交叉

同一极值域内的点的元素的组合，称其为近交叉。如 $c$ 与 $e$，$a$ 与 $b$。

之所以提出远交叉和近交叉，是因为它们有以下不同：

首先是因为它们的作用不同。近交叉可使算法向该域的极值点收敛。因此使交叉操作限制在基因型相似的染色体之间就能一定程度地改善遗传算法的局部搜索能力[92]。

远交叉可以利用不同极值点之间的交叉，形成新的极值点。远交叉的父本之间差异很大，各父本具有不同的优点，远交叉可能把各种不同的优点组合起来，形成整体性能更好的新的一代个体。对于多维、多峰值、多目标函数的优化，远交叉的作用尤为显著。

其次远交叉和近交叉实行操作的对象也不一样。远交叉要求在不同极值域之间的点进行，近交叉要求在同一极值域之间的点进行。

第三，子代的选择范围不同。由远交叉和近交叉得到子代后，对于这些子代的选择应分开进行，远交叉的子代和远交叉的子代竞争，近交叉的子代和近交叉的子代竞争。

遗传算法把远近交叉混在一起进行，再统一按概率选择子代，带来以下后果：

(1)基因简单化，优秀基因流失。当被优化函数是多峰值时，在较高峰值附近的个体得到的繁殖机会就多，最后解集中在较高的几个峰值附近，低峰值附近的个体繁殖机会少，容易被淘汰，但是这部分个体有可能含有某些优秀基因，只是从全局来看总体性能不高。超级个体问题就是这种情况的具体表现之一。

(2)局部搜索能力弱化。对于近交叉而言，如果选择后代是在全局进行，则对具体的某个近交叉来说，其进化的导向不明，其收敛到局部极值的能力因此减弱。

### 本章小结

本章对遗传算法的基本原理及其最新理论研究做了一个简单介绍，分析了遗传算法的优点和缺点，提出了远交叉和近交叉两个新概念，并用这两个概念对遗传算法的缺点进行了初步的分析。在第六章我们将结合远近交叉和极值组合原理对遗传算法进行详细的分析。

# 第三章　双程模拟退火

本章讨论模拟退火算法，本章是第九、十章的基础。首先介绍了基本的模拟退火算法，其次是改进的模拟退火算法，然后在这 2 种算法的基础上，提出双程模拟退火算法。与前面 2 种算法相比，双程模拟退火性能有大的提高。主要表现在以下 2 个方面：

(1)可以精确获得最优解。

(2)退火时间短，收敛快。

## 3.1　模拟退火算法概述

1953 年，N. metropolis 等人提出了模拟退火算法(Simulated Annealing)，其基本思想是把某类优化问题的求解过程与统计热力学中的热平衡问题进行比对，试图通过模拟高温物体退火过程的方法，来找到优化问题的全局最优或近似全局最优解。

一个物体(例如金属)的退火过程大体上是这样的：首先对该物体高温加热(熔化)，那么物体内的原子就可高速自由运行，处于较高的能量状态。但是作为一个实际的物理系统，原子的运行总是趋于最低的能态。一开始温度较高时，高温使系统具有较高的内能，而随着温度的下降，原子越来越趋向于低能态，最后整个物体形成最低能量的基态。

在物体的降温退火过程中，其能量状态服从下面的玻尔兹曼分布规律：

$$P(E) \propto e^{-\frac{E}{kT}} \tag{3-1}$$

其中 $P(E)$ 是系统处于能量 $E$ 的概率，$k$ 为玻尔兹曼常数，$T$ 为系统温度。

由式(3-1)可以看出，当温度 $T$ 很高时，概率分布对一定范围内的能量 $E$ 并没有显著差别，即物体处于高能状态与低能状态的可能性相差不大。但是，随着温度 $T$ 的降低，物体处于高能状态的可能性就逐渐减少，最后当温度下降到充分低时，物体将以概率 1 稳定在低能状态，对于优化问题，我们调节参量以使优化目标函数(对应于物体能量)下降。同时定义一种假想温度(对应于物体温度)按式(3-1)确定物体处于某一能量状态的概率，表征系统的活动状况。开始允许随着参数的调整，目标函数偶尔向增加的方向发展(对应于能量有时上升)，以利于跳出局部极小区域。随着假想温度的下降(对应于物体的退火)，系统活动性降低，最终以概率 1 稳定在全局最小区域。

我们可以对具有多个最小点的模拟退火过程做一个较为形象的比拟。可以设想能量曲面固定在一个平盘上，整个曲面凹凸不平。如果让一个光滑圆球在曲面上自由滚动的话，这个圆球十有八九将滚到最近的一个凹处而静止不动，但该低谷并不一定是最深的一个。模拟退火方法就类似于沿水平方向拉动这个平盘，若拉动的速度足够高且圆球所处的低谷并不很深，圆球受水平力作用会从该低谷滚出，落入另一低谷，然后受水平力又滚出，如此不断滚动。如果拉动的速度掌握得适当，一开始速度较高，但随着圆球滚动的过程，慢慢地降低拉动的速度，到一定时候，圆球仍将从较浅的低谷滚出而难以从很深的低谷滚出来。可见，在拉动过程结束后，圆球很有可能停留在最深的低谷之中。相应于优化求解问题，我们找到了全局最优解或接近于全局最优的解。

平盘拉动的速度相应于模拟退火中的温度 $T$，拉动速度的缓慢降低相应于温度的下降，而拉动停止时圆球的位置就相应于到达了稳态。

以上对模拟退火算法进行了概念上的介绍，下面给出其形式化的描述。

# 3.2　普通模拟退火算法

我们结合一个抽象化的组合优化问题来说明模拟退火算法[7]。

设 $\bar{V} = \{\bar{V}_1, \bar{V}_2, \cdots, \bar{V}_p\}$ 为所有可能的组合状态构成的集合。试在其中找出对某一目标函数 $f, f(\bar{V}_i) \geqslant 0, i \in \{1,2,\cdots,p\}$，具有最小代价的解，即找出 $\bar{V}_{op} \in \bar{V}$，使

$$f(\bar{V}_{op}) = \min f(\bar{V}_i), i \in \{1,2,\cdots,p\} \tag{3-2}$$

为解决此优化问题，引入人工温度 $T$。解本问题的模拟退火算法为普通模拟退火算法。

①设定初始温度 $T(0) = T_0$，迭代次数(或称时间) $t = 0$，任选一初始状态 $\bar{V}(0) \in \bar{V}$ 作为当前解。

②置温度 $T = T(t)$，状态 $\bar{V}(0) = \bar{V}(t)$。

Ⅰ置抽样次数 $k = 0$。

Ⅱ按某一规则由当前状态 $\bar{V}(k)$ 产生当前状态的下一次候选状态 $\bar{V}^*$（$\bar{V}^*$ 为 $\bar{V}(k)$ 的近邻)。

$$\bar{V}^* = R_1(\bar{V}(k)) \tag{3-3}$$

其中 $R_1$ 为某一随机函数。

Ⅲ计算目标代价变化：

$$\Delta f = f(\bar{V}^*) - f(\bar{V}(k)) \tag{3-4}$$

若 $\Delta f < 0$，则接受 $\bar{V}^*$ 为下一当前状态，即置 $\bar{V}(k+1) = \bar{V}(k)$。否则，考虑当前温度下的状态活动概率：

$$P(\Delta f) = e^{-\frac{\Delta f}{T}} \tag{3-5}$$

若 $P(\Delta f) \geqslant \lambda$，则接受 $\bar{V}^*$；否则，不接受 $\bar{V}^*$，即置 $\bar{V}(k+1) = \bar{V}(k)$。上面 $\lambda$ 为预先指定的正数(或随机产生)，$0 < \lambda < 1$。

Ⅳ置 $k = k+1$，按某种收敛标准判断抽样过程是否应该结束。若不满足结束标准，则转至步骤Ⅱ。

③置 $\bar{V}(t+1) = \bar{V}(k)$，且按某种策略对 $T$ 更新(降温)，即

$$T(t+1) = R_2(T(t)) \tag{3-6}$$

同时，置 $t = t+1$。其中 $R_2$ 为某种单调下降函数。

④按某种标准检查退火过程是否应该结束。不满足结束条件则转步②。

⑤输出状态 $\bar{V}(t)$ 作为问题的解。

以上模拟退火的实现过程中应该注意：

(1)怎样按某种概率过程产生新的搜索状态，而向该状态的转移应不受能量曲面的限制；

(2)根据当前温度及新状态与原状态在能量曲面的相应位置，怎样确立新状态的接受标准；

(3)怎样选择初始温度 $T_0$ 及怎样更新温度，确定温度的下降过程。

以上三点影响模拟退火的收敛性及收敛速度，且影响退火结束后以多大的概率使状态稳定在全局最小点。关于这几点目前没有一般的结论，可结合具体问题具体分析。

## 3.3 改进的模拟退火算法

由上面的算法可以看到，在某一温度 $T(t)$ 下，对于整个抽样搜索过程，求解序列为

$$\bar{V}(0),\bar{V}(1),\cdots,\bar{V}(i),\cdots,\bar{V}(k) \tag{3-7}$$

其中 $\bar{V}(k)$ 为最小值。然后，降低温度，并令 $\bar{V}(t+1)=\bar{V}(k)$ 作初始点，重新开始搜索，得到新的序列。事实上在序列式(3-7)中，由 $\bar{V}(i)$ 按某一规则产生的新状态 $\bar{V}^*$ 是否被接受为下一当前状态 $\bar{V}(i+1)$，与目标能量变化 $\Delta f=f(\bar{V}^*)-f(\bar{V}(i))$ 有关。当 $\Delta f<0$ 时，置 $\bar{V}(i+1)=\bar{V}^*$ 不会引起什么问题。而当 $\Delta f>0$ 时，按某一概率分布接受 $\bar{V}(i+1)=\bar{V}^*$，这样可能使得代价函数沿上升的方向移动。正是这一点为求解过程逃离局部极小区域提供了可能性。但是也存在着另外一种可能性(尽管概率较小)，即状态逃离了一个局部极小区域又到达另一个局部极小区域，而且难以返回。而后一种状态作为解的话，有可能效果更差，从而使最后得到的 $\bar{V}(k)$ 比某些中间状态更差，也即序列

$$f(\bar{V}(0)),f(\bar{V}(1)),\cdots,f(\bar{V}(i)),\cdots,f(\bar{V}(k)) \tag{3-8}$$

并非单调下降的。这样，就可能造成模拟退火的最终结果 $\bar{V}(t)$ 并非全局最小点。尽管从理论上来讲，若初始温度 $T_0$ 充分高，$T$ 的下降过程充分慢，每种温度 $T$ 下的抽样数量充分大，那么当 $T\rightarrow 0$ 时，最后的当前解 $\bar{V}(t)$ 将以概率1趋于最优解。实际上，上面的假设在模拟中很难实现，这样也就难以保证算法百分之百地找到最优解。

一种合理的解决方法是考虑序列式(3-7)。在温度 $T(t)$ 下，式(3-7)同时作为搜索过程的控制序列也作为求解过程的求解序列。在此，我们把式(3-7)仍作为状态转移的控制搜索序列，而重新定义状态 $\bar{u}(i)$ 为

$$\bar{u}(0)=\bar{V}(0)$$

$$\bar{u}(i)=\begin{cases}\bar{V}(i) & f(\bar{V}(i))<f(\bar{V}(i-1))\\ \bar{V}(i-1) & f(\bar{V}(i))\geqslant f(\bar{V}(i-1))\end{cases}$$

由此，在温度下求解的序列为

$$\bar{u}(0),\bar{u}(1),\cdots,\bar{u}(i),\cdots,\bar{u}(k) \tag{3-9}$$

而其对应的代价序列

$$f(\bar{u}(0)),f(\bar{u}(1)),\cdots,f(\bar{u}(i)),\cdots,f(\bar{u}(k)) \tag{3-10}$$

为单调下降序列。这样就可使模拟退火的性能得到改进，保证最后得到的解为所搜索过的所有解中最优解。

另外，为了降低模拟退火的时间，在某一温度 $T(t)$ 时，若从某一个 i 起有

$$\bar{u}(i)=\bar{u}(i+1)=\cdots=\bar{u}(i+q_1) \tag{3-11}$$

则可定义 $q_{1\max}$，当 $q_1>q_{1\max}$ 时，再如此抽样下去无实际意义，可停止在 $T(t)$ 下的抽样。

同样假设在 $T(t)$ 下得到最优解 $\bar{V}(t)=\bar{u}(k)$，而从 $t$ 开始有

$$\bar{V}(t)=\bar{V}(t+1)=\cdots=\bar{V}(t+q_2) \tag{3-12}$$

则可定义 $q_{2\max}$ ，当 $q_2 > q_{2\max}$ 时，再继续降温没有什么意义，可停止模拟退火过程。该方法称为改进的模拟退火算法[93]。

## 3.4　双程模拟退火算法

改进的模拟退火算法是一种快速有效的方法，但只能较快地收敛到最优解的附近，很难达到最优解，用一个例子说明：

给定一个函数

$$f(x_1,\cdots,x_n) = x_1^2 + x_2^2 + \cdots + x_i^2 + \cdots + x_n^2 \tag{3-13}$$

其中任意一变量 $x_i$ 的取值范围为 $-10 \sim +10$ 之间的整数。

现在用改进的模拟退火算法求其最小值。显然只有 $x_i$ 全为0时，$f(x_1,\cdots,x_n)$ 取得最小值0。改进的模拟退火算法的具体步骤在上节已有详细说明。本节只写出改进的模拟退火算法的当前状态向量和候选状态向量的产生方法。设全局抽样次数为 $M$，在某一温度下的局部抽样次数为 $N$。当前状态向量为 $\bar{V}(k)$ ，下一个候选状态向量为 $\bar{V}^*$ ，存在以下关系：

$$\bar{V}^* = \bar{V}(k) + \bar{P} \tag{3-14}$$

其中 $\bar{P} = [y_1,y_2,\cdots,y_i,\cdots,y_n]$;$y_i$ 是一个随机整数，其值域为 $\{-1,0,1\}$ 。

目标函数为$f(x_1,\cdots,x_n)$ 为 $1 \times n$ 的矩阵，取 $n = 63$ ，下面是用改进的模拟退火算法寻优的结果和所用的时间。

由表3-1可见，改进的模拟退火算法很难获得最优解。原因分析：

在由 $\bar{V}(k)$ 产生 $\bar{V}^*$ 的过程中，$\bar{V}(k)$ 向量中的每一个元素 $x_i$ 都可以变化，引起目标函数$f(x_1,\cdots,x_n)$ 的变化太大，在搜索过程中跨过了最优解，用一个例子说明：

**表3-1　改进的模拟退火算法的优化结果和时间**

| | $N=300$<br>$M=300$ | $N=600$<br>$M=600$ | $N=1000$<br>$M=1000$ | $N=2000$<br>$M=2000$ |
|---|---|---|---|---|
| 平均时间(分钟) | 5 | 34 | 115 | 576 |
| 平均结果 | 47 | 37 | 35 | 34 |

假设经过一番搜索后，当前的状态向量为 $\bar{V}(k) = [1,0,\cdots,0]$ ，已接近最优解 $\bar{V}_{op} = [0,\cdots,0]$ 。要求下一步从 $\bar{V}(k)$ 达到最优解 $\bar{V}_{op}$ 。也就是由 $\bar{V}(k)$ 产生一个候选状态向量 $\bar{V}^*$ ，这个候选状态向量应等于 $\bar{V}_{op}$ ，即 $\bar{V}^* = [0,\cdots,0]$ 。根据改进的模拟退火算法，$\bar{V}(k)$ 中的每个元素都可以变化，下一步总共可以有 $3^{63}$ 个候选解，其中只有一个是最优解，获得最优解的概率为 $1/3^{63} \approx 10^{-30}$ 。如果每次随机从 $\bar{V}(k)$ 中抽出一个元素 $x_i$，只使 $x_i$ 变化，其他元素不变，则下一步所有可能的候选解的数目为 $63 \times 3 = 189$。显然这种方法更能精确逼近最优解。

由以上的例子，我们可以形成一个新的方法：

首先采用改进的模拟退火算法，在接近最优解的时候，改变候选状态向量的产生方法。

该方法叙述如下：

在改进的模拟退火算法中有一个温度 $T_1$，称之为第一温度。再设一个温度 $T_2$，称之为第二温度。随着第二温度的降低，逐渐减少状态向量 $\bar{V}(k)$ 中可变元素的个数，直至只允许一个元素变化。当然，可变元素的指定是随机的。仍以求 $f(x_1, \cdots, x_n) = x_1^2 + x_2^2 + \cdots + x_i^2 + \cdots + x_n^2$ 的最小值为例说明。

从 $\bar{P}$ 中按由 $1 \rightarrow n$ 的顺序抽出一个元素 $y_i$，由计算机产生一个小于等于 1 的随机数 $ran$，如果 $ran < e^{-T_2}$，$y_i$ 为 0，$x_i^* = x_i + y_i = x_i + 0 = x_i$，显然从 $x_i \rightarrow x_i^*$ 元素没有变化。如果 $ran \geqslant e^{-T_2}$，从 -1，1 之中随机抽出一个数赋给 $y_i$，$x_i^* = x_i + y_i \neq x_i$，从 $x_i \rightarrow x_i^*$ 元素发生了变化。随着温度 $T_2$ 的下降，$\bar{V}(k)$ 中的元素发生变化的个数越来越少，$\Delta f(x_1, \cdots, x_n)$ 也越来越小，由此可精确地逼近和获得最优解。这种产生候选状态向量的方法称为部分元素可变法。又因为在整个退火过程中有 2 个温度下降的过程，称之为双程模拟退火算法[94]。

整个算法的流程如下：

①设初始状态向量 $\bar{V}(0)$，令最优状态向量 $\bar{V}_{op} = \bar{V}(0)$，当前状态向量 $\bar{V}(k) = \bar{V}(0)$，初始温度 $T_1 = T_1(0), T_2 = T_2(0)$，令 $i = 0$，$w_1, w_2$ 取 0.9 至 1.0 之间的实数；

②以 $T_1, \bar{V}(k), \bar{V}_{op}$ 调用改进的 Metropolis 抽样算法，返回最后得到的优化向量 $\bar{V}_{op}^*$ 和当前状态向量 $\bar{V}^*$，并令 $\bar{V}(k) = \bar{V}^*$；

③若 $f(\bar{V}_{op}^*) < f(\bar{V}_{op})$，则 $\bar{V}_{op} = \bar{V}_{op}^*$，$i = 0$，否则 $i = i + 1$；

④ $T_1 = T_1 \times w_1$；

⑤若 $i > M$，则转第⑥步，否则转第②步；

⑥以 $\bar{V}_{op}$ 为最优值输出，结束。

在上述算法中，第②步调用改进的 Metropolis 抽样算法如下：

①令 $\bar{V}^* = \bar{V}(k)$，$\bar{V}_{op}^* = \bar{V}(k)$，$j = 0$；

②由当前状态向量 $\bar{V}^*$ 产生候选状态向量 $\bar{V}_N^*$，

Ⅰ：若 $T_1 > 0.1$，按全部元素可变法产生候选状态向量，然后跳到③；

Ⅱ：若 $T_1 \leqslant 0.1$，按部分元素可变法产生候选状态向量，然后令 $T_2 = T_2 \times w_2$；

③计算 $\Delta f = f(\bar{V}_N^*) - f(\bar{V}^*)$，若 $\Delta f < 0$，则转④；否则转⑤；

④ $\bar{V}^* = \bar{V}_N^*$；若 $f(\bar{V}_N^*) < f(\bar{V}_{op}^*)$，则令 $\bar{V}_{op}^* = \bar{V}_N^*$；否则 $j = j + 1$，转⑥；

⑤按概率 $e^{-\frac{\Delta F}{T_1}}$ 接受 $\bar{V}_N^*$；若 $\bar{V}_N^*$ 可接受，令 $\bar{V}^* = \bar{V}_N^*$，$j = j + 1$；

⑥若 $i > N$，则转⑦；否则转②；

⑦将 $\bar{V}_{op}^*$，$\bar{V}^*$ 返回到调用它的双程模拟退火算法。

采用双程模拟退火算法对 $f(x_1, \cdots, x_n) = x_1^2 + x_2^2 + \cdots + x_i^2 + \cdots + x_n^2$ $(n = 63)$ 寻优，得到最优解 0，用时 4.5 分钟。在第九章我们还有一个复杂的仿真实例。

### 本章小结

采用全部元素可变法产生候选状态向量可快速接近最优解，但是很难达到最优解。而部分元素可变法则相反。把二者结合起来，形成双程模拟退火算法可既快速又精确地获得最优解。关于优化组合的算法有很多。BP 神经网不适于离散、不可导的场合；Hopfield 网并不是每次都能收敛到最小值，有不稳健性(Non Robustness)，构造 Hopfield 网的能量函数要较高的技巧且不具有通用性；遗传算法能克服局部极小，但计算量很大。单纯形法允许的变量个数太少。双程模拟退火法的目标函数的构造直观简单，算法收敛较快，能克服局部极小，重复精度高。

# 第四章　无约束直接搜索法

本章论述求解无约束极小化问题的各种直接搜索方法。本章的内容是第六、七章的基础。所谓无约束极小化问题就是寻找一个设计向量

$$X = \begin{Bmatrix} x_1 \\ x_2 \\ \vdots \\ x_n \end{Bmatrix}$$

使得目标函数 $f(X)$ 具有极小值。这个问题可以认为是一般(有约束)非线性规划问题的一种特殊情况。该问题的特点是解向量 X 不需要满足任何约束条件。尽管在实际的工程设计中不受约束的情况是很少的。然而研究无约束的问题仍然很重要。其原因如下：

(1)在不很接近最后的极小点处，有些设计问题可先作为无约束的问题来处理。

(2)一些功能很强和使用方便的求解约束极小化问题的方法，采用了将有约束问题转化为无约束问题的技巧来求解。

(3)无约束极小化方法的研究为有约束优化方法的研究提供了必要条件。

(4)对解决某些工程分析问题来说，这些方法显示出了很好的效果。

本章着重讨论无约束极小化直接搜索法，因为直接搜索法不需要被优化函数的导数，适应范围更广，更适于工程上使用。

直接搜索法主要有：随机搜索法、坐标轮换法、模式搜索法、旋转坐标法、单纯形法。模式搜索法是本章的重点。

## 4.1　随机搜索法

随机搜索法是基于用随机数去寻找极小点。由于大多数计算机的程序库都具有随机数发生子程序，所以使用随机搜索是很方便的。下面列举一些常用的随机搜索法。

### 4.1.1　随机跳跃法

在随机跳跃法中，要产生多组随机数，这些数均匀分布在 0 和 1 之间，每一组随机数构成一个候选解，通过生成大量的点和计算相应点的目标函数值，最后可取其中使目标函数为所要求的极小点。

虽然随机跳跃法很简单，但它对于变量很多的问题并不实用，它只适用于效率并不重要的情况。

### 4.1.2　随机走步法

这种方法是以产生一系列逐步改善的极小值的近似点为基础的。其中每一个近似点都是由前一近似点推导得到的。从而，如果 $X_i$ 是在第 $i-1$ 级得到的一个近似极小点，则第 $i$ 级新的改进的近似极小值点可由以下关系式求得：

$$X_{i+1} = X_i + \lambda \cdot u_i$$

式中 $\lambda$ 为规定的标量步长，$u_i$ 为第 $i$ 级产生的单位随机向量。这种方法的迭代过程如下：

①开始选一初始点 $X_1$ 和一想对于最终要求精度充分大的标量步长 $\lambda$。计算函数值 $f_1 = f(X_1)$ 。

②置迭代序号 $i = 1$。

③产生一组 $n$ 个随机数，并建立单位随机向量 $u_i$。

④求目标函数的新值为 $f = f(X_1 + \lambda u)$ 。

⑤比较函数值 $f$ 与 $f_1$，若 $f > f_1$ ，则使 $X_i = X_1 + \lambda u$ , $f_1 = f$ 并重复步骤③到⑤；若 $f \geqslant f_1$ ，直接重复步骤③到⑤。

⑥若迭代次数($N$)已充分大，但还不能产生一个较好的点 $X_{i+1}$ ，则减小标量步长 $\lambda$，返回步骤③继续进行。

⑦若值已减小到小于某一给定的足够小的数后，仍然不能得到一个改进点，则取当前点为最优点，并结束迭代。

随机搜索法的优点：

(1)即使目标函数在某些点不连续以及不可导的情况下，这种方法仍可使用。

(2)当目标函数具有几个相对极小点时，用这方法可求出全局极小点。

(3)当其他方法由于局部困难如函数变化很剧烈和区域很窄而失败时，这种方法仍然适用。

(4)尽管这种方法本不是非常有效，然而在优化的初始阶段，我们可以用这种方法去寻找可能存在的全局极小点的区域。一旦找到了这个区域，就可用一些更有效的方法来寻找全局极小点所在的更精确的位置。

## 4.2　坐标轮换法

这种方法一次只改变一个变量，并试图产生一个不断改进的逼近极小点的序列。如果第 $i$ 次迭代从基点 $X_i$ 开始，则固定 $n-1$ 个变量的值，而仅使剩余的一个变量的值变化。因仅有一个变量变化，故问题成为近有一个变量的一维极小化问题。

首先产生一个新的基点，然后在一个新方向上继续搜索。这个新方向是在上一次迭代中被固定的 $n-1$ 个变量中变动其中任意一个而得到的。

实际上搜索过程是依次取每一个坐标方向，当对所有 $n$ 个方向搜索过后，第一轮循环即完成，然后重复上序列极小化的全过程。这个过程将反复进行，直到一轮循环中沿着 $n$ 个方向的任意方向上目标函数都改进时为止。

坐标轮换法非常简单，而且很容易实现，但是它收敛慢。这是因为在不断下降的过程中，它有以振荡方式向最优点逼近的趋势。故在接近最优点的某个点处，应提前终止计算。

从理论上来说，对具有连续导数的任何函数，都可应用这种方法寻找极小点。然而，如函数的曲线具有陡谷，则使用这种方法甚至会导致不收敛。

## 4.3 模式搜索法

在坐标轮换法中，是沿着平行于坐标轴的方向进行极小化搜索，这种方法在某些情况下可能不收敛，即使收敛，它向最优点逼近的收敛速度也是非常慢的。为避免这些问题，可采用某种有利的方式来改变搜索方向，而不是总是固定地沿着坐标轴平行的方向进行搜索。

模式搜索法的基本思想是：首先沿着 $m$ 个坐标轴方向走 $m$ 步(如果所研究的问题有 $n$ 个变量，则 $m=n$ )。然后沿着由 $S_i = X_i - X_{i-m}$ 所确定的方向去搜索极小点，式中 $X_i$ 是由 $m$ 个单变量步搜索结束时所得的点。$X_{i-m}$是在 $m$ 个当变量步搜索开始之前所选取的起始点。由该式所确定的方向称为模式方向。为此人们把应用模式方向的方法称为模式搜索法。

### 4.3.1 Hooke－Jeeves 模式搜索法

Hooke－Jeeves 模式搜索法是一种序贯方法，每一轮包括两种移动：一种叫作探索移动，另一种叫作模式移动。第一种移动用来探索目标函数的局部形态，第二种移动用来利用模式方向。详见文献[95]。

### 4.3.2 Powell 法

Powell 法是基本模式搜索法的扩展，它是一种应用最广泛的直接搜索法，可以证明，Powell 法也是一种共轭方向法。共轭方向法对二次函数只要经过有限步迭代即可达到极小点。当把这种方法应用于非二次目标函数时，为了加速收敛，Powell 对该法做了一些改进。Powell 法是一种非常有效的方法，已经证明，这种方法甚至比某些梯度下降法还要好。

Powell 的基本思想：

假设要对具有两个变量的目标函数求极小值。首先依次沿着两个变量的坐标方向做极小化搜索一次，然后沿着相应的模式方向进行极小化搜索。对于下一轮极小化，我们保留模式方向，而去掉一个坐标方向。对于再下一轮极小化，我们去掉刚使用过的坐标方向，并保留生成的新模式方向。对于再下一轮来说，由于再没有坐标方向可去掉，我们将重新沿着平行于坐标轴的方向开始求极小值并重复上述整个过程。此过程将反复进行直至找到所希望的极小点为止。

正像大多数数值方法一样，这种方法也不像认为的那样完美。在应用 Powell 法求函数的极小值时，实际需要的迭代次数比理论估计的要多，其原因如下：

(1)由于循环轮数 $n$ 近对于二次函数是正确的，对于非二次函数，一般循环轮数要大于 $n$。

(2)在二次收敛的证明过程中，我们曾假设在每一次一维极小化中要求出精确的极小点，而实际上极小化步长仅仅是近似的。这样就造成随后求得的方向也不再是共轭的。故这种方法要达到完全收敛所需要进行的迭代次数更多。

(3)以上所描述的这种 Powell 法有可能在达到极小点之前即停止了，这是由于在数值计算过程中，搜索方向可能变成相关的，或几乎是相关的。

收敛准则：在像 Powell 这样的方法中，人们常常采取的收敛准则是，只要极小化循环中所有变量的改变量都小于要求精度的1/10，就停止迭代过程。然而 Powell 给出了一个更完美的收敛准则，它可能会防止迭代过程中有时会出现的提前终止迭代的问题。这个过程由以下的步骤给出：

①规定要求精度。要求 $x_1, x_2, \cdots, x_n$ 在任意的相邻两轮极小化循环中的改变量分别小于 $\varepsilon_1, \varepsilon_2, \cdots, \varepsilon_n$；

②应用通常的 Powell 法，直到某一轮循环所产生的改变量小于要求精度的 1/10 时，并记所得点为 $A$；

③将每一个变量的要求精度提高十倍；

④再次应用通常的 Powell 法，直到一循环引起的改变量小于要求精度的 1/10，并记此点为 $B$；

⑤定义方向 $S = A - B$，并沿着 $S$ 方向求函数的极小点，记这个点为 $C$；

⑥如果向量 $A - C$ 和 $B - C$ 的分量都小于要求精度的 1/10，则认为这个过程已经收敛，否则转下一步；

⑦用 $A - C$ 来代替搜索方向 $S_1$（即 $x_1$ 的方向），然后返回前面步骤②重新开始这一过程。

使用这一终止方法，尽管预期会更可靠些，但此时整个极小化问题至少要求解 2 次，故花费的机时要多一些。

## 4.4 Rosenbrock 旋转坐标法

Rosenbrock[96]所给出的旋转坐标法，可以看作是 Hooke - Jeeves 法的进一步改善和发展。应用此法时，在极小化的每一级开始前都要用以下方式来旋转坐标系，即第一个轴应指向所估计的局部凹谷方向，而所有其他轴应相互正交，且与第一轴垂直。方法详见文献[95]。

由于在 $n$ 维空间可以根据需要来旋转坐标系，所以 Rosenbrock 法可以追随弯曲的和陡峭的深谷前进。这种方法对于在搜索器寻找近似极小点位置是非常有用的。基本的 Rosenbrock 法已有 Davies，Swann 和 Compey[97]做了改进，是在任何给定的循环中，应在每个方向上连续进行搜索，直至找到其一维最优点为止。换句话说，在每个搜索方向上都采用一维极小化过程。可以预料这种改进的方法将优于 Hooke - Jeeves 法或 Rosenbrock 法。

## 4.5 单纯形法

单纯形的定义：在 $n$ 维空间中由一组 $n+1$ 个点组成的几何图形称为单纯形。当这些点间的距离都相等时，则称为正单纯形。在二维空间里，单纯形为三角形，在三维空间里为四面体。

单纯形的基本思想：比较一般单纯形的 $n+1$ 个顶点的目标函数值，并在迭代过程中逐渐把这单纯形向最优点移动。这种方法最初是由 Spendley，Hext 及 Himsworth 提出来的。

后来 Nelder 和 Mead 对这种方法进行了改进。单纯形的移动是通过称为反射、收缩、和扩大的三种运算来实现的。

### 1. 反射

如 $X_h$ 是单纯形顶点中目标函数值最大的顶点，则我们每次可以期望当把 $X_h$ 点向其对面反射时，可以得到目标函数值最小的点 $X_r$。如是这种情况，则从单纯形中抛弃 $X_h$ 来构造一个新的单纯形。同样还可以从随后新的单纯形中抛弃函数值最大的顶点，形成下一个单纯形。因为单纯形的移动总是背离最坏的结果，所以单纯形是向有利的方向上移动的。如果目标函数不具有陡谷，则重复应用反射过程将导致搜索点在极小化的总体方向上沿着锯齿形路线移动。

在数学上，反射点由下式给出：

$$X_r = (1 + a)X_0 - aX_h$$

式中 $X_h$ 为对应于最大的目标函数值的顶点，

$$f(X_h) = \max_{i=1,\cdots,n+1 f(X_i)}$$

是除 $i = h$ 外的所有 $X_i$ 点的型心，它由下式给出

$$X_0 = \frac{1}{n}\sum_{\substack{i=1 \\ i\neq h}}^{n+1} X_i$$

$a, a > 0$ 定义为反射系数，并由下式给出：

$$a = \frac{X_r \text{ 到 } X_0 \text{ 点间的距离}}{X_h \text{ 到 } X_0 \text{ 点间的距离}}$$

如果只是用反射过程来求极小值，则在某些情况下将会遇到困难，搜索将有可能进入死循环。因而使最优化过程始终陷在某个谷上，无法朝着最优点移动。为解决这个问题，可以制定一个规定，即不允许返回到刚才离开的点。

一旦遇到这种情况时，我们可抛弃与次坏值相应的顶点，而不是抛弃最坏目标函数值所对应的顶点。一般来说，这样做将使迭代过程继续朝着所期望的极小区域逼近。然而，最后的单纯形还可能会跨立在极小点上，或处在离最优点大约为单纯形本身尺寸的位置上。在这种情况下，可能不会得到比原来那些单纯形顶点更接近于极小点的新单纯形。

### 2. 扩大

如果反射过程得到的 $X_r$ 点有 $f(X_r) < f(X_l)$，即如果反射产生一个新的极小点，则一般可以期望沿着 $X_0$ 到 $X_r$ 方向继续移动，将会进一步减小目标函数值，因此可通过下式将 $X_r$ 扩大到 $X_e$。

$$X_e = \gamma X_r + (1 - \gamma)X_0$$

式中 $\gamma$ 称为扩大系数，它被定义为：

$$\gamma = \frac{X_e \text{ 到 } X_0 \text{ 点间的距离}}{X_r \text{ 到 } X_0 \text{ 点间的距离}} > 1$$

### 3. 收缩

如果反射过程给出的点 $X_r$，对于除 $i = h$ 以外的所有 $i$ 有 $f(X_r) > f(X_i)$ 及 $f(X_r) <$

$f(X_h)$，则用$X_r$来代替$X_h$。这样，新的$X_h$将为原来的$X_r$。在此情况下，缩小这个单纯形如下：

$$X_c = \beta X_h + (1 - \beta) X_0$$

式中$\beta$称为收缩系数，它被定义为：

$$\beta = \frac{X_c \text{ 到 } X_0 \text{ 点间的距离}}{X_h \text{ 到 } X_0 \text{ 点间的距离}}$$

**本章小结**

本章介绍了在无约束条件下且被优化函数的导数不可得的情况下的各种经典搜索法，包括随机搜索法、坐标轮换法、模式搜索法、旋转坐标法、单纯形法。这些方法各有优点，一般收敛速度较快，精度高。但是这些方法只能用于搜索局部极值点，对于多峰值函数基本上是无能为力。在第六、七章我们将要用到这些方法。

# 第五章　排雷策略

第四章讨论了多种经典的无约束搜索法，这些方法精度高，搜索速度快，但是不能克服局部极小。模拟退火、遗传算法、进化规划、进化策略等现代自然算法则搜索速度较慢，精度不高，但是有一定的克服局部极小的能力。在这些算法中，遗传算法克服局部极小的能力是最强的，即使是这种算法，其克服局部极小的能力也不能令人满意。在这一章我们将提出一种很有效的克服局部极小的策略。采用该策略后，可完全解决局部极小问题，并且是一举多得。该策略不是一个独立的算法，它可以和模拟退火、遗传算法相结合。

## 5.1　局部极值问题

凡是讨论优化算法，都必提及局部极值问题。克服局部极小的能力是衡量一个优化算法的重要指标，但是到目前为止，还没有一个统一的定义，本节给出一个规范化的定义。

定义一个 $n$ 维向量 $X=[x_1,x_2,\cdots,x_n]^{\mathrm{T}}$ 。考虑一个函数 $f:S\rightarrow\mathbb{R}$ ，这里 $S$ 是 $n$ 维欧氏空间中的一个域，$X\in S$ ，$\mathbb{R}$ 是实数域。

**定义 5－1**　设函数 $f(X)$ 在点 $X^{(0)}$ 的某个邻域内有定义，对于该邻域异于 $X^{(0)}$ 的点：如果都适合不等式 $f(X)\leqslant f(X^{(0)})$ ，则称函数在点 $X^{(0)}$ 有极大值，如果对所有的 $X\in S$ ，不等式都成立，称之为全局极大值或最大值；反之，如果都适合不等式 $f(X)\geqslant f(X^{(0)})$ ，则称函数在点 $X^{(0)}$ 有极小值，如果对所有的 $X\in S$ ，不等式都成立，称之为全局极小值或最小值。极大值、极小值统称极值。使函数取得极值的点称为极值点。

**局部极小值**　在整个定义域某一局部范围内最小的极值。

同理可定义局部极大值。通常局部极值指局部极大值。

局部极小值与极小值不同的是：在某一局部范围内可能有多个极小值，局部极值是其中最小的一个。

**局部极值问题**　如果某一优化算法找到一局部极值之后，在没有人为干预下，无法摆脱这一点寻找其他极值点，此类问题称之为局部极值问题。

## 5.2　克服局部极值的机制

模拟退火、遗传算法、Tabu 算法等克服局部极小的机制是不相同的，尽管有多篇文章认为以上诸算法理论上可以克服局部极小，但在实际计算中，除非用大量的计算时间，否则也容易陷入局部极小。下面分析各算法克服局部极小的机制。

### 5.2.1　模拟退火机制

在第三章我们已详细介绍了模拟退火，其克服局部极小的关键是按退火概率接受下一个解，如果没有退火概率，模拟退火就和随机搜索法一样。模拟退火克服局部极小的能力是很差的。形象地说，对于陡而深的坑，模拟退火较容易克服，对于宽而深的坑，很难克服，因为需要走更多步。

举个简单的例子：假设在某一退火温度下接受差解的概率为0.3，算法已搜索到一个局部极小，现在要摆脱这个极小。假设需要向上走5步才能摆脱。则连续向上走5步摆脱的概率为$0.3^5 = 0.00243$；中间向下走一步，向上共走6步也可摆脱，其概率为$0.3^5 \times 0.63 = 0.0015309$；走的步数越多，摆脱的概率越小，此处还没有计算概率随温度的下降。总之模拟退火摆脱局部极小的能力差，并且引进退火概率后，同时也增加了很多无谓的、反复的计算，精度也因此下降。代价很大，成效很小。

### 5.2.2　遗传算法机制

遗传算法克服局部极小的方法是依赖大规模种群，一般来说，如果全局最优所在的域附近没有个体分布的话，遗传算法就很难找到全局最优，所以为克服局部极小，遗传算法的种群必须达到一定的规模，由此引起计算量剧增，且计算量随种群以指数函数形式增长。更要指出的是，随着被优化函数的维数的增长，种群的规模以指数函数的形式增长。例如：被优化函数为六维，按变量编码，每一变量选5个初始值，则初始种群为$5^6$个个体，如被优化函数增至七维，则初始群体为$5^7$个。两项相计，可见遗传算法的计算量是极大的。但对其他算法，如坐标轮换法，被优化函数每增加一维，增加一个搜索方向，其计算量是以相加的形式增加。

### 5.2.3　Tabu算法机制

Tabu算法是一种较新的算法，Tabu的中文意思直译为“禁忌”，它主要是靠一个禁忌表来克服局部极小，其主要思想是：走过的路径依靠禁忌表避免重复。禁忌表不能太长，因为它影响速度，同时内存容量也有限。一方面它与模拟退火一样，对于一个范围较大的“坑”，它不容易摆脱，因为禁忌表是不断更新的，对于范围较大的“坑”，禁忌表可能无法避免路径重复。另一方面它与遗传算法一样，当被优化函数的维数增加时，禁忌表的大小以指数形式增加。

此外，以上诸算法克服局部极小的能力，能否成功找到全局最优值，与算法的初始参数设定有很大关系：

(1)模拟退火的初始温度和温度下降指数、起始点；

(2)遗传算法的初始参数更多，初始群体大小、交叉概率、变异概率等；

(3)Tabu表的大小，邻域的确定、起始点。

由此导致以下缺点：

(1)需要人的经验，不便于工程上大规模快速应用。

(2)需要反复试探，浪费时间，不便于程序自动化，其本身就存在一个最优化的过程。

(3)搜索计算不可继续，当上述诸多算法运算到最后，发现结果不理想时，只有重新设置初始条件，重新运算一次。实际上，算法就是陷入了局部极小，在这种情况下无法通过增加运算次数来克服局部极小值，只有更改初始条件重算。

总之，以上各算法在克服局部极小的机制上仍不能令人满意。因此有必要寻找新的方法。

## 5.3 排雷策略

第四章介绍了多种无约束直接搜索法，它们的局部搜索能力和搜索速度远远强于模拟退火、遗传算法，因此我们设想，对它们加以改造，使其具有全局寻优能力。

一种想法是多次使用直接搜索法，但是每次使用都改变起始点，这样就可能避开原来的极小点，也就是克服局部极小，找到新的极小值，找到所有的极小值也就找到了全局极小值。

我们以使用模式搜索为例。在使用模式搜索法时，当我们每使用一次模式搜索，就可找到一个局部极小值点。之后继续找下一个极小值点时，需要确定一个新的起始点。显然，新的起点要尽量避开已找到的极值点及其邻域，因为在该极值点的极值域(定义见第二章)内搜索，必然还是找到该极值点。因此为避免重复，我们构造了排雷策略。

**排雷策略**　在排雷游戏中，当找到一地雷时，将它标记出来，再在其他地方找。排雷策略借鉴了这一思想，但是不完全一样。每当我们找到一个极值点，便把它标记为一个“地雷”，就像排除地雷一样，已找到的极值点就是雷区中心。选下一个起始点时，有两个原则：

(1)找一个离所有“地雷”尽量远的地方；

(2)如果有多个这样的地方，先从最大的“安全区”开始。

**例5-1**　已知 $a \leqslant x \leqslant b$，已找到2个极小值点 $x_1,x_2$，这两点把区域分成3部分：$[a,x_1),[x_1,x_2),[x_2,b]$，这3个小区域的中点可以作为3个新的起点，不妨从最大的小区域开始搜索。

排雷策略巧妙地利用已找到的极值点为边界，形成新的起点，直接从局部极小值点跳出来，而不像模拟退火、Tabu算法逐渐摆脱，因此排雷法完全不存在局部极小问题，并且算法不因克服局部极小而增加额外的计算量，效率高。模拟退火、Tabu算法、遗传算法理论上可以克服局部极小，但在实际计算中，除非用大量的计算时间，否则也容易陷入局部极小。它们克服局部极小的机理，如模拟退火的按退火概率接受机制、Tabu算法的Tabu表、遗传算法的大规模种群，增加了庞大的计算量，会使得算法的效率显著降低，并影响结果的精度。此外，排雷策略总是以未搜索过的且不包含局部极小值点的区域为下一个搜索域，因此很少有遗漏和重复，其全局性强于遗传算法的随机初始群体，更强于模拟退火、Tabu法。

总结起来，排雷策略有以下优点：

(1)直接跳出局部极小，不但效率高，而且永远也不会陷入一个局部极小。它完全不存在局部极小问题，这是以往所有方法都无法做到的。

(2)初始参数的选择基本不影响最后的结果，无需人的经验。

(3)搜索是可继续的。当我们发现结果不满意，可继续搜索下去，不必重新开始。

### 本章小结

本章分析了模拟退火、遗传算法、Tabu搜索的克服局部极小的机制，指出这些机制有不少缺点：如增加了大量的计算量，摆脱局部极小的能力不强，需要人的经验，不便于工程上大规模快速应用，计算不可继续性等。提出了排雷策略，基本解决了以上这些问题。排雷策略本身还不是一种优化搜索算法，它应和模式搜索、坐标轮换等直接搜索法相结合。在下一章，我们有具体的仿真实例。

# 第六章　极值元素算法

本章从一个基本的数学定理出发，结合一个实际的例子，推导出一系列利用函数极值点的分解组合进行寻优的原理，并根据这一原理，结合第二章的两个新概念，对遗传算法进行理论上的分析，由此指出目前遗传算法的选择、交叉机制存在的问题。由第五章的排雷策略和本章的极值元素组合原理，共同构成了极值元素优化算法。该方法不存在局部极小问题。理论分析和实验结果表明：该方法在解的质量、计算效率等方面远优于遗传算法、模拟退火等方法。

## 6.1　极值组合原理

所谓优化，就是寻找尽可能多的极值点(极小值或极大值)，从中选最好的，如果能找到被优化函数的全部极值点，就得到了全局最优点。但是如果一个一个地寻找，将很困难、费时，其难点在于：

(1)对于一个多峰值函数，其极值点的分布和个数完全是未知的。理论上，只有搜遍整个定义域才能肯定找到了全局极小值。

(2)在搜索过程中，有的极值点可能被反复搜索，有的却被漏掉。

本节提出一个新的思想：

首先用直接搜索法(如模式搜索法、坐标旋转法)找到若干个极值点，然后把已找到的极值点分解成极值元素，对这些极值元素进行重组，可以得到更多的极值点，因而极大地减少了搜索量，节约了大量的时间。我们由一个算例出发，便于理解。

**例6-1**　求函数

$$Z=-f(x)\cdot g(y)=-\left(\frac{x^4}{4}-\frac{2x^3}{3}-\frac{11x^2}{2}+12x+10\right)\cdot\left(\frac{y^4}{4}-\frac{5y^3}{3}-6y^2+36y+26\right)$$

的极值。

**解**　由多元可导函数的极值必要条件

$$\frac{\partial Z}{\partial x}=-g(y)\cdot\frac{\partial f(x)}{\partial x}=-(x-1)(x-4)(x+3)\cdot\left(\frac{y^4}{4}-\frac{5y^3}{3}-6y^2+36y+26\right)=0 \quad (6-1)$$

$$\frac{\partial Z}{\partial y}=-f(x)\cdot\frac{\partial g(y)}{\partial y}=-\left(\frac{x^4}{4}-\frac{2x^3}{3}-\frac{11x^2}{2}+12x+10\right)\cdot(y-2)(y+3)(y-6)=0 \quad (6-2)$$

由(6-1)得 $x_1=1$，$x_2=4$，$x_3=-3$，由(6-2)得 $y_1=2$，$y_2=-3$，$y_3=6$。

可能的极值点如下表所示：

**表6-1　极值点**

| $x$ | $y$ | | |
|---|---|---|---|
| | 2 | -3 | 6 |
| 1 | -1040.055556 | 1137.895833 | 160.833333 |
| 4 | 560.444444 | -613.166667 | -86.666667 |
| -3 | 2408.833333 | -2635.437500 | -372.500000 |

容易验证：所有的负值均为极小值，所有的正值均为极大值。当取（$x_3,y_2$）即（$-3$，$-3$）时，取得全局极小值。

假设我们利用模式搜索得到了两个次小的极小值（4，$-3$）、（$-3$，6），将它们按 $x$，$y$ 分解，得 $x_2=4$，$x_3=-3$ 和 $y_2=-3$，$y_3=6$，将其重组得2个新的点（4，6）、（$-3$，$-3$）。其中（$-3$，$-3$）的值 $-2635.437500$ 比已找到的极小值 $-613.166667$ 更小。由此我们可以导出极值组合原理的基本思想：

对已搜索到的极值点进行分解重组，可以得到新的极值点，新的极值点有可能更好。本方法与遗传算法的交叉机制大不一样，这点将在下节说明。

显然，极值组合法的效率远远高于直接逐个搜索极值，对于一个 $n$ 维的函数，若已找到了 $k$ 个极小值，且每个极小值的元素都不相同，则通过组合可得到 $k^n-k$ 个新的点（这些点还包括极大值、拐点，并非全是极小值，后面我们将对此说明）。采用随机选起始点的方法（绝大多数随机寻优法都是如此，如模拟退火、Tabu 法），直接逐个搜索，每寻找一个极值点，就要进行大量的搜索、试探，且找到的极值点有相当一部分重复，所以组合极值法的效率远远高于直接逐个搜索极值的诸多方法，并且这种差距随着维数的增加呈指数的速度增长。

下面给出规范化的推导和定义：

定义一个 $n$ 维向量 $X=[x_1,x_2,\cdots,x_n]^T$。考虑一个函数 $f:S\to\mathbb{R}$，这里 $S$ 是 $n$ 维欧氏空间中的一个域，$X\in S$，$\mathbb{R}$ 是实数域。

**定义 6－1** 设函数 $f(X)$ 在点 $X^{(0)}$ 的某个邻域内有定义，对于该邻域异于 $X^{(0)}$ 的点：如果都适合不等式 $f(X)\leqslant f(X^{(0)})$，则称函数在点 $X^{(0)}$ 有极大值，如果对所有的 $X\in S$，不等式都成立，称之为全局极大值或最大值；反之，如果都适合不等式 $f(X)\geqslant f(X^{(0)})$，则称函数在点 $X^{(0)}$ 有极小值，如果对所有的 $X\in S$，不等式都成立，称之为全局极小值或最小值。极大值和极小值统称极值。使函数取得极值的点称为极值点。对该点的每个元的值，称之为该元的极值元素。如有极值点（$x_1^{(0)},x_2^{(0)},\cdots,x_i^{(0)},\cdots,x_n^{(0)}$），$x_i^{(0)}$ 是元 $x_i$ 的极值元素。

**定理 6－1** 设多元函数 $f(X)$ 在点 $X^{(0)}$ 处可微分，且在点 $X^{(0)}$ 处有极值，则在该点的偏导数必然为0。（这是高等数学里的一个基本定理）

**定义 6－2** 如果极值元素 $x_a^{(0)}$ 对于任意 $x_i$（$i=1,2,\cdots,n$ 且 $i\neq a$）都有 $f_{x_a}(x_1,x_2,\cdots,x_a^{(0)},\cdots,x_i,\cdots,x_n)=0$，则称极值元素 $x_a^{(0)}$ 为完全可组合。此处 $x_a^{(0)}$ 表示变量 $x_a$ 的某个极值元素，0 为该极值元素的编号，$f_{x_a}$ 表示 $f$ 对 $x_a$ 的偏导。

**例 6－2** 例 6－1 中的 $x_1$、$x_2$、$x_3$、$y_1$、$y_2$、$y_3$，都是完全可组合的。

**定理 6－2** 如果函数 $f(X)$ 对 $x_a$ 的偏导数可表示成 $f_{x_a}(x_1,x_2,\cdots,x_a,\cdots,x_i,\cdots,x_n)=(x_a-x_a^{(0)})\cdot g(x_1,x_2,\cdots,x_a,\cdots,x_i,\cdots,x_n)$，则 $x_a^{(0)}$ 是完全可组合的。此处 $g(x_1,x_2,\cdots,x_a,\cdots,x_i,\cdots,x_n)$ 是关于 $X$ 的函数。

**例 6－3** De Jong 函数[22] $F_1$、$F_4$；Bohachevsky 函数[22] $F_1$ 符合定理 6－2。Schaffer[22] 函数 $F_6$、$F_7$ 看似复杂，实际上也符合定理 6－2。

**定义 6－3** 如果变元 $x_a$ 的所有极值元素都是完全可组合的，则称 $x_a$ 为变元完全可组合。

**定理 6－3** 如果 $f_{x_a}$ 可表示成 $f_{x_a}=g_1(x_a)\cdot g_2(x_1,x_2,\cdots,x_i,\cdots,x_n)$，其中 $g_2(x_1,$

$x_2,\cdots,x_i,\cdots,x_n$) 表示一个与 $x_a$ 无关的函数，则 $x_a$ 为变元完全可组合。

**定理6－4**　如果 $x_a$ 为变元完全可组合，则极值点 $X^{(0)}=(x_1^{(0)},x_2^{(0)},\cdots,x_a^{(0)},\cdots,x_i^{(0)},\cdots,x_n^{(0)})$ 和 $X^{(1)}=(x_1^{(1)},x_2^{(1)},\cdots,x_a^{(1)},\cdots,x_i^{(1)},\cdots,x_n^{(1)})$ 的组合点 $X^{(3)}=(x_1^{(0)},x_2^{(0)},\cdots,x_a^{(1)},\cdots,x_i^{(0)},\cdots,x_n^{(0)})$ 和 $X^{(4)}=(x_1^{(1)},x_2^{(1)},\cdots,x_a^{(0)},\cdots,x_i^{(1)},\cdots,x_n^{(1)})$ 是次驻点。

由定理6－3推出。

**例6－4**　Shubert 函数[22]、Easom 函数[22]符合定义6－3。

**定义6－4**　如果极值元素 $x_a^{(0)}$ 对于某些 $x_i$($i=1,2,\cdots,n$ 且 $i\neq a$)或者是 $x_i$ 的某些(两个以上)极值元素 $x_i^{(j)}$ ($j$ 为整数)，有 $f_{x_a}(\cdots,x_a^{(0)},\cdots,x_i^{(j)},\cdots)=0$，则称 $x_a^{(0)}$ 为部分可组合。

**定义6－5**　如果两个属于不同元的极值元素的集合 $(x_a^{(0)},x_b^{(0)})$，对于任意 $x_i$($i=1,2,\cdots,n$ 且 $i\neq a$，$b$)都有 $f_{x_a}(x_1,x_2,\cdots,x_a^{(0)},\cdots,x_i,\cdots x_b^{(0)},\cdots,x_n)=0$ 且 $f_{x_b}(x_1,x_2,\cdots,x_a^{(0)},\cdots,x_i,\cdots,x_b^{(0)},\cdots,x_n)=0$，则称 $(x_a^{(0)},x_b^{(0)})$ 为二元素可组合。

显然二元素可组合属于部分可组合。类似可定义多元素可组合。

**例6－5**　假设已由 $f(x_1,\cdots x_i,\cdots x_n)$ 求得

$$f_{x_a}=(x_a-x_b+1)\cdot g_1(x_1,\cdots,x_i,\cdots,x_n)=0 \tag{6-3}$$

$$f_{x_b}=(-x_a-x_b-1)\cdot g_2(x_1,\cdots,x_i,\cdots,x_n)=0 \tag{6-4}$$

其中 $g_1(x_1,\cdots,x_i,\cdots,x_n)$、$g_2(x_1,\cdots,x_i,\cdots,x_n)$ 是关于 $(x_1,\cdots,x_i,\cdots,x_n)$ 的函数。

由式(6－3)、(6－4)可得联立方程组 $\begin{cases}x_a-x_b+1=0\\-x_a-x_b-1=0\end{cases}$。解得 $x_a=-1,x_b=0$。$(-1,0)$为二元素可组合。

**定义6－6**　若函数 $f(x_1,\cdots,x_i,\cdots,x_n)$ 的变元 $x_a$ 与 $x_b$ 无关(即不论 $x_b$ 如何变化，$x_a$ 的极值元素不受影响)，称变元 $x_a$ 对 $x_b$ 可组合。若 $x_b$ 对 $x_a$ 也可组合，称变元 $x_a$ 和 $x_b$ 可相互组合。类似可定义多变元可组合。多变元可组合对多目标函数优化很重要。

**例6－6**　$f=x_1^2\cdot x_2+x_2^4+x_3^3$，其中 $x_1$ 对 $x_2$ 可组合，$x_2$ 对 $x_1$ 不可组合。$x_1$ 和 $x_3$ 可互组合。

**定义6－7**　如果点 $C$ 有若干个坐标值等于或接近驻点 $A$，称 $C$ 为次驻点，如果驻点 $A$ 是极小(大)值点，称为 $C$ 为次极小(大)值点。

显然，由次极值点出发可以更快更容易找到极值点。

**定理6－5(极值组合原理)**　若已求得若干可导极值点，且这些极值点包含若干个可组合(完全可组合或/和部分可组合)极值元素，则可以通过分解重组，构成新的点，该点可能是驻点(含极值点、拐点)，或是次驻点。

**证明**　设已知可导极值点为

$X^{(0)}=(x_1^{(0)},x_2^{(0)},\cdots,x_a^{(0)},\cdots,x_i^{(0)},\cdots,x_n^{(0)})$ 和 $X^{(1)}=(x_1^{(1)},x_2^{(1)},\cdots,x_a^{(1)},\cdots,x_i^{(1)},\cdots,x_n^{(1)})$

要分多种情况讨论：

(1) $x_a$ 为变元完全可组合。交换 $x_a^{(0)}$、$x_a^{(1)}$ 可得到新的次驻点，见定理6－4。

(2) $x_a^{(0)}$ 为完全可组合。由极值必要条件：当 $i=1,2,\cdots,a,\cdots,i,\cdots,n$，有

$$f_{x_i}(X^{(0)})=f_{x_i}(x_1^{(0)},x_2^{(0)},\cdots,x_a^{(0)},\cdots,x_i^{(0)},\cdots,x_n^{(0)})=0$$

$$f_{x_i}(X^{(1)})=f_{x_i}(x_1^{(1)},x_2^{(1)},\cdots,x_a^{(1)},\cdots,x_i^{(1)},\cdots,x_n^{(1)})=0$$

交换 $x_a^{(0)}$，$x_a^{(1)}$，有 $X^{(3)}=(x_1^{(1)},x_2^{(1)},\cdots,x_a^{(0)},\cdots,x_i^{(1)},\cdots,x_n^{(1)})$

因 $x_a^{(0)}$ 为完全可组合，有 $f_{x_a}(X^{(3)}) = 0$，所以 $X^{(3)}$ 为次极值点。

此处 $f_{x_i}(X^{(3)})$ 不一定为0，$i = 1,2,\cdots,n$ 且 $i \neq a$，除非 $x_i^{(1)}$ 也是完全可组合。

类似可证明多元素可组合，多变元可组合。总之组合的目的是构成新的极值点和次极值点，减少搜索量。我们讨论了多种可组合的情况，实际可能更多。讨论的目的不是要利用上面的定义定理分析被优化的函数(可能根本无法知道该函数的表达式，后面提出的极值元素组合法不需函数表达式)，而是说明可组合的广泛性。

上面讨论的都是假设函数在极值点可导，实际上在任何寻优算法中，搜索的步长都不可能是无穷小的，因此所有的目标函数都是离散的，对于连续但极值点不可导的函数，在搜索中是多个离散的点，我们可以补充定义使本来不可导的极值点可导。并有如下结论：

**不可导函数组合原理** 对于连续但极值点不可导的函数 $f_1$，如果存在极值可导函数 $f_2$，$f_2$ 的极值点部分或全部与 $f_1$ 相同，则 $f_2$ 的这部分极值点具有的可组合特性同样适用于 $f_1$。

这一原理并不是要去求函数 $f_2$，而是说明不可导函数也可采用极值元素组合法。

总之，对于一个可组合函数，极值点的重组比非极值点的效果好，非极值点的重组是多余的。

**可组合极值元素的扩展** 前面给出的可组合极值元素的定义针对可导函数，不妨称之为“狭义可组合”，其后我们指出对不可导函数也普遍存在可组合现象，为此将可组合定义进行扩展，称之为“广义可组合”。

**定义6-8** 如果极值元素 $x_a^{(0)}$ 对于任意 $x_i$( $i = 1,2,\cdots,n$ 且 $i \neq a$ )，在 $x_a^{(0)}$ 的邻域内，恒有 $f(x_1,x_2,\cdots,x_a^{(0)},\cdots,x_i,\cdots,x_n) \leqslant f(x_1,x_2,\cdots,x_a,\cdots,x_i,\cdots,x_n)$，或者恒有 $f(x_1,x_2,\cdots,x_a^{(0)},\cdots,x_i,\cdots,x_n) \geqslant f(x_1,x_2,\cdots,x_a,\cdots,x_i,\cdots,x_n)$，此处 $x_a$ 为不等于 $x_a^{(0)}$ 的任意值，则称极值元素 $x_a^{(0)}$ 为完全可组合。此处 $x_a^{(0)}$ 表示变量 $x_a$ 的某个极值元素，0 为该极值元素的编号。

如果上述不等式只对一部分定义域，或者对一部分变量 $x_i$( $i = 1,2,\cdots,n$ 且 $i \neq a$ )成立，则称之为部分可组合。

**例6-7** 所有形如 $f(x_1,\cdots,x_n) = \sum_{i=1}^{n} f_i(x_i)$ 的可分离函数都是变量完全可组合的，不论其是否可导或连续。

**例6-8** 形如 $f(x_1,\cdots,x_n) = \prod_{i=1}^{n} f_i(x_i)$ 的函数是变量完全可组合的，不论其是否可导或连续。

## 6.2 遗传算法的误区

### 6.2.1 交叉算子的误区

(1)不同极值域之间点的元素的组合，称其为远交叉(定义详见第二章)。如 $a$ 与 $c$ 的组合可以形成新的极值点和次极值点，前面的极值元素组合原理已说明了这一点。显然，非极值点 $b$，$e$ 的组合效果不如极值点 $a$，$c$，因此非极值点的组合是不必要的。遗传算法把它们混在一起组合，白白增加计算量。

(2)同一极值域内点的元素的组合，称其为近交叉(定义详见第二章)，可使算法向该域的极值点收敛。因此使交叉操作限制在基因型相似的染色体之间就能一定程度地改善遗传算法的局部搜索能力[92]。但是改善是有限的，因为无法确定相似的中心。不分区域的把所有的点放在一起组合，将会相互干扰，收敛变慢，精度降低。

(3)遗传算法的交叉算子，不论是一点、多点还是其他交叉法，都是随机选点，基因的交换组合都是部分的，因此存在大量的组合重复、组合遗漏。重复导致效率低下，遗漏导致失去最优解。这是遗传算法无法克服的，因为个体的数目太多，若充分组合将导致组合爆炸。

### 6.2.2　选择算子的误区

极值组合原理要求选极值点进行分解再重组，只要是极值点就行，而与极值点的适应度无关。也就是说：并非适应度高的极值点就组合效果好。由表6－1可看出：由两个比较差的极值点－613.166667和－372.500000可组合成全局最小值－2635.437500，而另一个比较好的点－1040.055556却不能和其他点组合成全局最小值，甚至两个全局最差的点(极大值)1137.895833和2408.833333可以组合成全局最小值。因此对不同极值域的点的交叉组合，选择亲本的原则是：该亲本为极值点，而不是适应度高。这正是遗传算法的最大误区。

## 6.3　基于极值组合原理分析遗传算法缺陷

**1. 未成熟收敛**

由上节选择算子的误区可知，如果采用繁殖机会同适应值成正比例的方法为选择亲本原则，那么某些带有部分优秀基因的极值点，虽然适应度比其附近的点好，但在整个群体中偏低，如以适应度为选择标准，可能因此而淘汰。优秀基因因此失去，算法收敛于局部极小。这正是遗传算法未成熟收敛的重要原因之一。超级数字串或超级个体问题、封闭竞争问题就是具体表现。

实际上，自然界的物种竞争淘汰，也是分地域的，不是全局的。这样更有利于保留某些“单一”的优秀基因。例如，某地的某种生物群落，在某个方面基因特别突出，整体性能很差。如果全局竞争，该群落就会没有繁殖机会，被全部淘汰，它们的优秀基因也因此失去。不少学者注意到这一问题，提出局部化的方法：把群体分成若干子群体，每个子群体独立地进行选择操作，这可使未成熟收敛局部化[92]。小生境技术[98]就采用这种方法，它可以改善解的多样性，有利于克服普通遗传算法在优化多峰值函数的未成熟收敛现象，但这一方法作用有限，因极值点的分布是未知的，群体无法准确划分，要从根本上解决问题只有以极值元素为选择标准。

**2. GA 难问题**

如果一个函数的 Walsh 分解中高阶分割对应了较重要的 Walsh 系数，则该函数难以用遗传算法求解，称之为 GA 难。从极值元素的角度看，就是极值元素的可组合性差。在第2节的理论推导中已给出了一些判定可组合性的方法，可用于判定 GA 难问题，但多数情况下，被优化函数表达式不可知，无法使用 Walsh 法和本章第2节的判据。

### 3. 局部搜索能力

上节已说明近交叉可使算法向该域的极值点收敛，遗传算法不区别远交叉与近交叉，导致相互干扰，收敛变慢，精度降低。

### 4. 搜索效率

遗传算法搜索效率低，其主要原因是种群规模大，若规模小则得不到好的解，这是一对难以解决的矛盾。通常函数的极值点数量是远少于所有解的数量，极值元素的数量更远远少于极值点的数量(例如对于一个 $n$ 维的函数，每一维有 $k$ 个极值元素，共 $n\times k$ 个极值元素，有可能组合成 $k^n$ 个极值点)。所以如果以极值点为亲本选择标准，以极值元素为基本组合单位，种群规模将很少，更重要的是根据极值元素组合原理，只需繁殖一代即可，其效率将非常高，当然这已超出了遗传算法的范围。

### 5. 混合算法

目前流行的方法是将模拟退火、Tabu 算法和遗传算法相结合，构成混合算法[99]。模拟退火、Tabu 算法能克服局部极小，它们找到的是较优的极值点，去掉了较差的极值点，前面已指出并非适应度高的极值点就组合效果好，结果导致部分优秀基因流失，加重了遗传算法未成熟收敛的趋势，因此混合法比纯遗传算法收敛快，但更容易未成熟收敛。

## 6.4 极值元素算法

极值元素算法由局部极值点的搜寻、排雷策略、极值元素组合三部分组成。

### 1. 局部极值点的搜寻

当目标函数的偏导数不可求时，无法使用基于梯度的搜索法，只能采用第四章所介绍的直接搜索法，此外对于局部极值点的搜索，显然模式搜索法[95]是最快的，远远快于模拟退火、遗传算法，而且精度也高得多。我们先利用模式搜索找到局部极值点，再把找到的极值点分解成极值元素并存储。这样，每找到一个局部极值点都进行一次分解并存储的操作。此处要注意，相同的极值元素值存储一次即可。

### 2. 排雷策略

利用模式搜索，当我们每找到一个局部极小值点后继续找下一个极小值点时，需要确定一个新的起始点，显然，新的起点要尽量避开已找到的极值点及其邻域，否则找到的仍是旧的极值点。我们在此时使用第五章提出的排雷策略。

### 3. 极值元素组合

每找到一个新的极值点，将其按不同变量分解成极值元素，新的极值元素与已有的极值元素进行充分且不重复组合，得到一系列组合点，取其中的最好点，因该点也有可能是拐点，还需要用模式搜索法处理一次。如果该点是极小值点，用模式搜索法就无法找到比它更小的点，搜索很快终止；如果该点是拐点，则还可以找到比该点更好的点，也即找到更满意的解。

也可以采用另一种方法：不是找一个极值元素，分解一次，组合一次，而是找到一批极值元素之后，再分解组合一次。

**4. 结束条件**

如果连续若干次找不到新的极值元素，则认为已找到全部极值元素，它们的组合就构成了全部极值点，其中的最好值就是全局极值点。因为极值元素的组合包含了全部极值点，极值点可能很多，极值元素并不多。第5节函数1有极值点约20000个，极值元素50个(表2中的元素再加边界点)。

模拟退火算法的结束条件是温度下降到一个很小的值；遗传算法是根据上一代与下一代之间适应度的差异来判断是否结束算法，如果差异小于事先给定的某个值，则结束算法，否则继续进行。这些方法根本无法判断是否找到全局极值点，相比较而言，根据本章的判断标准能对是否找到了全局极值点作出比较正确的判断，但是这一标准并不是百分之百的准确。因为有些函数存在一些孤立的极小值点，并且这些极小值点被极大值点包围，可能搜索循环了很多次仍找不到，在这种情况下本章的标准就无法判断。需要指出的是：这种情况极为少见，这一类优化问题也是最难的，目前任何优化方法(穷举法除外)都难以解决。第七章将讨论该问题，并给出解决方案。

根据已有算法的各种资料，虽然各种算法都有结束标准，但是还没有一种算法的结束标准能判断是否找到了全局极小值，本章在这方面做了有益的探索。极值元素组合法的全部过程是从步骤1至4的循环，直至满足结束条件跳出。

具体步骤如图6-1所示。

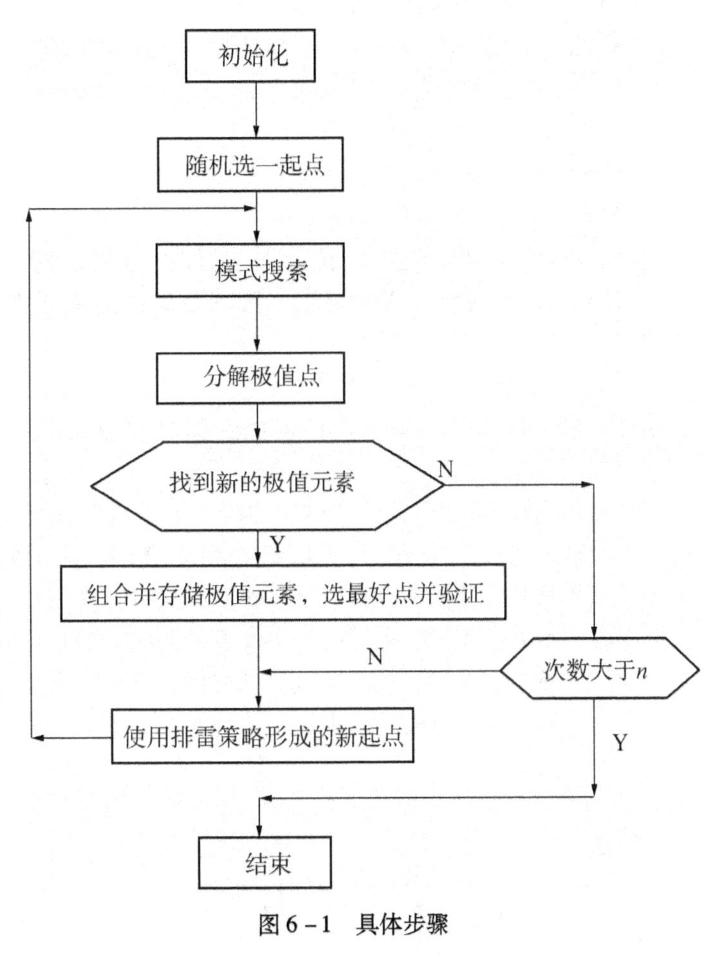


图6-1　具体步骤

## 6.5 仿真对比

目前大多数文章列举的测试函数过于简单，或者维数很低，或者函数形式特殊(变量之间耦合性不强)，在第二章我们也提到可分离函数理论，文献[23, 69]分析了当变异概率 $P_m=1/N$ 时，遗传算法求解所有可分离函数的计算复杂性为 $o(N\ln N)$。所谓函数可分离，即函数满足

$$f(x_1,\cdots,x_n) = \sum_{i=1}^{n} f_i(x_i)$$

根据这一定义，目前的测试函数大都是可分离函数。试验表明，如果变量 $x_i$ 相互独立，遗传算法将有较好的性能。文献[22]的附录 B 有一个总结，共有 18 个经典的测试函数，我们逐个分析：

(1) De Jong 函数 $F_2$，$F_3$ 极其简单，$F_1$，$F_4$ 为简单的可分离的二次项相加的形式，$F_5$ 看似复杂，其实是可分离的。

(2) Schaffer 函数 $F_6$、$F_7$ 相当于一维变量。

(3) Goldstein-Price 函数只有二维。

(4) Branin RCOS 函数只有二维。

(5) Shekel SQRN5，SQRN7，SQRN10 族四维函数是简单可分离函数。

(6) 六驼峰返回函数(six-hump camel back function)是简单的二维函数。

(7) Shubert 函数是二维函数。

(8) Stuckman 函数是二维函数。

(9) Easom 函数是二维函数。

(10) Bohachevsky 函数 1、函数 2、函数 3 都是简单的二维函数。

(11) Colville 函数为四维函数，从可分离的角度和维数来看，是其中最复杂的一个函数。

这 18 个函数从另一个角度反映出这样一个事实：遗传算法对于高维数的、不可分离的函数效果不佳。并且由于遗传算法运算时间很长，绝大多数文章都回避算法的效率问题。

我们利用极值元素法进行仿真，对 18 个函数都进行了测试，都找到了全局最小，包括其中最复杂的 Colville 函数(见仿真实例 3)在内，所用的时间均没有超过 1 秒钟。实际上由于函数简单且目前的计算机运算速度都很快，用穷举法都能找到全局极小。因此，构造复杂的、不可分离的、多维的、多峰值的测试函数是非常有必要的，除此之外，该测试函数的全局极小值最好能预先通过计算得到，这样才便于我们检验。

在这里给出两个比较复杂求最小值的例子，这 2 个例子都是不可分离函数。

**例 6-9** 求极小值，函数 $f=\sum_{i=1}^{8} f_i\cdot f_{i+1}\cdot f_{i+2}+f_9\cdot f_{10}\cdot f_1+f_{10}\cdot f_1\cdot f_2$

其中

$$f_i=\frac{1}{a_i\cdot b_i\cdot c_i}\cdot\left[\frac{x_i^4}{4}-\frac{(a_i+b_i+c_i)\cdot x_i^3}{3}+\frac{(a_i\cdot b_i+a_i\cdot c_i+b_i\cdot c_i)\cdot x_i^2}{2}-a_i\cdot b_i\cdot c_i\cdot x_i\right]$$

$a_i, b_i, c_i$ 的取值如表6－2，$-60 \leqslant x_i \leqslant 60$。

该函数有以下特点：

(1)这是一个不可分离函数，任意一个 $f_i$ 都要在乘积中出现3次，对于每个 $x_i$，函数都是不可分离的。

(2)函数的每个变量都是变量可组合的，由此可见变量可组合的概念已超越了遗传算法可分离的概念范围。

(3) $f$ 对 $x_i$ 求偏导，可得到下列形式：

$$\frac{\partial f}{\partial x_i} = \frac{\partial f_i}{\partial x_i} \cdot p = (x_i - a_i) \cdot (x_i - b_i) \cdot (x_i - c_i) \cdot p$$

其中 $p$ 是一个与 $x_i$ 无关的函数。因此函数的极值点应为表6－1中 $a_i$，$b_i$，$c_i$ 以及边界值的组合。

(4)这是一个十维的多峰(谷)值复杂函数，极小值点约有20000个，最小值为 $-3.508195 \times 10^{10}$。

**表6－2　$a_i$，$b_i$，$c_i$ 取值表**

| | $i=1$ | $i=2$ | $i=3$ | $i=4$ | $i=5$ | $i=6$ | $i=7$ | $i=8$ | $i=9$ | $i=10$ |
|---|---|---|---|---|---|---|---|---|---|---|
| $a_i$ | 2 | 5 | 9 | －57 | 3 | 36 | －9 | －54 | 36 | －9 |
| $b_i$ | 42 | －51 | 54 | 10 | －3 | －36 | 9 | 6 | －9 | 12 |
| $c_i$ | －19 | 28 | －15 | －9 | －33 | 6 | 6 | －6 | 15 | 48 |

利用极值元素法、模拟退火法(改进的模拟退火[93])、遗传算法(遗传算法的程序是在North Carolina State University 的Denis编写的程序上加以改进的，该程序使用精华模型、比率选择、浮点编码、单点杂交)分别计算100次，对其取平均值，平均时间和结果如表6－3所示。

**表6－3　平均结果、时间**

| | 极值元素法 | 模拟退火法 | 遗传算法 |
|---|---|---|---|
| 平均结果 | $-3.508195 \times 10^{10}$ | $-2.365449 \times 10^{10}$ | $-2.409722 \times 10^{10}$ |
| 平均时间(s) | 9.3 | 130.7 | 258.2 |
| 获全局最小次数 | 100 | 0 | 0 |

3种方法所用时间之比为1∶14∶28，极值元素每次都找到了最小值，这主要是因为排雷策略的全局性很好且结束条件合理。排雷策略和极值元素法是一种很好的配合，排雷策略总是尽可能地寻找开辟新的搜索域，寻找新的极值点，得到新的极值元素，极值组合法再把它们重新组合，这样就充分保证了全局性。

图6－2是优化过程曲线，因为根据排雷策略不断选取新的起点，所以曲线是波动式的，图6－2中 $A$ 是第二次搜索的起点，经过模式搜索后得到局部极小值点 $B$，经过分解、组合，得到大量的组合点，保留最好的几个进行淘汰，后得到点 $C$。$C$ 点是通过组合得到

的，没有搜索过程，在图6－2中呈现一个突然的下降，$C$点的值远好于$B$点，这正是组合的作用所在。图6－2中共有8个类似的搜索过程。

图6－2中第四个下降与其他不同，这是因为得到的组合点不是一个极限值点，对其进行模式搜索处理，得到另一个更小的点。因为图中的纵坐标的单位为$10^{10}$，比较大，其下降过程看来像一条水平线，其实是一个下降过程，但是幅度不大。

图6－2是一次优化的结果，我们还给出多个搜索过程曲线，以说明结论的普遍性。

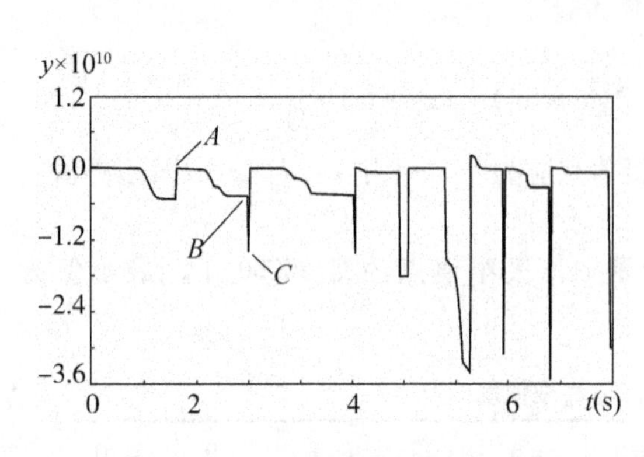


图6－2　极值元素法的优化过程1

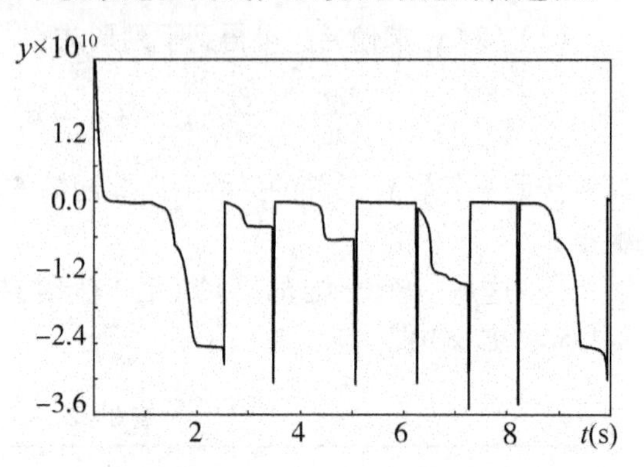


图6－3　极值元素法的优化过程2

图6－3至图6－8是另外6次搜索的运行过程曲线。

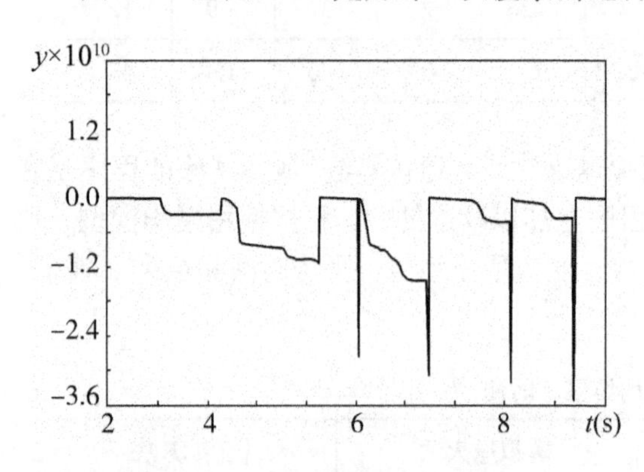


图6－4　极值元素法的优化过程3

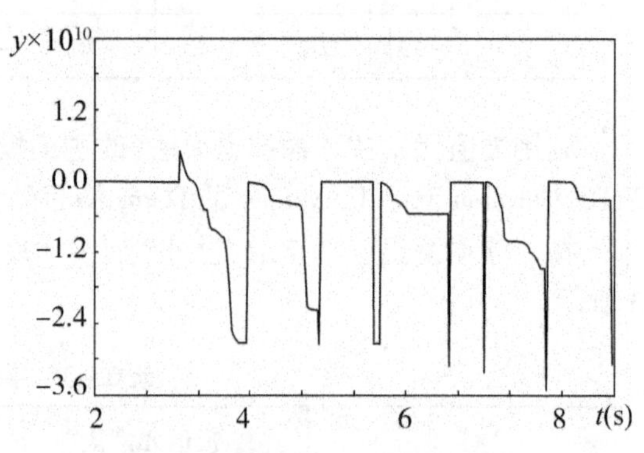


图6－5　极值元素法的优化过程4

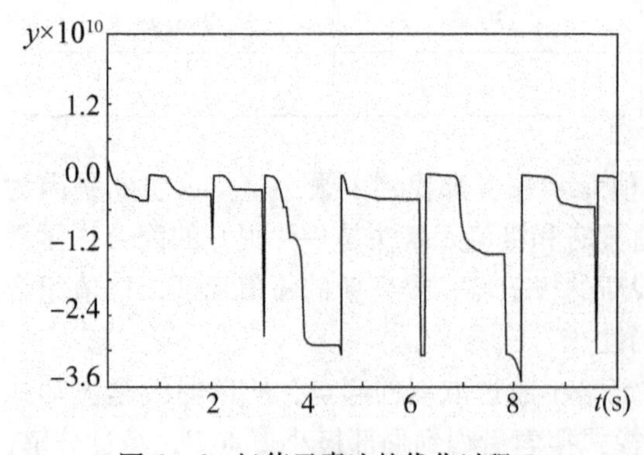


图6－6　极值元素法的优化过程5

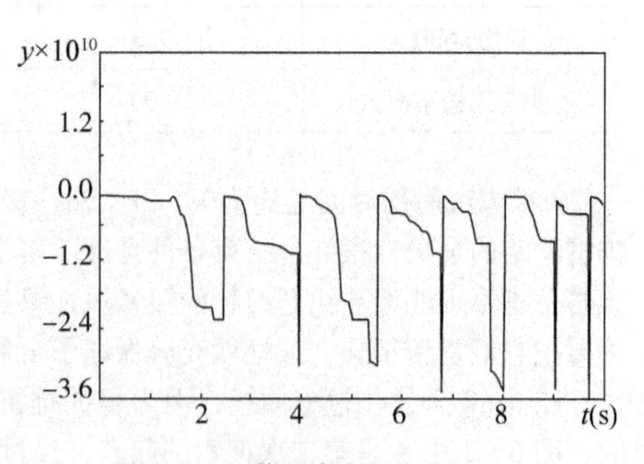


图6－7　极值元素法的优化过程6

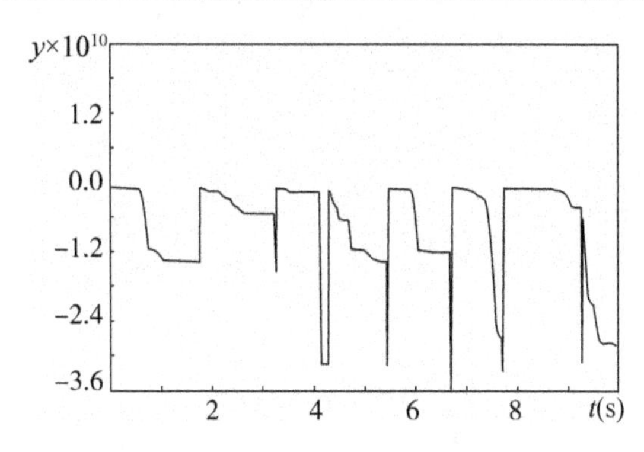


图 6－8　极值元素法的优化过程 7

**例 6－10**　求极小值，函数为

$$f = \sum_{i=1}^{8} f_i \cdot f_{i+1} \cdot f_{i+2} + \frac{f_9 \cdot f_{10} \cdot f_1}{x_1^4 + 1} + \frac{f_{10} \cdot f_1 \cdot f_2}{x_2^4 + 1}$$

其中 $f_i = \frac{1}{a_i \cdot b_i \cdot c_i} \cdot [\frac{x_i^4}{4} - \frac{(a_i + b_i + c_i) \cdot x_i^3}{3} + \frac{(a_i \cdot b_i + a_i \cdot c_i + b_i \cdot c_i) \cdot x_i^2}{2} - a_i \cdot b_i \cdot c_i \cdot x_i]$，$a_i, b_i, c_i$ 的取值仍如表 6－2，$-60 \leqslant x_i \leqslant 60$。

容易验证 $x_3 \sim x_{10}$ 是变元完全可组合，$x_1 \sim x_2$ 不是完全可组合的。很显然，函数 2 与函数 1 很相似，也是一个十维的多峰(谷)值复杂函数，最小值 $-3.058182 \times 10^{10}$。但是函数 2 之中有不完全可组合变量，我们采用函数 2 是为了考察极值元素法对不完全可组合函数的优化能力。利用极值元素法、模拟退火法、遗传算法分别计算 100 次，其平均时间和结果如表 6－4 所示。可见极值元素法在解的质量、效率方面远优于其他两种方法。

**表 6－4　平均结果、时间**

| | 极值元素法 | 模拟退火法 | 遗传算法 |
|---|---|---|---|
| 平均结果 | $-3.056762 \times 10^{10}$ | $-6.181431 \times 10^{8}$ | $-2.007889 \times 10^{10}$ |
| 平均时间(s) | 10.3 | 102.7 | 301.1 |
| 获全局最小次数 | 99 | 0 | 0 |

仿真曲线如图 6－9 至图 6－13 所示。从图 6－2 至图 6－13，这 12 个图有以下特点：

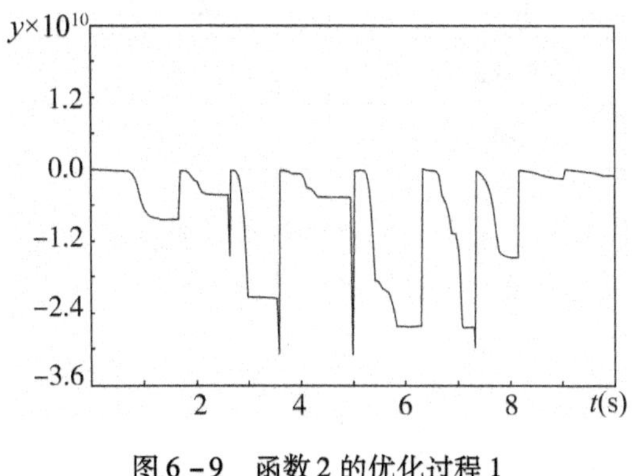


图 6－9　函数 2 的优化过程 1

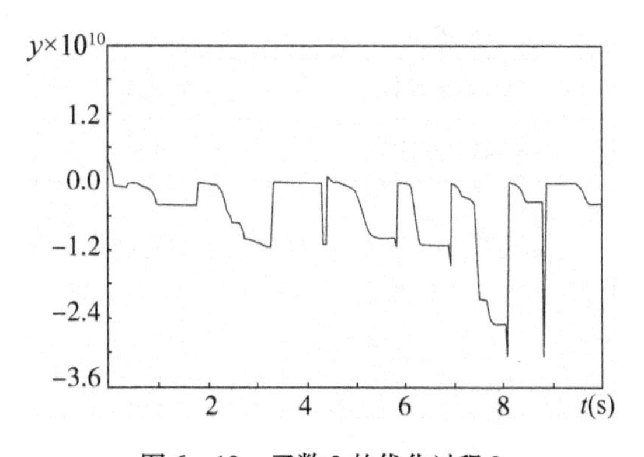


图 6－10　函数 2 的优化过程 2

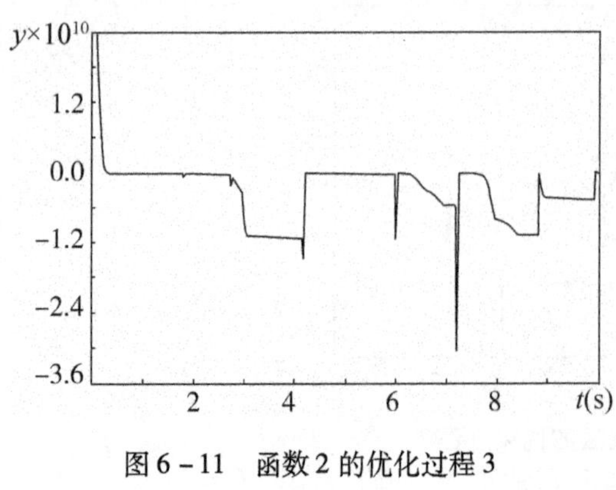

图6－11　函数2的优化过程3

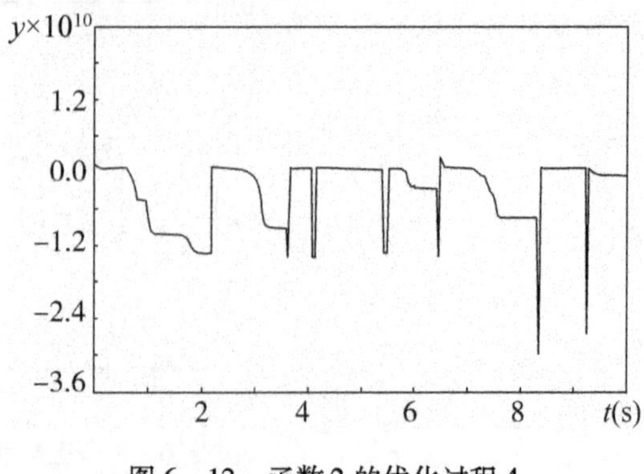

图6－12　函数2的优化过程4

(1)在图中，起始的第一个下降过程比较平缓，没有突然的下降，因为第一轮搜索还没有可组合的极值元素。

(2)并不是函数值越小的极值点的组合值越小，全局极小值在很多情况下，由并不理想的局部极值组合而成。这进一步证明了结论：父本的选择应以极值点为标准，而不是适应度高。

(3)每一次仿真的起点都是不同的，但是极值元素法每次都找到了全局极小值。说明其重复精度高，受初始参数影响小，全局性好。

(4)因为每次都是重新选起始点，重新进行一轮搜索，因此极值元素法的曲线不是渐近收敛的，这点与所有其他的优化算法都不同。

下面列举文献[22]中的2个有代表性的函数：

**例6－11**　求Colville[22]函数的极小值：

$$f(x)=100(x_2-x_1^2)^2+(1-x_1)^2+90(x_4-x_3^2)^2+(1-x_3^2)^2+10.1[(x_2-1)^2+(x_4-1)^2]+19.8(x_2-1)(x_4-1)\qquad(-10\leqslant x_i\leqslant 10)$$

函数在(1，1，1，1)处有一全局最小值0。采用算法消耗[22](即在整个过程中调用函数评价的平均次数)来评价运行的速度。分别用极值元素法、双程模拟退火，遗传算法计算100次取平均值，如表6－5所示：

**表6－5　平均结果、时间**

| | 极值元素法 | 双程模拟退火 | 遗传算法 |
|---|---|---|---|
| 平均结果 | 0 | 0.0113 | 2.3250 |
| 平均算法消耗 | 475.3 | 15320.9 | 50050.1 |
| 获全局最小次数 | 100 | 97.1 | 0 |

由表可见，极值元素法每次都找到了全局极小值，且所用的算法消耗仅约为遗传算法的百分之一，也即速度是它的100倍。图6－14是极值元素法的优化过程。

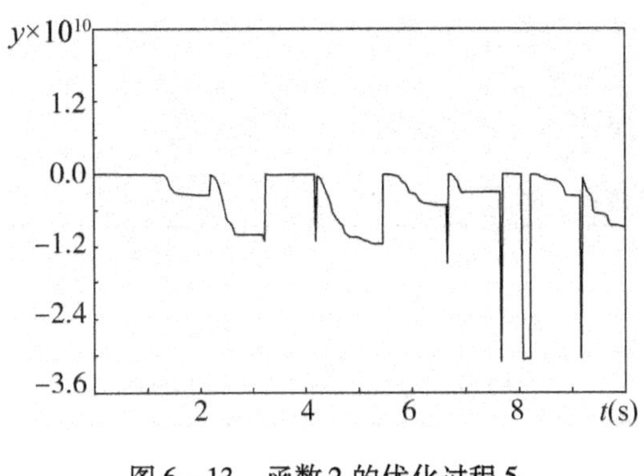


图 6－13　函数 2 的优化过程 5

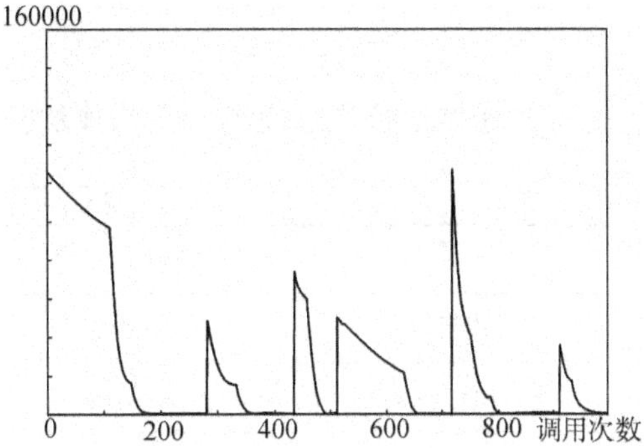

图 6－14　函数 3 的优化过程

分析：Colville 函数基本是个不可组合函数，这一点在图中的优化过程也可以看出来，没有突然下降的过程，这一点与前面的图都有所不同。但是极值元素法仍然有良好的优化效果，这是排雷策略和模式搜索的贡献，同时也说明极值元素法不仅适于可组合函数，也适合不可组合函数。从表中也可看出，遗传算法的优化效果很差，且算法效率低(算法消耗大)，对于不可组合函数，远交叉基本无用。

4. 求 Schaffer 函数[22]的极大值

$$0.5+\frac{\sin^2\sqrt{x^2+y^2}-0.5}{[1+0.001(x^2+y^2)]^2}\qquad(-100\leqslant x,y\leqslant 100)$$

文献[22]的表 4.1 列举了 3 种变群体规模的遗传算法的结果，我们列出它的最好结果，再分别用极值元素法、双程模拟退火计算 100 次取平均值。如表 6－6 所示：

**表 6－6　平均结果、时间**

| | 极值元素法 | 双程模拟退火 | 遗传算法 |
|---|---|---|---|
| 平均结果 | 0.9975 | 0.9845 | 0.972 |
| 平均算法消耗 | 990.1 | 20059.7 | 2106 |

图 6－15 是极值元素法的优化过程。图中曲线有很多突然的上升(因为是求最大值，所以不是下降，而是上升，与图 6－2 至图 6－13 略有不同)，这正是极值组合的作用。

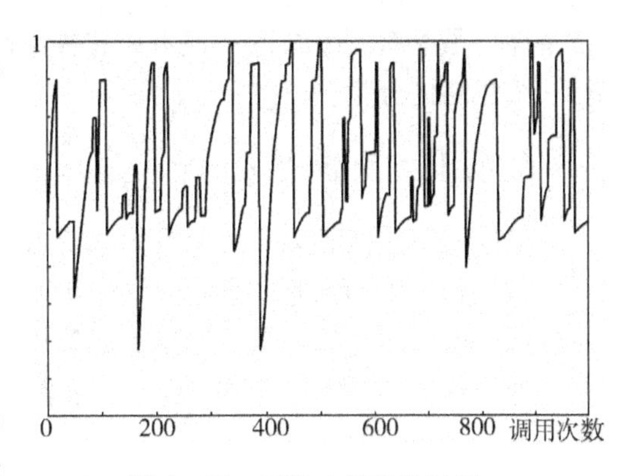


图 6－15　函数 4 的优化过程

例 6－13　求 Rosenbrock 函数的极小值

$$F_{\min}=\sum_{i=1}^{n-1}[100\cdot(x_{i+1}-x_i^2)+(1-x_i)^2]$$

$-5\leqslant x_i\leqslant 5, i=1,2,\cdots,n$，取 $n$ 等于 10。文献[100]中给出了正交遗传算法(OGA)和一种混合遗传算法(H－GA)的计算结果，其误差的定义与前面不同：

$$\text{Error} = \sqrt{\sum_{i=1}^{n}\left(\frac{x_i - x_i^*}{w_i}\right)^2}$$

此处 $x_i$ 为函数的全局最优解，$x_i^*$ 为算法找到的最优解，$w_i$ 为第 $i$ 个分量的权值。

**表 6－7　平均结果、时间**

| | 极值元素法 | OGA | H－GA |
|---|---|---|---|
| 平均误差 | 0.00007 | 1.97456 | 0.28322 |
| 平均时间(s) | 0.0108 | 2.52220 | 3.20220 |

仿真总结：从仿真 1 至 5，进行了大量的仿真，有以下特点：

(1)使用不同的函数，其中既有完全可组合函数 1，也有不完全可组合函数 2、4，还有不可组合函数 3；

(2)与不同的方法进行了比较，其中有模拟退火、双程模拟退火、遗传算法(精华模型)、变群体规模遗传算法、正交遗传算法、混合遗传算法；

(3)进行了最小值的搜索，也进行了最大值的搜索；

(4)采用了不同的指标对算法速度(时间、算法消耗)、结果(函数值、误差)进行了评价。

总之，在各种不同的情况下，极值元素法都体现了 3 个特点：

(1)速度快，至少比其他算法快 1 个数量级；

(2)精度高，能精确地找到极值点，重复精度高；

(3)全局性好，在绝大多数情况下找到了全局最优解。

# 6.6　算法分析

对模拟退火、遗传算法等非确定性搜索算法进行定量的理论分析是困难，遗传算法提出已几十年，虽然有很多专家学者在这方面做了大量的工作，但是其理论基础仍然薄弱[92]，很多基本的问题，如模式定理，至今也没有理论上的证明[92]，至于算法的收敛性、复杂性，虽然有不少结论，但不具有普遍性，只适应于特定的情况。本节对极值元素法进行一个粗略的分析。

## 6.6.1　快速性分析

极值元素法依靠以下方法有效地降低了搜索量，提高了搜索速度。

(1)极值组合原理。通常函数的极值点数量是远少于所有解的数量，极值元素的数量更远远少于极值点的数量，所以如果以极值点为亲本选择标准，以极值元素为基本组合单位，种群规模将很少，更重要的是根据极值元素组合原理，无需繁殖多代，其效率非常高。

(2)模式搜索。在被优化函数的梯度不可求时，模式搜索寻找局部极值点的速度是最快的。比模拟退火、Tabu 搜索快得多，更远远快于遗传算法。

(3)排雷策略。排雷策略是“跳离”局部极值点，而模拟退火、Tabu 搜索是“爬离”局部极值点。

(4)合理的结束条件，能比较可靠地判断是否找到了全局极值，选择恰当的时机结束算法，少做无谓计算。

### 6.6.2 全局性分析

对于遗传算法、模拟退火等优化方法，其收敛性分析是很重要的，不少学者专家在这方面做了大量的工作，以证明算法能概率收敛到全局最优解。对于极值元素法，因为算法是跳跃的，这一点从仿真图上可以看出来，它不像其他方法是逐渐收敛到某个值，因此不存在收敛性分析，下面我们通过分析指出其能找到全局最优。

设：算法运行到某一时刻，找到某个局部极值点 $A$。由排雷策略得到下一个搜索起点 $B$，$B$ 是在全局范围内远离 $A$ 的点。由 $B$ 点出发找到一个极值点 $C$。

(1)若 $C \neq A$，则算法摆脱了局部极值点。

(2)若 $C = A$，则没有摆脱局部极值点，由排雷策略再找到下一个起始点 $D$，$D$ 远离 $A$、$C$。若由 $D$ 仍然找到 $A$，且如此多次后仍然找到 $A$，考虑到起点的不重复性和全局性，则说明全局只有一个极值点。

由情况(1)、(2)可知算法总是能摆脱局部极值，因此算法是全局的。

**本章小结**

积木块假设是遗传算法最重要的理论之一，但一直没有得到理论上的证明[92]，本章推出的极值元素组合原理从另一个角度阐明了通过组合实现优化的道理，并给出了一系列组合可优化的条件和定理。最为重要的是得出选择亲本的原则：该亲本为极值点，而不是适应度高。这正是遗传算法的最大误区。某些带有部分优秀基因的极值点，虽然适应度比其附近的点好，但在整个群体中偏低，如以适应度为选择标准，可能因此而淘汰。优秀基因因此失去，算法收敛于局部极小。这正是遗传算法未成熟收敛的重要原因之一。因为极值点的适应度比它附近的点高，遗传算法又采用与适应度成比例的概率选择方式，所以在一定程度上掩盖了这一真相，导致这一误区长期以来没有被人们发现。

极值元素算法不是对已有算法的改进，而是一种新的方法。虽然本章讨论遗传算法的诸多误区，但是应强调极值元素算法的优化思想与遗传算法有本质的区别，它根本不是基于优胜劣汰的自然选择优化思想，也不仅仅是选择亲本的标准不同。具体而言就是遗传算法是通过一代代的进化实现优化，而极值元素法根本不是通过“代”的进化。

模式搜索使得极值元素法的解具有很高的精度；排雷策略使得极值元素法的全局性强，完全克服了局部极小问题；极值元素组合大大提高了算法的效率，且突破了遗传算法只适应于优化可分离函数的界限(本节的仿真函数是不可分离的)。仿真结果表明，极值元素法在函数优化方面更胜一筹。

# 第七章 双极值组合优化

第六章提出了极值元素法，如果要找全局极小值，则通过一系列对极小值的搜索、分解、组合，从而得到全局极小值。反之，如果要求全局极大值，则通过一系列对极大值的搜索、分解、组合，从而得到全局极大值。

遗传算法也是如此，即如果要找全局极小值，选择值小的解作为的亲本。否则反之。模拟退火、Tabu 搜索、量子算法则是不断地搜寻比当前解更小的值，直到找到满意解。

总结当前所有的优化算法，它们有一个相似的特点：

如果要找全局极小值，则在算法的搜索中，只寻找函数值小的解；反之要找全局极大值，只寻找函数值大的解。我们把这些搜索算法统称为：单向搜索。也即：由小（局部极小）至最小（全局极小）；或由大（局部极大）至最大（全局极大）。

本章提出一种与目前任何优化算法思想完全不同的、全新的方法：双极值组合算法。该方法同时寻找局部极小值和局部极大值，并利用局部极大值来寻找全局极小值（如果要找的是全局极小值的话）；或利用局部极小值寻找全局极大值（如果要找的是全局极大的话）。与单向搜索对应，我们称之为双向搜索。

## 7.1 双极值组合原理

在上一章的例 6－1 中，我们已得出：利用两个次小的极小值（4，－3）、（－3，6），将它们按 $x$，$y$ 分解，得 $x_2 = 4$，$x_3 = -3$ 和 $y_2 = -3$，$y_3 = 6$，将其重组得 2 个新的点（4，6）、（－3，－3）。其中（－3，－3）的值 －2635.437500 比已找到的极小值 －613.166667更小。由此导出了极值组合原理的基本思想。

再仔细研究表 6－1，可以得出一个更惊人的结论：

将全局极大值点（－3，2）（其值为 2408.833333）和局部极大值点（1，－3）（其值为 1137.895833）分解，重组，可得到（－3，－3）、（1，2），其中（－3，－3）的值为全局极小值 －2635.437500。也就是说：两个极大值点经过分解重组可形成极小值。这两点并不是偶然的，表 6－1 中的 4 个极大值点（－3，2）、（1，－3）、（4，2）、（1，6）通过分解重组共可形成 5 个极小值点。反过来，这 5 个极小值点经过分解重组也可形成 4 个极大值点。更进一步，一个极大值和一个极小值也可以分解重组形成新的极大值和极小值。这也就是说极大值和极小值可以通过分解重组相互形成。

考虑到例 6－1 可能具有特殊性，我们再考察第六章的两个函数。

函数 1：

$$f = \sum_{i=1}^{8} f_i \cdot f_{i+1} \cdot f_{i+2} + f_9 \cdot f_{10} \cdot f_1 + f_{10} \cdot f_1 \cdot f_2$$

其中

$$f_i = \frac{1}{a_i \cdot b_i \cdot c_i} \cdot \left[ \frac{x_i^4}{4} - \frac{(a_i + b_i + c_i) \cdot x_i^3}{3} + \frac{(a_i \cdot b_i + a_i \cdot c_i + b_i \cdot c_i) \cdot x_i^2}{2} - a_i \cdot b_i \cdot c_i \cdot x_i \right] \quad (-60 \leqslant x_i \leqslant 60)$$

在第六章，这是测试函数之一。

使用第六章的极值元素优化算法，求该函数的全局极小值，并把所得到的全部极值元素记录下来，如表7－1所示。

**表7－1　求全局极小值的极值元素表**

| 变量 | 极值元素 |
|---|---|
| $x_1$ | －60，－19，42，60 |
| $x_2$ | －60，－51，5，28，60 |
| $x_3$ | －60，－15，9，54 |
| $x_4$ | －57，－9，10，60 |
| $x_5$ | －60，－33，－3，3，60 |
| $x_6$ | －60，－36，6，36，60 |
| $x_7$ | －60，－9，9，60 |
| $x_8$ | －54，－6，6，60 |
| $x_9$ | －60，－9，15，36，60 |
| $x_{10}$ | －60，－9，12，48，60 |

**表7－2　求全局极大值的极值元素表**

| 变量 | 极值元素 |
|---|---|
| $x_1$ | －60，－19，2，42，60 |
| $x_2$ | －60，－51，5，28，60 |
| $x_3$ | －60，－15，9，54，60 |
| $x_4$ | －60，－57，－9，10，60 |
| $x_5$ | －60，－33，－3，60 |
| $x_6$ | －60，－36，6，36，60 |
| $x_7$ | －60，－9，60 |
| $x_8$ | －54，－6，6，60 |
| $x_9$ | －60，－9，15，36，60 |
| $x_{10}$ | －60，－9，12，48，60 |

表中－60，60是边界点。再使用极值元素优化算法，但是求该函数的全局极大值，并把所得到的全部极值元素记录下来，如表7－2所示。

比较表7－1、7－2，可以发现其中80%以上元素都是相同的。

再考察第六章的测试函数2。

函数2：

$$f = \sum_{i=1}^{8} f_i \cdot f_{i+1} \cdot f_{i+2} + \frac{f_9 \cdot f_{10} \cdot f_1}{x_1^4 + 1} + \frac{f_{10} \cdot f_1 \cdot f_2}{x_2^4 + 1}$$

其中

$$f_i = \frac{1}{a_i \cdot b_i \cdot c_i} \cdot \left[ \frac{x_i^4}{4} - \frac{(a_i + b_i + c_i) \cdot x_i^3}{3} + \frac{(a_i \cdot b_i + a_i \cdot c_i + b_i \cdot c_i) \cdot x_i^2}{2} - a_i \cdot b_i \cdot c_i \cdot x_i \right]$$

$x_3 \sim x_{10}$是变元完全可组合，$x_1 \sim x_2$不是完全可组合的。使用极值元素优化算法，求该函数的全局极小值，并把所得到的全部极值元素记录下来，如表7－3所示。

表 7－3 求全局极小值的极值元素表

| 变量 | 极值元素 |
|---|---|
| $x_1$ | -60, -19, -2, -1, 1, 2, 3, 42, 60 |
| $x_2$ | -51, 5, 28, 60 |
| $x_3$ | -60, -15, 9, 54 |
| $x_4$ | -57, -9, 10, 60 |
| $x_5$ | -60, -33, -3, 3, 60 |
| $x_6$ | -60, -36, 6, 36, 60 |
| $x_7$ | -60, -9, 60 |
| $x_8$ | -60, -54, -6, 6, 60, |
| $x_9$ | -60, -9, 15, 36, 60 |
| $x_{10}$ | -60, -9, 12, 48, 60 |

表 7－4 求全局极大值的极值元素表

| 变量 | 极值元素 |
|---|---|
| $x_1$ | -60, -19, -18, -1, 2, 6, 42, 60 |
| $x_2$ | -60, -51, 5, 28, 60 |
| $x_3$ | -60, -15, 9, 54, 60 |
| $x_4$ | -60, -57, -9, 10, 60 |
| $x_5$ | -60, -33, -3, 60 |
| $x_6$ | -60, -36, 6, 36, 60 |
| $x_7$ | -60, -9, 6, 60 |
| $x_8$ | -54, -6, 6, 60 |
| $x_9$ | -60, -9, 15, 36, 60 |
| $x_{10}$ | -60, -9, 12, 48, 60 |

再使用极值元素优化算法，但是求该函数的全局极大值，并把所得到的全部极值元素记录下来，如表 7－4 所示。

比较这两个表，可以发现其中也有 80% 左右元素都是相同的。

从以上的三个例子可见，组成极大值的极值元素和组成极小值的极值元素并没有本质的不同，有很大一部分重叠，因此完全可以通过极大值点的分解重组构成极小值，反之也可通过极小值点的分解重组构成极大值。更进一步，极大值和极小值可以混在一起进行分解组合。

此处要指出，并不是所有的函数的极大值元素和极小值元素都有很大重叠，如所谓可分离函数，即 $f(x) = \sum_i f_i(x_i)$，其元素没有重叠。但是在双极值寻优算法中，极大值点的用处不只是分解重组构成极小值，还有 3 个重要的用途。下面将分为 3 节讨论，为叙述方便，我们只讨论一种情况，即目标是寻找全局极小值。

## 7.2 区域定位作用与双极值排雷策略

极大值对寻找极小值有区域定位的作用。极大值和极小值的分布是相互间隔的。两个极大值点之间必有极小值点，两个极小值点之间必有极大值点。如果我们已利用模式搜索找到若干极大值点和极小值点，在确定下一个搜索区域时以寻找一个新的极小值点时，应首选两个极大值之间的区域，且这一区域尚未进行极小值的搜寻。

在第五章我们提出了排雷策略，在采用双向寻优法后，根据区域定位的作用，本章对其进行扩充，基本思想不变，即极值点(包括极大值点和极小值点)及其邻域是“雷区”，应该尽量避开。如果我们正在寻找极小值(因为在双向寻优法中，既搜索极小值，也搜索极大值，因此搜索时要指明)，不但要避开已找到的极小值点(见第五章之排雷策略)，还要避开极大值点，因为从极大值点搜索到极小值点是最费时间的。反之亦然。

双极值排雷策略的基本思想与第五章一致，但因为增加了极大值元素，对下一个搜索区域的优先次序作以下排列：

(1)极大值与极大值之间的区域；

(2)极小值与极小值之间的区域；

(3)极大值与极小值之间的区域。

## 7.3　解决本质最难优化问题

关于优化问题的难度，有不少文章提及，讨论最多的是 NP 完全问题，如 TSP 旅行商问题，该问题目前已有多种解法，其艰难之处在于问题的转化以及规模的大小。如果 TSP 问题的规模不大，则不难求解。其实对任何优化组合问题，规模一大都难求解，主要是计算量剧增。因此，我们提出考虑某一类问题的优化难度，应该从本质上来考虑，应排除规模因素，也不应该考虑问题转化的难度。例如：可分离函数比不可分离函数容易优化，可组合函数比不可组合函数容易优化。

有文献[22, 92]认为：如果一个好点被一群坏点完全包围，那么这个好点是很难找到的。或者更明确地说，如果一个极小值被一群极大值完全包围，则该极小值点很难找到。

如图 7－1 所示，图中函数的定义域是从 $x_a$ 至 $x_e$，其中点 $b$ 和点 $d$ 相距极近(甚至可能 $b$ 与 $d$ 间只有一个 $c$ 点)。显然函数有 3 个极小值点 $a$，$c$，$e$，其中 $c$ 点是全局极小值。有 2 个极大值 $b$，$d$。全局极小值点 $c$ 被两个极大值点 $b$，$d$ 包围。该图有点像一个火山口的剖面，实际上火山口正是一群极大值(山顶)包围一个极小值(坑底)。月球上的环形山也与此类似，所以不妨将该问题称为“火山口问题”或“环形山问题”。

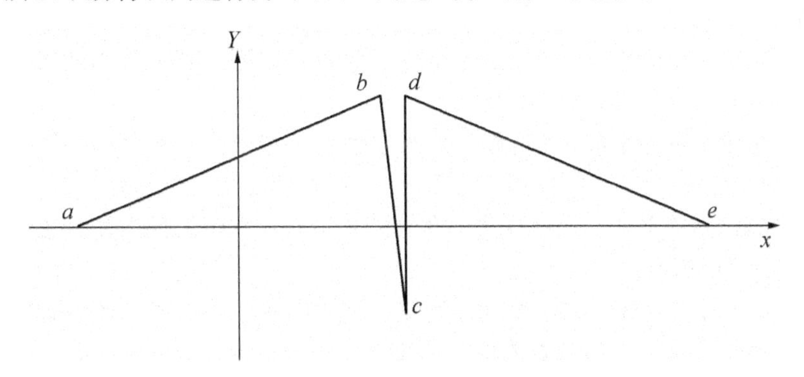


图 7－1　本质最难优化问题

遗传算法几乎不可能找到该全局极小点，除非初始种群中有个体落在 $b$ 点和 $d$ 点之间，但是和整个定义域相比，点 $b$ 和点 $d$ 相距极近，因此其概率几乎为 0。如不满足该初始条件，即使繁殖无穷代，遗传算法也几乎不可能找到该全局极小值点。该点对于遗传算法而言，是全局范围内最难找到的点，因此我们把这一类问题称为本质最难优化问题。该函数仅有一维，规模已是最小，很显然，该类问题的本质难度与规模无关。

同样对于单向搜索其他算法，如模拟退火、Tabu 搜索、量子算法等，除非初始条件特殊，否则也找不到该点。由此定义本质最难优化问题如下：

**本质最难优化问题** 对于某一类特殊问题的全局极小值，不论该问题的规模大小，如果某种算法即使无穷计算下去，在正常情况下(排除偶然事件)，找不到全局极小点，或者全局极小点对于此算法而言，是全局范围内最难找到的点，把这一类问题称为该算法的本质最难优化问题。

显然，火山口问题对目前的各种优化算法而言，是一类本质最难优化问题。

本章用双极值优化算法解决这类问题。其实对双极值优化算法而言，这是一个很容易解决的问题，其过程如下：

(1)算法先进行极小值搜索，找到 2 个极小值点 $a$，$e$；

(2)根据双极值排雷策略，在 $a$，$e$ 之间找极大值，找到 $b$，$d$；

(3)根据双极值排雷策略，在 $b$，$d$ 之间找极小值，找到 $c$，结束。

从以上过程可知，即使 $c$ 点是一个孤立的点，双极值优化算法也能找到。从表面看来，在求全局极小值的同时搜索极大值似乎增加了计算量，但是由于极大值点的定位和组合作用能减少计算量，两项相抵，计算量基本不变，当然这与被优化函数有很大关系。用双极值元素法对第六章的 2 个函数进行优化，所用时间基本相同。

## 7.4 对称效应

在自然界中，对称是一种极为普遍的现象，非生物是如此，生物更是如此。如地球沿着赤道对称，人的左边和右边对称等等，很多函数也是对称的。因此我们提出在寻优过程中也可以利用对称效应。其思想如下：

(1)极大值与极小值对称。如找到一个极大值点，则可找到其对称的极小值点。这也是极大值的又一个用途。

(2)极大值与极大值对称。如找到一个极大值点，则可找到其对称的极大值点。节省计算量。

(3)极小值与极小值对称。如找到一个极小值点，则可找到其对称的极小值点。节省计算量。

对称运算是极其简单的，因此通过对称寻找极值点比搜索要快。其方法如下：

(1)找到一个极值点。

(2)对其进行对称运算，有几种对称运算，如轴对称、点对称，此处轴、点可以是坐标轴、原点，也可以是定义域的对称轴和中心点，还可以是其他形式的点。

(3)检验该点是否极值点。

(4)如果存在多个对称点，则该被优化函数具有对称性，以后每找到一个极值点就进行对称运算。否则，不进行对称运算。

在著名的 18 个测试函数[22]中，有多个是对称的，De Jong 函数的 $F_1$，$F_4$，Schaffer 函数的 $F_6$，$F_7$ 等等。显然，所有二次型都是对称的。

# 7.5　仿真

求函数最小值

$$f(x_1,\cdots,x_{10}) = \begin{cases} \sum_{i=1}^{10} \sin(\frac{\pi}{4}x_i) & \forall x_i \neq 2 \\ -300 & \forall x_i = 2 \end{cases} \qquad (-100 \leqslant x_i \leqslant 100)$$

显然，最小值是 -300，但是该点被极大值包围。这是一个典型的“火山口问题”，用遗传算法、模拟退火、双极值组合算法计算 100 次，如表 7-5 所示：

**表 7-5　平均结果、时间**

| | 双极值元素法 | 模拟退火法 | 遗传算法 |
|---|---|---|---|
| 平均结果 | -300 | -10 | -10 |
| 平均时间(s) | 0.0021 | ∞ | ∞ |
| 获全局最小次数 | 100 | 0 | 0 |

此外该函数也具有对称性。利用对称效应可节约大约一半的时间。

**本章小结**

本章提出了双极值元素法及双向寻优的概念，在求全局极小值的过程中，同时搜索极大值有 4 个优点：

(1)极大值也可通过分解组合形成极小值；

(2)区域定位作用；

(3)解决了其他算法无法解决的本质最难优化问题：火山口问题；

(4)利用对称效应寻找极小值。

本章的思想完全与其他优化算法不同。尤其是火山口问题的解决，克服了优化算法的一大难点。

# 应用篇

# 第八章　局部连续控制面模糊算法

模糊控制算法主要有查表法、公式法、规则推理法。规则法虽然精度高，但速度慢，不适合实时性要求高的场合。查表法和公式法精度差，但程序简单，速度快。能否找到一种既精度高又实时性好的模糊控制算法呢？这正是本章讨论的问题。

## 8.1　数字单片机与模糊控制

实现模糊控制的硬件通常有2类：

(1)专用的模糊集成电路。例如：Omron电子公司在1987年推出的模糊逻辑处理器FLP(fuzzy logic proccessor)FP－1000；在1990年10月推出的FP－3000，时钟频率24 MHz，输出更新时间650 μs。之后又有FP－3010、FP－5000，以及由美国American Neuralogix公司在1992年推出的NLX－230模糊单片机。

专用模糊集成电路的优点是速度快。用模糊单片机NLX－230实现的速度要比软件快2个数量级。缺点是价格昂贵，并且控制方案是预先基本确定的，不能更改，缺乏灵活性。

(2)通用的数字单片机。常见的有MCS－51、MCS－96系列。其优点是价格便宜、方案灵活，但速度慢，实时性较差。

## 8.2　数字单片机使用的模糊控制算法的不足

数字单片机经常使用的模糊控制算法有三种：强度转移规则推理法、直接查表法、公式法。

受到体积的限制，数字单片机的内存容量和计算速度远不如微机。规则推理法由于程序冗长、占用内存多、实时性差等缺点，因此要求使用高档的单片机，且只能适应于低速对象，其应用场合受到很大限制。大量的家用消费类产品和工业控制器采用查表法、公式法进行模糊控制。因为这2种模糊控制算法程序简单、响应速度快、资源开支少，即使用中档的八位单片机也能胜任。

如果要求用价格低廉的中低档单片机去实现高速度、高精度的模糊控制，上述三种模糊控制算法就无能为力了。为此提出局部连续控制面模糊算法，简称局部连续法。

## 8.3　局部连续法

本节从一个新颖的角度对查表法和公式法之类的非连续控制面(控制面即控制器输入与输出之间的函数的空间曲面)的模糊控制算法进行控制面局部连续化，从而解决这2种算法存在的稳态误差问题，使模糊控制器性能有很大提高。采用局部的连续化，而不是全局的连续化也是本算法的一大特点。它可以极大地减少计算量。因而程序执行速度快，实时性好。若取$7\times7=49$条规则，在工业级PENTIUM－133机上，局部连续法每计算一次输出的平均时间约为 $3.7 \times 10^{-6}$ s，在线规则推理法为 $2.97 \times 10^{-4}$ s，如规则增多，差距更大。这一点是规则推理法无法企及的。

对于查表法、公式法存在稳态误差的问题，前人已经有一些方案，如小区域细分法、变结构 PI 法等等。本节通过多个仿真实验结果的对比，说明局部连续法优于以前的诸多方法。

### 8.3.1 控制面的连续化

**定义** F 函数 $u_f = F^*(e^*, \Delta e^*)$ 对应一个三维直角坐标系 $e^* - \Delta e^* - u_f$ 上的空间曲面 $\Psi$，控制面 $\Psi$ 在 $e^* - \Delta e^*$ 平面的投影区域为 $\Phi$。

设有一查表法 F 控制器，现以 $e^*, \Delta e^*$ 的所有档中心值为结点，将 $\Phi$ 划分为若干个正方形小区域。如图 8-1，有一个由相邻结点 $a(E^*, \Delta E^*)$，$b(E^*+1, \Delta E^*)$，$h(E^*+1, \Delta E^*+1)$，$d(E^*, \Delta E^*+1)$ 围成的小区域 $\Phi_1$，$\Phi_1$ 的几何中点 $m(E^*+0.5, \Delta E^*+0.5)$。区域 $\Phi_2$ 由 $bgih$ 围成。由上面的证明可知，控制量的不连续发生在 $E^*+0.5$ 或 $\Delta E^*+0.5$ 处，即图 8-1 中的两条虚线。两条虚线把 $\Phi_1$ 再分为区域 1、2、3、4。由查表法的计算过程可知，区域 1 内的所有点，对应 $u_f = u_a = F^*(E^*, \Delta E^*) = F_f^*(v, w)$，同理区域 2、3、4 内分别为 $u_b$，$u_h$，$u_d$（$u_a$，$u_b$，$u_h$，$u_d$ 由查表得到）。不连续的控制面 $\Psi_1$ 在空间的形状如图 8-2 所示，呈台阶状。图 8-2 中 $\Psi_1$ 上的点 $A$，$B$，$H$，$D$ 在 $e^* - \Delta e^*$ 平面的投影分别为图 8-1 的 $a$，$b$，$h$，$d$。本节的设计思想是：作一个连续面 $\varphi_1$（$\varphi_1$ 在 $e^* - \Delta e^*$ 面的投影也为 $\Phi_1$）代替图 8-2 中的台阶面，它应该满足以下要求：

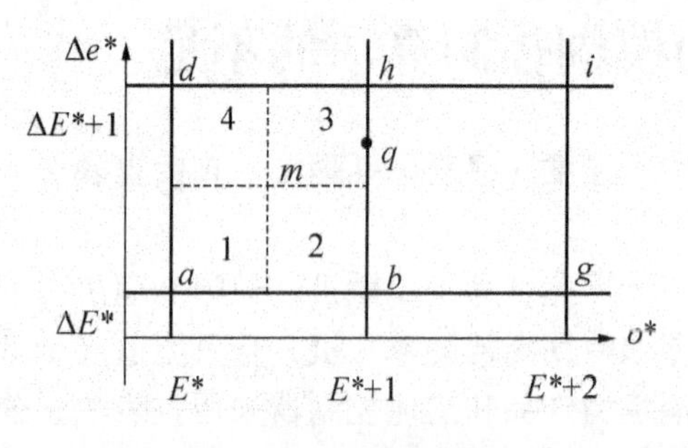


图 8-1 投影区域 $\Phi$

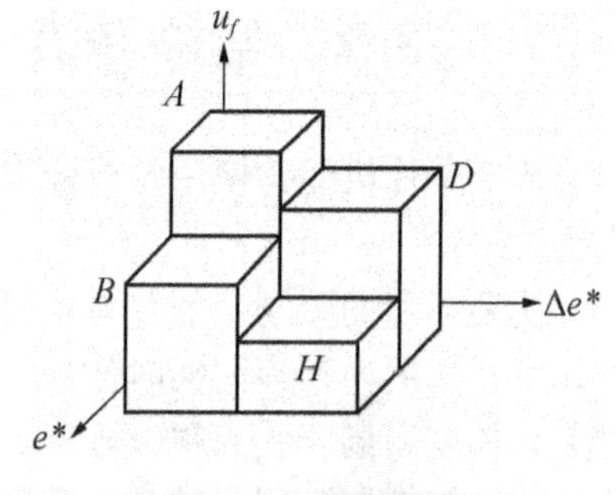


图 8-2 控制面 $\Psi$

（1）必须过 $A$，$B$，$H$，$D$。即在档中心值的交叉点 $a$，$b$，$h$，$d$ 处，控制量与原查表法一致，这样才能保证原 F 控制的规则特性不变。

（2）在区域的中心点 $m$，控制量应接近 $u_m = \dfrac{(u_a + u_b + u_h + u_d)}{4}$，防止 $\varphi_1$ 过凸或过凹。

（3）$\varphi_1$ 只是在 $abhd$ 区域上的一小块连续面，只是整个控制面 $\Psi$ 的一小部分，因此 $\varphi_1$ 面还应与相邻的其他小块连续面 $\varphi_i$ 在区域的交界处连续。这样由若干小块连续面 $\sum_{i=1}^{n} \varphi_i$ 组成的整个控制面才是连续的。

连续面构造方法——连续因子相乘法：

**设**　图8-1中的 $abhd$ 区域中有任意一点 $(e^*,\Delta e^*)$。现约定：

$$r_1 = 1-(e^*-E^*),\ r_2 = e^*-E^*,\ r_3 = 1-(\Delta e^*-\Delta E^*),\ r_4 = \Delta e^*-\Delta E^* \quad (8-1)$$

连续化因子：

$$R_1 = r_1\times r_3, R_2 = r_2\times r_3, R_3 = r_2\times r_4, R_4 = r_1\times r_4 \quad (8-2)$$

于是 $(e^*,\Delta e^*)$ 点的控制量

$$u_f = U(e^*,\Delta e^*) = \frac{R_1\times u_a + R_2\times u_b + R_3\times u_h + R_4\times u_d}{R_1+R_2+R_3+R_4} \quad (8-3)$$

用式(8-3)构造的 $\varphi_1$ 面完全满足前述3个条件。显然式(8-3)满足条件1、2。下面着重证满足条件3。

**证明**　(1)在区域 $D_1$ 上，$r_1$ 和 $r_2$ 不同时为0，$r_3$ 和 $r_4$ 不同时为0。因此 $R_1,R_2,R_3,R_4$ 不同时为0。所以式(8-3)表示的函数 $U(e^*,\Delta e^*)$ 在 $\Phi_1$ 这一定义域上连续。

(2)见图8-2，空间点 $B(E^*+1,\Delta E^*,u_b)$，$H(E^*+1,\Delta E^*+1,u_h)$ 在 $e^*-\Delta e^*$ 平面的投影点为 $b,h$。$\Psi_2$ 是区域 $\Phi_2$ 上的控制面。若证得 $\Psi_1,\Psi_2$ 都经过空间两点 $B$ 和 $H$ 的连线，则由 $\Psi_1,\Psi_2$ 连成的曲面在区域 $\Phi_1$ 和 $\Phi_2$ 的交界处 $b-h$ 上是连续的。

**设**　$\Psi_1$ 面的边缘上有一点 $Q(E^*+1,\Delta e^*,u_Q)$，它在平面的投影点为 $q(E^*+1,\Delta e^*)$，$q$ 在 $b-h$ 的连线上(图8-1)。若能证明 $Q$ 点在 $B-H$ 的空间连线上，则 $\Psi_1$ 必经过 $B-H$ 的空间连线。

根据式(8-3)，先计算 $Q$ 点的连续化因子：

$$r_1 = 1-(E^*+1-E^*) = 0 \qquad r_2 = E^*+1-E^* = 1$$

$$r_3 = 1-(\Delta e^*-\Delta E^*) \qquad r_4 = \Delta e^*-\Delta E^*$$

$$R_1 = r_1\times r_3 = 0 \qquad R_2 = r_2\times r_3 = 1-(\Delta e^*-\Delta E^*)$$

$$R_3 = r_2\times r_4 = \Delta e^*-\Delta E^* \qquad R_4 = r_1\times r_4 = 0$$

令 $\Delta e^*-\Delta E^* = \lambda$，则

$$R_2 = 1-\lambda, R_3 = \lambda$$

根据式(8-3)：

$$u_Q = \frac{R_2\cdot u_b + R_3\cdot u_h}{R_2+R_3} = \frac{(1-\lambda)\cdot u_b+\lambda\cdot u_h}{1-\lambda+\lambda} = (1-\lambda)\cdot u_b + \lambda\cdot u_h$$

$$u_Q - u_b = \lambda\cdot(u_h-u_b) \quad (8-4)$$

$$u_Q - u_h = (\lambda-1)\cdot(u_h-u_b) \quad (8-5)$$

$$e_Q^* - e_h^* = E^*+1-(E^*+1) = 0 = e_Q^* - e_b^* \quad (8-6)$$

$$\Delta e_Q^* - \Delta e_b^* = \Delta e^* - \Delta E^* = \lambda \quad (8-7)$$

$$\Delta e_Q^* - \Delta e_h^* = \Delta e^* - (\Delta E^*+1) = \lambda - 1 \quad (8-8)$$

由式(8-4)~(8-8)有：

$$\frac{u_Q-u_b}{u_Q-u_h} = \frac{\lambda}{\lambda-1} = \frac{\Delta e_Q^*-\Delta e_b^*}{\Delta e_Q^*-\Delta e_h^*} \quad (8-9)$$

$$e_Q^* - e_h^* = 0 = e_Q^* - e_b^* \quad (8-10)$$

所以 $Q$ 点在 $H$ 与 $B$ 的连线上；$\Psi_1$ 必过 $H$ 与 $B$ 的连线 $HB$；$hb$ 为区域的边界，则 $HB$ 就是 $\Psi_1$ 的边缘。同理可证 $\Psi_2$ 也过 $HB$，故 $\Psi_1$ 与 $\Psi_2$ 组成的复合面在区域的边界 $hb$ 上连

续。同理可证 $\Psi_1$ 也过 $DH$，$AD$，$AB$，因此 $\Psi_1$ 与相邻的四个面在区域的边界上连续。$\Psi_1$ 是 $\Psi$ 上任意的一块，所以整个 $\Psi$ 面连续。(证毕)

应当指出满足8.3.1节的三个要求的函数式不是唯一的，考察下式：

$$u_f = U(e^*, \Delta e^*) = \frac{\omega_1 R_1^t u_a + \omega_2 R_2^t u_b + \omega_3 R_3^t u_h + \omega_4 R_4^t u_d}{\omega_1 R_1^t + \omega_2 R_2^t + \omega_3 R_3^t + \omega_4 R_4^t} \tag{8-11}$$

其中 $\omega_1, \cdots, \omega_4, t$ 为任意有理常数。可证明式(8-11)符合要求。当 $\omega_1, \cdots, \omega_4, t$ 全为1时，式(8-11)变为式(8-3)，显然式(8-3)最简单，至于效果是否也最佳还需探讨。多输入时的算法依此类推。

### 8.3.2 控制面的局部连续化

由上一章可知F控制器的稳态误差和振荡是由于在 $-0.5 \leqslant e^* \leqslant 0.5$ 和 $-0.5 \leqslant \Delta e^* \leqslant 0.5$ 这一区域内控制量恒量为0引起的，所以只需在局部区域，如 $|e^*| \leqslant 1$ 且 $|\Delta e^*| \leqslant 1$ 内对控制面连续化。这样有2个好处：一，极大地减少了计算量，提高了速度；二，保持了原算法上升时间短、响应快的特性。

具体实现方法：

①输入 $e, \Delta e$。

②通过第2.2节的函数 $\langle x \rangle$，计算 $\langle e \rangle, \langle \Delta e \rangle$。

③如果 $|e^*| > 1$，或者 $|\Delta e^*| > 1$，直接查表得到 $u_f$，然后转步骤⑦。

④当 $|e^*| \leqslant 1$ 且 $|\Delta e^*| \leqslant 1$ 时，计算 $E^*, E^*+1$ 和 $\Delta E^*, \Delta E^*+1$。于是我们可以得到 $a(E^*, \Delta E^*)$，$b(E^*+1, \Delta E^*)$，$h(E^*+1, \Delta E^*+1)$，$d(E^*, \Delta E^*+1)$。

⑤由模糊控制表查得 $u_a$、$u_b$、$u_h$、$u_d$。

⑥由式8-3计算出 $u_f$。

⑦输出 $u_f$，然后返回步骤①。

系统的结构如下图：

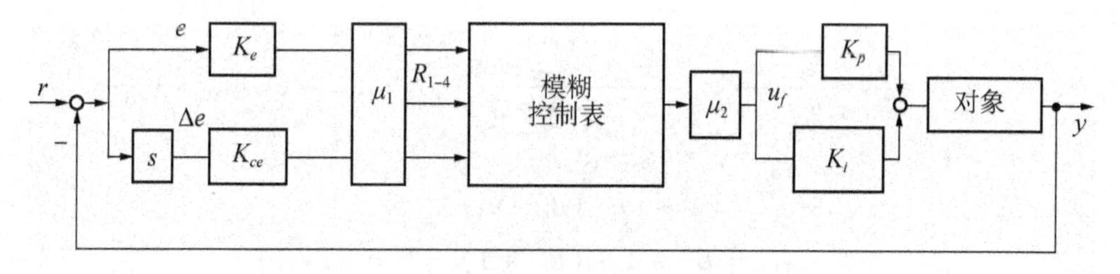


图8-3 查表型局部连续法控制器

图中，$\mu_1$ 表示模糊化并计算出连续因子 $R_1$，$R_2$，$R_3$，$R_4$；$\mu_2$ 表示反模糊化；$s$ 表示对时间求导；$\int$ 表示积分；$K_p$、$K_i$ 为比例常数和积分常数；$K_e$、$K_{ce}$ 为量化系数。

## 8.4 仿真研究及与其他方法比较

为便于比较，先确定性能指标：$J = \int_0^{+\infty} t \cdot |e| \cdot \mathrm{d}t$ 离散化：

$$J = \sum_{i=1}^{n} i \cdot T_C^2 \cdot |e(i)| \tag{8-12}$$

其中 $T_C$ 为采样周期。此外为减小图幅，部分图的 $Y$ 轴起点为 15 。

## 8.4.1 与查表法比较

被控对象 $\frac{k}{s \cdot (s+p)}$，输入 $r = 20$，当 $k = 1$，$p = 0.5$；$k = 1.4$，$p = 0.8$；$k = 2.5$，$p = 1.5$。控制表不变，用查表法得图 8－4 曲线 1、2、3。稳态误差 $e(\infty) = r - y$ 分别为 $-1.9$，0.225，1.333。$J$ 指标全为 $+\infty$ 。用局部连续面法得图 8－5 曲线 1、2、3。稳态误差全为 0，$J$ 指标分别为 207.56，240.39，299.57 。可见局部连续面法远优于查表法。从参数变化的影响还可以看出，查表法的误差变化很大，查表法所实现的稳态小误差不具有鲁棒性。局部连续面法稳态误差恒为 0，所实现的稳态无差具有鲁棒性。此外局部连续面法可用较少的分档数，可节约内存，加快响应，在速度上也不低于查表法。

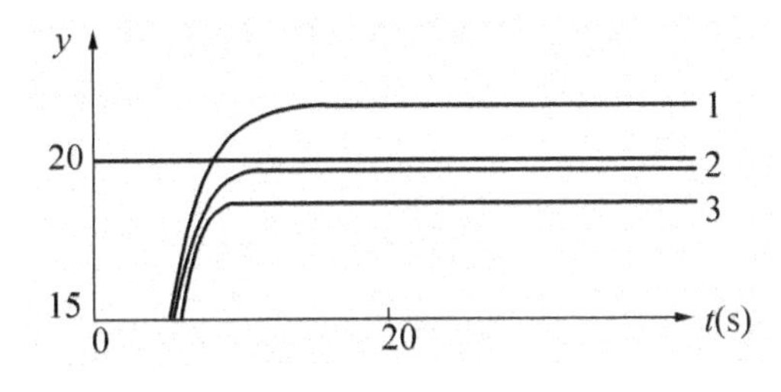


图 8－4 查表法的响应曲线

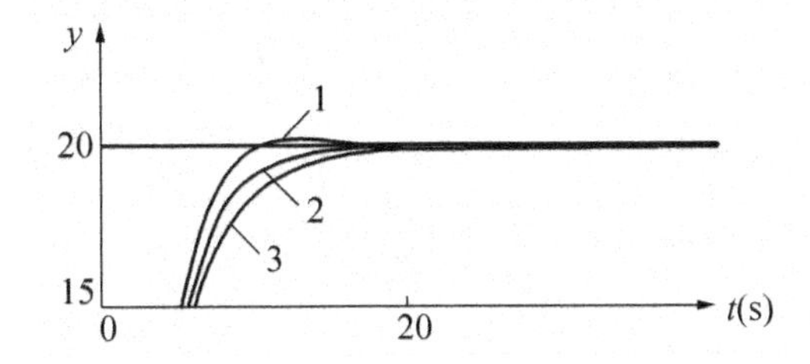


图 8－5 局部连续法的响应的曲线

## 8.4.2 与小区域细分法比较

文献[103]中提出对 0 误差附近的中心小区域进行二次分档，划分为较细的区域，以减小误差。但这种方法不能消除误差，并使控制表变得庞大，多占一倍内存。被控对象 $\frac{2}{s \cdot (s+1)}$，$r = 20$，图 8－6 中曲线 3 是在 9 档 $F$ 控制表的基础上，在小区域再细分为 9 档得到的。稳态误差 1.35 。$J_3 = +\infty$ ，用局部连续面法得曲线 1，$J_1 = 191.03$ 。

文献[104]中也提出对中心小区域进行多次分档，但控制表仍用于原表，可以节约内存。但小区域的 $F$ 控制规律与整个区域是有区别的，所以该算法不够灵活，效果还不如文献[103]的方法。

## 8.4.3 与强度转移方式的规则推理法比较

采用规则推理法对 8.4.2 节中的对象进行控制，得到图 8－6 曲线 2。$J_2 = 229.99 > J_1 = 191.03$ 。因此在完全相同的条件下，规则法不如局部法，因为局部法响应快、上升时间短。

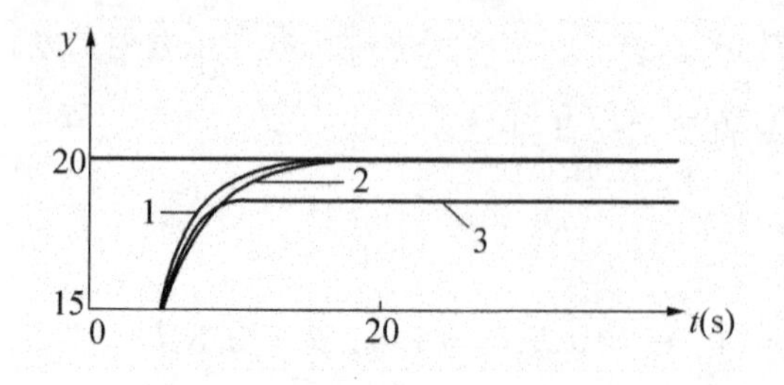


图 8-6　局部连续、小区域细分和规则推理法的响应曲线

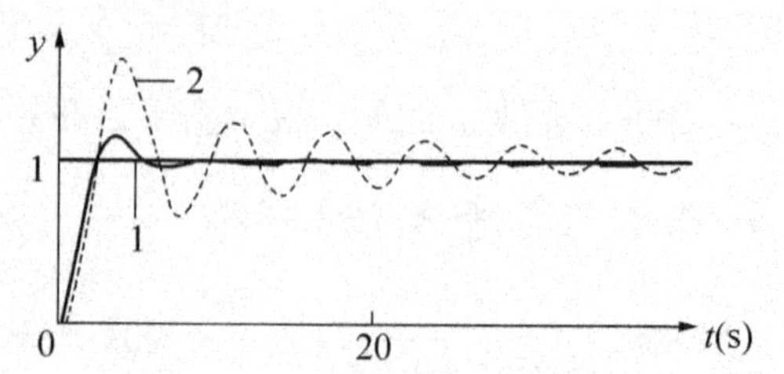


图 8-7　高频对象下局部连续法和规则法的响应曲线

这是在低频对象下得出的结论。考虑高频对象 $\dfrac{k}{s\cdot(Ts+1)}$，其中 $k=1$，$T=1(\text{ms})$，在此情况下必须考虑数字控制器的运算时间。规则法推理时间长，设其运算时间为 0.5 ms，则采样周期不能小于 0.5 ms。局部法运算量至少比规则法少一个数量级。设其运算时间 0.05 ms。仿真步距都取 0.05 ms，得图 8-7。曲线 2(虚线)为规则法的曲线，严重振荡，因此规则法在高频下是无法工作的。图 8-7 中曲线 1(实线)是局部连续法的响应曲线，$J_1 = 2.88$。可见局部法可以工作在要求高速响应的场合。

### 8.4.4　与公式法比较

公式法不占内存，响应快，很容易实现在线自组织调整。采用四修正因子自组织法对对象 $\dfrac{20e^{-2T_C s}}{(2s+1)}$，$T_C = 0.05\text{s}$ 进行控制得到图 8-8 中的曲线 1。曲线 1 稳态误差大，振荡严重，这是因为对象具有自平衡特性。解决方法有：

(1)附加抑制饱和的积分算法。$u = u_F + u_j$，其中 $u_F$ 为 F 控制器的输出，当 $|e_i| < 5$，$u_j = k \times \sum_{i=1}^{j} e_i$。

(2)在 F 控制器后串 PI 环节。

采用方法 1 得图 8-8 中的曲线 2。效果仍不理想。大区域用四因子公式法，小区域用式(8-3)进行控制面连续化($u_a$，$u_b$，$u_h$，$u_d$ 用四因子法求得)再附加积分，得图 8-9 中的曲线 1，$J_1 = 30.72$ 效果很好。

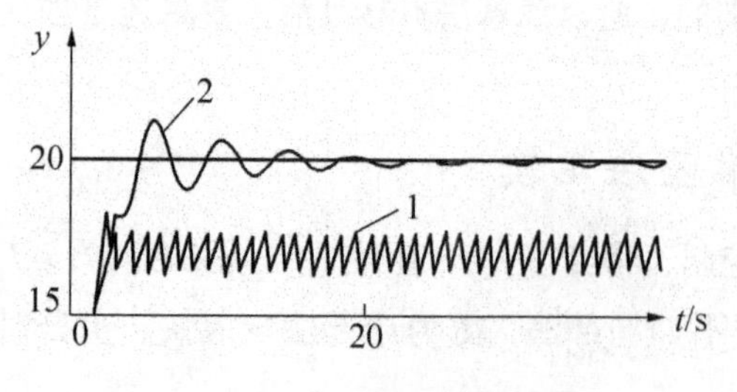


图 8-8　公式法的响应曲线

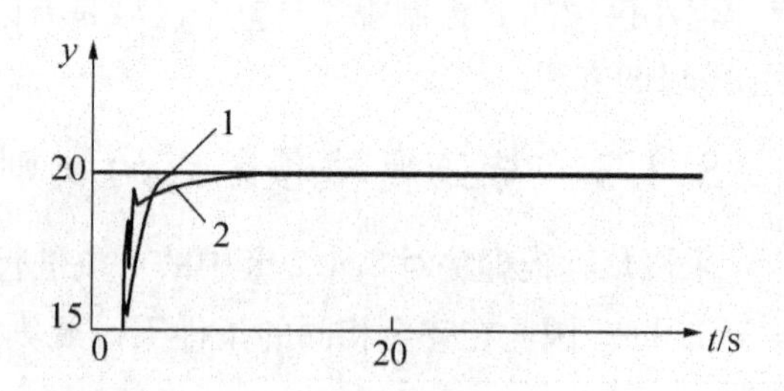


图 8-9　变结构 PI 法与局部连法的响应曲线

### 8.4.5　与变结构 PI 法比较

(1)对象仍为 $\frac{20e^{-2T_C S}}{(2s+1)}$，$|e^*|>1$ 或 $|\Delta e^*|>1$ 时用四因子公式法，$|e^*|\leqslant 1$ 且 $|\Delta e^*|\leqslant 1$ 时变为 PI 调节，得到图 8－9 中曲线 2，$J_2=36.21>J_1=30.72$ 可见效果不如局部法，且曲线 2 上有锯齿状尖峰，这是由于变结构时使控制信号产生较大差异造成的。该现象容易损坏设备。局部法没有此现象。

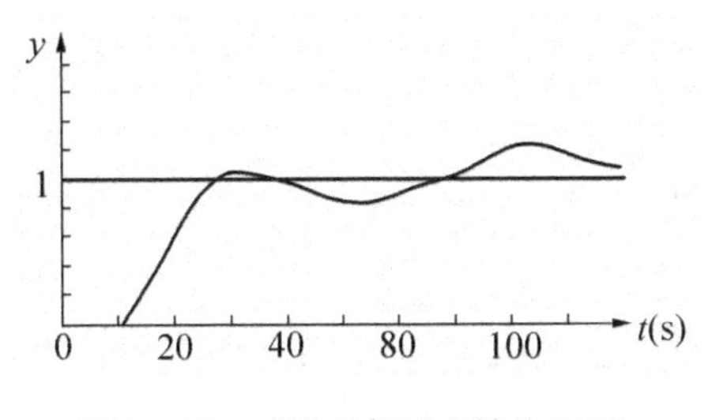


图 8－10　时滞对象下变结构 PI 法的响应曲线

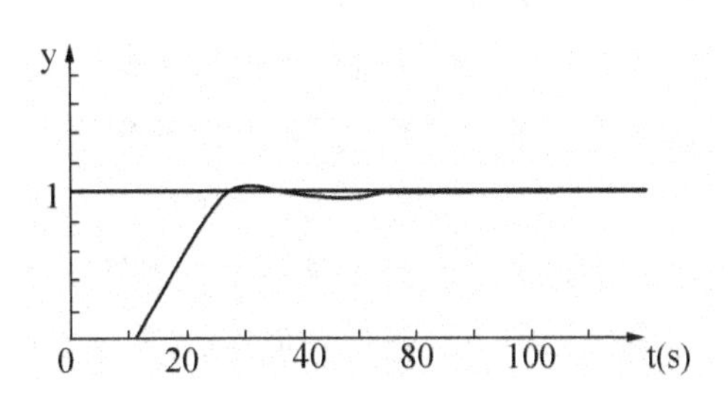


图 8－11　时滞对象下局部连续法的响应曲线

(2)时滞对象 $\frac{e^{-200T_C S}}{(10s+1)(6s+1)}$ 滞后 200 个采样周期，采样周期 $T_C=0.05$ s。用变结构 PI 法得图 8－10 中曲线，有较大振荡，可见对大时滞对象变结构 PI 法不佳。用局部法得到图 8－11 中曲线，效果很好，因为始终按照符合对象特点的模糊控制规则控制。

变结构 PI 法的最大缺点：当采用自寻优方法在线调整模糊控制规则时，PI 参数无法随之调整。局部连续法不存在这个问题。在文献[105，104]中，讨论了变结构 PI 法的不足。

## 8.5　时变修正因子局部连续二级模糊控制器

文献[101]提到时变修正因子法，在本节将把时变修正因子法和局部连续控制面法结合起来，构成性能优良的时变修正因子局部连续二级模糊控制器。

### 8.5.1　递推调整规则的公式法

时变修正因子法是逐步递推的调节 α 值，具有很强的非线性特性，因而在协调上升时间、调节时间与超调量、抗干扰能力之间的冲突方面效果明显。时变修正因子法与局部连续面控制法结合后，在消除稳态误差和振荡方面有较大的改进。公式法模糊控制器输出的精确值可以用一个简单的表达式计算：

$$u_f=\langle \alpha i+(1-\alpha)j\rangle \tag{8－13}$$

在第八章提到时变修正因子公式法，α 的修正算式为：

$$\alpha(t+1)=\begin{cases}\alpha(t)+\beta\cdot h(t)\cdot[1-\alpha(t)] & \alpha(t)>0.5\\ \alpha(t)+\beta\cdot h(t)\cdot\alpha(t) & \alpha(t)\leqslant 0.5\end{cases} \tag{8－14}$$

## 8.5.2 递推调整规则的公式法的连续化

文献[101]介绍了用$\langle x\rangle$函数和区间法将精确量转化为模糊量的方法。针对这两种方法的局部连续化方案是不同的。先讨论$\langle x\rangle$函数法。

先对$e,\Delta e$进行论域变换为$x,y$，用$\langle x\rangle$函数法对$x,y$进行模糊化。这种模糊化的方法是最简便的。当模糊控制器的输入$x$为某一子集$A_{i-1}(x)$的核值$cx_{i-1}$，$y$也为$B_{j-1}(y)$的核值$cy_{j-1}$，且$t=t_l$时，有

$$\langle x\rangle = cx_{i-1} = i-1, \quad \langle y\rangle = cy_{j-1} = j-1 \tag{8-15}$$

$i,j\in$整数。直接采用式(8－13)计算输出

$$u_f(x,y,t_1) = \langle \alpha(t_1)\cdot(i-1)+[1-\alpha(t_1)]\cdot(j-1)\rangle \tag{8-16}$$

其中$t_1$为时间。因为$\alpha$是一个与时间有关的递推量。

当输入$x_p$不为任何核值时，有$cx_{i-1}\leqslant x_p\leqslant cx_i$且$cy_{j-1}\leqslant y_p\leqslant cy_j$，先计算连续化因子。

**定义：** $\mathrm{r_1(x_p)=1-(x_p-cx_{i-1}),r_2(x_p)=x_p-cx_{i-1},r_3(y_p)=1-(y_p-cy_{j-1}),r_4(y_p)=y_p-cy_{j-1}}$ 连续化因子：

$$R_1(x_p,y_p)=r_1\times r_3, R_2(x_p,y_p)=r_2\times r_3$$

$$R_3(x_p,y_p)=r_2\times r_4, R_4(x_p,y_p)=r_1\times r_4$$

$$u_f(x_p,y_p,t)=\frac{R_1\cdot u_1+R_2\cdot u_2+R_3\cdot u_3+R_4\cdot u_4}{R_1+R_2+R_3+R_4} \tag{8-17}$$

其中

$$u_1=\alpha(t)\cdot(i-1)+[1-\alpha(t)]\cdot(j-1), u_2=\alpha(t)\cdot i+[1-\alpha(t)]\cdot(j-1),$$

$$u_3=\alpha(t)\cdot i+[1-\alpha(t)]\cdot j, u_4=\alpha(t)\cdot(i-1)+[1-\alpha(t)]\cdot j$$

式(8－17)所表示的函数$u_f(x_p,y_p,t)$是一个连续函数。

**证明** (1)$r_1$、$r_2$不同时为0，$r_3$，$r_4$不同时为0。所以$R_1$，$R_2$，$R_3$，$R_4$不同时为0。

所以$u_f(x_p, y_p, t)$在开区域

$$\{(x_p,y_p,t)\mid cx_{i-1}<x<cx_i \quad 且 \quad cy_{j-1}<y_p<cy_j \quad 且 \quad t_{\min}\leqslant t\leqslant t_{\max}\}$$

是连续的。其中$t_{\min}$，$t_{\max}$分别是$t_1$，$t_2$，$t_3$，$t_4$之中的最小值和最大值。

(2)当$x_p$趋近于$cx_{i-1}$，$y_p$趋近于$cy_{j-1}$，$t$趋近$t_1$时(当$x=cx_{i-1}$且$y=cy_{j-1}$，$t=t_1$时)

$$\lim_{x_p\to cx_{i-1}} r_1(x_p)=1, \lim_{x_p\to cx_{i-1}} r_2(x_p)=0,$$

$$\lim_{y_p\to cy_{j-1}} r_3(y_p)=1, \lim_{y_p\to cy_{j-1}} r_4(y_p)=0$$

所以

$$\lim_{\substack{x_p\to cx_{i-1}\\ y_p\to cy_{j-1}}} R_1(x_p,y_p)=1, \lim_{\substack{x_p\to cx_{i-1}\\ y_p\to cy_{j-1}}} R_2(x_p,y_p)=0,$$

$$\lim_{\substack{x_p\to cx_{i-1}\\ y_p\to cy_{j-1}}} R_3(x_p,y_p)=0 \lim_{\substack{x_p\to cx_{i-1}\\ y_p\to cy_{j-1}}} R_4(x_p,y_p)=0,$$

$$\lim_{t\to t_1}\alpha(t)=\alpha(t_1), \lim_{t\to t_1}u_1=\langle\alpha(t_1)\cdot(i-1)+[1-\alpha(t_1)]\cdot(j-1)\rangle$$

根据式(8－17)：

$$\lim_{\substack{x_p \to cx_{i-1} \\ y_p \to cy_{j-1} \\ t \to t_1}} u_f(x_p, y_p, t) = \lim_{\substack{x_p \to cx_{i-1} \\ y_p \to cy_{j-1} \\ t \to t_1}} \frac{1 \times u_1 + 0 \times u_2 + 0 \times u_3 + 0 \times u_4}{1 + 0 + 0 + 0}$$

$$= \lim_{\substack{x_p \to cx_{i-1} \\ y_p \to cy_{j-1} \\ t \to t_1}} u_1 = [\alpha(t_1) \cdot (i-1) + [1 - \alpha(t_1)] \cdot (j-1)] = u_f(cx_{i-1}, cy_{j-1}, t_1)$$

这个结果与式(8－16)完全一致，可见式(8－16)是式(8－17)的一个特例。所以函数在点$(cx_{i-1}, cy_{j-1}, t_1)$处是连续的。同理可证在点$(cx_i, cy_{j-1}, t_2)$、$(cx_i, cy_j, t_3)$、$(cx_{i-1}, cy_j, t_4)$是连续的。

综合(1)(2)，函数$u_f(x_p, y_p, t)$在闭区域$\{(x,y,t) \mid cx_{i-1} \leqslant x \leqslant cx_i$且$cy_{j-1} \leqslant y \leqslant cy_j$且$t_{\min} \leqslant t \leqslant t_{\max}\}$是连续的。所以在整个闭区域内，$u_f$的取值不限于若干个整数组成的整数集，而是一个连续的实数集。在此需要指出："$u_f$是不连续的函数"与"计算机的输出$u_f$是离散值"是两个不同的概念。$u_f$是不连续的函数是指$u_f$的取值范围有限，有断点，有一些值取不到。只要$u_f$是连续函数，即使计算机的输出是离散的，$u_f$的取值范围仍是连续的实数域。

当采用区间法[101]进行精确量的模糊化时，连续化因子的计算作如下变化：

(1) 若$cx_{i-1} \leqslant x_p \leqslant bx_{i-1}$

$$r_1(x_p) = 1 - \frac{x_p - cx_{i-1}}{bx_{i-1} - bx_{i-2}}, r_2(x_p) = 1 - r_1(x_p) \tag{8-18}$$

(2) 若$bx_{i-1} \leqslant x_p \leqslant cx_i$

$$r_1(x_p) = 1 - r_2(x_p), r_2(x_p) = 1 - \frac{cx_i - x_p}{bx_i - bx_{i-1}} \tag{8-19}$$

同样$r_3(y_p)$，$r_4(y_p)$也作相应的变化。其他不变。

考虑到系统性能变坏的原因是在平衡点附近的区域$\{(x,y,t) \mid -0.5 < x < 0.5$且$-0.5 < y < 0.5$且$t > 0\}$无控制量造成的，所以只需在该区域或比该区域大一点的区域进行局部连续化就行了，这样可大大减少计算量提高速度。这一方法称为时变修正因子局部连续法。

### 8.5.3　时变修正因子局部连续法的仿真研究

被控对象$\dfrac{1}{s(s+0.5)}$，输入$r=20$，采样周期$T_s = 0.15$ s。图8－12中的实线是采用文献[105]的方法得到的曲线，稳态误差$e(\infty) = r - y = -2.5$。采用相同的控制参数，但在$e \leqslant 5$且$\Delta e \leqslant \dfrac{1}{5.8}$切换到局部连续法，模糊表仍采用文献[106]的表1，得图8－12中的虚线，控制效果较好，静差为零。

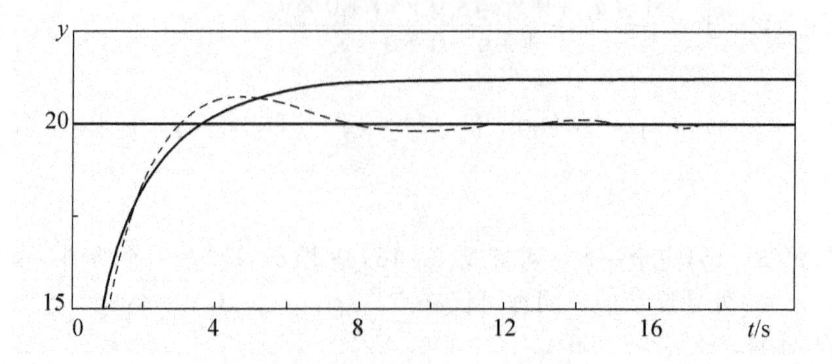


图 8－12　时变修正因子局部连续法与非连续的时变修正因子法的响应曲线

**本章小结**

本章提出了局部连续模糊算法，构造了两种基于局部连续法的模糊控制器。给出了理论上的分析和证明，并给出了仿真实验的对比结果，说明局部连续模糊算法消除了静差和振荡，使模糊控制器的性能有较大提高。与在线规则推理法相比，局部连续法的计算时间远少于在线规则推理法。

# 第九章　自寻优模糊控制器

在第三章详细阐述了模拟退火算法，第六章提出了极值元素优化算法，本章利用双程模拟退火算法、遗传算法和极值元素法优化模糊规则及控制器的一些关键参数，从而构造出一种新型的自寻优模糊控制器。该控制器有 4 个优点：

(1)可以不需要人的经验，也可以利用人的经验以缩短寻优过程。

(2)是一种在线的、给定性能指标经过优化的自适应模糊控制器。

(3)具有广泛的适应性，适应于各种复杂对象。尤为突出的一点是：不论对象类型如何，以及对象的参数如何变化，该自寻优模糊控制器的结构和程序无需修改。

(4)不需要对象的数学模型。这一点在工程上是很有意义的。

## 9.1　模糊规则的生成和优化

模糊控制建立在一系列模糊规则的基础上。这些控制规则是人对被控对象进行控制时的经验总结。所以这些规则是一些逻辑推理规则，其形式表现为模糊条件语句。在实际控制中，对有关控制规则加以处理，产生相应的控制算法，模糊控制器就以相应的控制算法去控制被控对象。

模糊规则的好坏决定了控制器的性能。因此如何产生高质量的模糊控制规则以及如何在实际运行过程中不断对其进行调整和优化一直是各国学者热衷研究的课题。有关这两方面的方法很多。下面简要介绍并加以评述。

### 9.1.1　模糊控制规则的生成

模糊控制规则的生成有 4 种方法，这 4 种方法并不是相互排斥的。综合这几种方法可以构成有效的方法去生成规则基。这 4 种方法如下：

(1)根据专家经验和过程控制知识生成控制规则；

(2)根据过程的模糊模型生成控制规则；

(3)根据对手工操作的系统观察和测量生成控制规则；

(4)根据学习算法生成控制规则。

这 4 种方法都有一个明显的不足，即需要依赖人的经验，因而很难达到最优控制效果。规则的调整也比较麻烦。

### 9.1.2　模糊控制规则的优化

模糊控制前件和后件之间的推理关系是否处于最合理的状态，还是处于次合理的状态，这是一个需要鉴定的问题；另外，不同的规则语句之间是否存在矛盾，这是另外一个需要鉴定的问题。如果一条规则不太合理，控制品质就会差；如果两条规则相互矛盾，则可能产生控制发散，即振荡状态。因此，模糊控制规则内容的优化是极为重要的问题。模糊控制规则的调整和优化的实现在工程上有一定难度。下面是一些在工程上实现较为方便的模糊规则优化方法：参数函数校正法、实时学习校正法、修正因子校正法。

参数函数校正法和修正因子校正法的调整方式简便易行，但是能调节的部分不多，模糊规则的调整受到很大限制。实时学习校正法过于依赖人的经验。这三种方法都无法实现模糊最优化控制。

## 9.2 基于双程模拟退火的局部连续查表型自寻优模糊控制器

在第九章将局部连续控制面模糊算法和查表法相结合，构造了局部连续查表型模糊控制器，该控制器性能有大的提高，消除了稳态误差。但是其性能还没有经过优化。要使其性能最优，必须优化模糊规则。由于查表法不进行在线规则推理，而是直接查控制表，因此可以直接对其控制表进行优化。这实际上就是一个优化组合问题。用模拟退火法解决这类离散的、不可导的函数的最值问题是很适合的。

考虑到还有一些关键性的参数，如图 9-3 中的比例常数 $k_p$、积分常数 $k_j$、量化因子 $k_{ce}$ 都需要优化（$e$ 的变化范围是确定的，$K_e$ 无需优化调整）。所有这些需要调整优化的量之间是相互关联的，要求同时优化，为此提出一个协同优化的概念。

以往的一些自适应模糊控制算法或者对模糊规则，或者对量化因子和比例因子进行调节，本章提出将它们同时进行优化。显然这种方法更加合理，效果也最佳。将模糊控制表看作一个矩阵 $\boldsymbol{M}$，与 $k_p^*, k_j^*, k_{ce}^*$ 一起组成一个增广矩阵 $\boldsymbol{V}$ 如下：

$$\boldsymbol{V} = \begin{bmatrix} & & & \boldsymbol{M} & & & \\ k_p^* & k_j^* & k_{ce}^* & \times & \times & \times & \times \end{bmatrix} \tag{9-1}$$

其中"×"位不起作用，$k_p^*, k_j^*, k_{ce}^*$ 为 $k_p$，$k_j$，$k_{ce}$ 的整数化值，并有

$$k_p = \lambda_1 \times k_p^*, k_j = \lambda_2 \times k_j^*, k_{ce} = \lambda_3 \times k_{ce}^* \tag{9-2}$$

其中，$\lambda_1, \lambda_2, \lambda_3$ 为实常数。$\boldsymbol{M}$ 中的元素范围为 $[-4,4]$ 之间的整数。考虑到 $k_p^*, k_j^*, k_{ce}^*$ 等 3 个参数的变化范围较大，给定其范围为 $[-30,30]$ 之间的整数。

将 $\boldsymbol{V}$ 矩阵作当前可行状态向量，用双程模拟退火算法优化。

目标函数：
$$f = \int_0^{+\infty} t \cdot |e| \cdot \mathrm{d}t$$

离散化：

$$f = \sum_{i=1}^{n} i \cdot T_s^2 |e(i)| \tag{9-3}$$

其中，$T_s$ 为采样周期；$i$ 为采样序号。另外为限制超调量，增加一个罚函数：

$$J_p = 超调量 \times 权值$$

总的目标函数变为：

$$f = \sum_{i=1}^{n} i \cdot T_s^2 |e(i)| + J_p \tag{9-4}$$

如图 9-1 所示，方块 1 是采用局部连续法的查表型自寻模糊控制器，$\mu_1$ 表示模糊化，并计算出连续因子 $R_1$，$R_2$，$R_3$，$R_4$，$\mu_2$ 表示反模糊化；$s$ 表示对时间求导；$e$，$\Delta e$ 经论域变换后，产生量化值 $v$，$w$。方块 2 是基于双程模拟退火法的对规则进行优化的自寻优调整器，$K_p$ 为比例常数；$K_i$ 为积分常数。

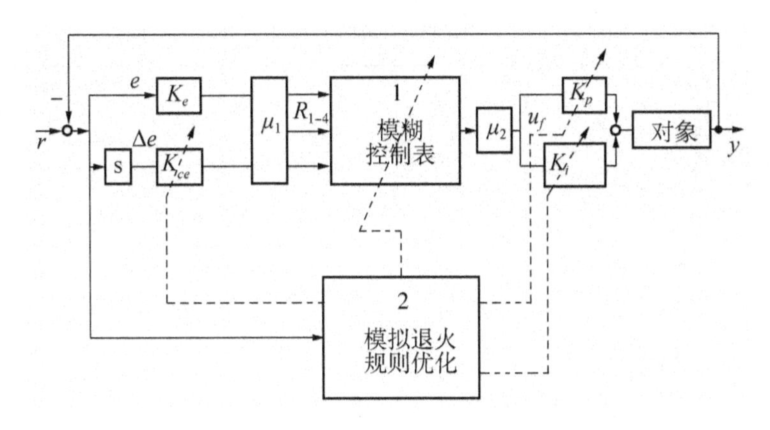


图 9－1　查表型自寻模糊控制器

**仿真研究及对比**　被控对象的数学模型为 $\dfrac{2s^2+10s+4}{(s+4)(s+3)(s+2)(s+1)}$。这是一个四阶模型。

（1）给定的阶跃输入为 $r=1$，采样周期为 $T=0.05$ s。图 9－2 中有两条虚线，一条是采用普通的查表法得到响应曲线，另一条是采用局部连续法得到的响应曲线，在 $|e|\leqslant 0.25$ 且 $|\Delta e|\leqslant 0.25$ 时转到连续法。这两条曲线的控制参数完全相同：$K_p=0.529$，$K_i=0.0174$，$k_{ce}=12.4$。模糊控制表也相同。

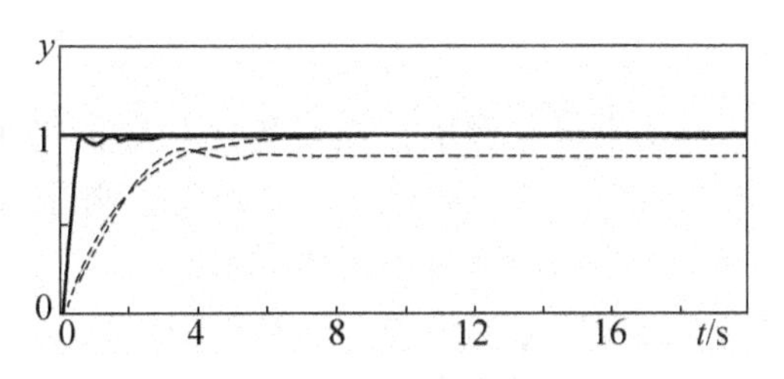


图 9－2　3 种方法的阶跃响应曲线

图 9－2 中的实线是采用模糊自寻优控制器得到的，效果显然好得多。优化前目标函数 $f=1154.4$，优化后目标函数 $f=106.3$。$K_p=1.8678$，$K_i=0.07335$，$k_{ce}=7.44$，模糊控制表经过优化。

（2）给定输入幅度为 1 的方波，采样周期 $T=0.05$ s。在 $t=7.5$ s，$t=22.5$ s 时突加相当于给定值的 100% 的干扰。图 9－3 中的虚线是未经过优化的局部连续法的响应曲线，控制参数和模糊表同上。图 9－3 中的实线是采用模糊自寻优控制器，经过若干次优化得到的响应曲线，该曲线超调小，上升时间短，表现出很强的抗干扰能力。优化参数为 $K_p=1.868$，$K_i=0.3735$，$k_{ce}=7.44$。

图 9－4 是输入为方波的寻优过程的退火曲线，其纵坐标为目标函数 $f$，横坐标为寻优次数 $n$。图中的切换点表示由全部元素可变法转换到部分元素可变法（参见第三章）。

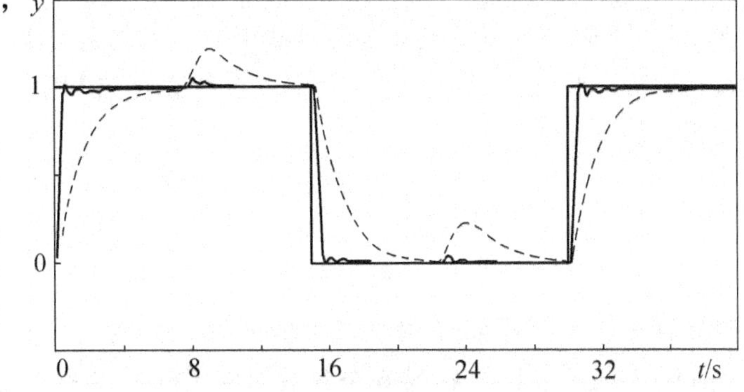


图 9－3　优化后的和优化前的方波响应曲线（带干扰）

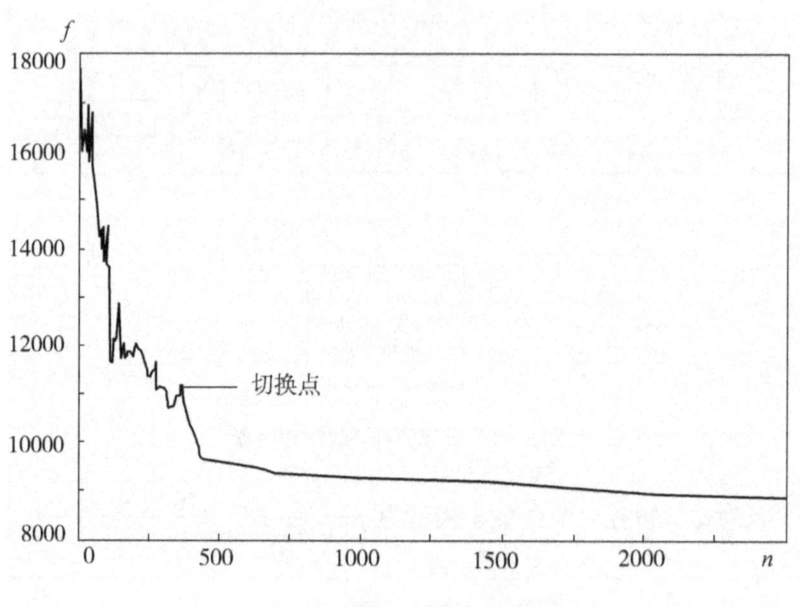


图 9－4　寻优过程的退火曲线

从图中可以看出：随着寻优次数的增加（温度逐步降低），曲线总的趋势是振荡幅度不断减小，最后收敛于一个定值。刚开始系统的能量很大，曲线振荡幅度很大，这使得寻优中能从局部极小区域“跳出来”。当由全部元素可变法转换到部分元素可变法后，曲线不再有向上的运动，平稳下降，收敛到最小值。

如果对系统性能的要求不是很高，寻优 500 次左右就行了，可以节约时间。

# 9.3　基于双程模拟退火的时变修正因子模糊控制器

## 9.3.1　参数协同优化

第八章提出了时变修正因子局部连续二级模糊控制器。时变修正因子法有很强的非线性特性，要充分利用这一特性，如何制定关于 $h(t)$ 的模糊表是关键。此外，还有一些关键参数如比例常数 $k_p$，积分常数 $k_j$，$\alpha$ 的初始值 $\alpha(0)$，模糊控制器 1、2 的量化因子 $k_{ce}$，$k_h$（图 9－5）。$e$ 的变化范围是确定的，因此 $k_e$ 无需调整。$k_{ce}$、$k_h$ 的变化范围受其他参数影响，要调整。将上述 6 个参数的整数化值和模糊表矩阵 $\boldsymbol{M}$ 一起组成一个增广矩阵 $\boldsymbol{V}$，如下：

$$\boldsymbol{V}=\begin{bmatrix} & & & \boldsymbol{M} & & & \\ \cdots & \cdots & \cdots & \cdots & \cdots & \cdots & \cdots \\ k_p^* & k_i^* & \alpha(0)^* & \beta^* & k_{ce}^* & k_h^* & \times \end{bmatrix} \tag{9-5}$$

其中最后一位“×”不起作用。$\boldsymbol{M}$ 中的元素范围为［－4，4］之间的整数。考虑到 $k_p^*$，$k_i^*$，$\alpha(0)^*$，$\beta^*$，$k_{ce}^*$，$k_h^*$ 等 6 个参数的变化范围较大，规定其范围为［－30，30］之间的整数。并且存在以下关系：

$$k_p = \lambda_1 \times k_p^*, k_i = \lambda_2 \times k_i^*, \alpha(0) = \lambda_3 \times \alpha(0)^*$$
$$\beta = \lambda_4 \times \beta^*, k_{ce} = \lambda_5 \times k_{ce}^*, k_h = \lambda_6 \times k_h^* \qquad (9-6)$$

将 **V** 作可行状态向量，用双程模拟退火法优化。

总的目标函数：

$$f = \sum_{i=1}^{n} i \cdot T_s^2 |e(i)| + J_p$$

其中，$J_p$ 为罚函数：

$$J_p = \text{超调量} \times \text{权值}$$

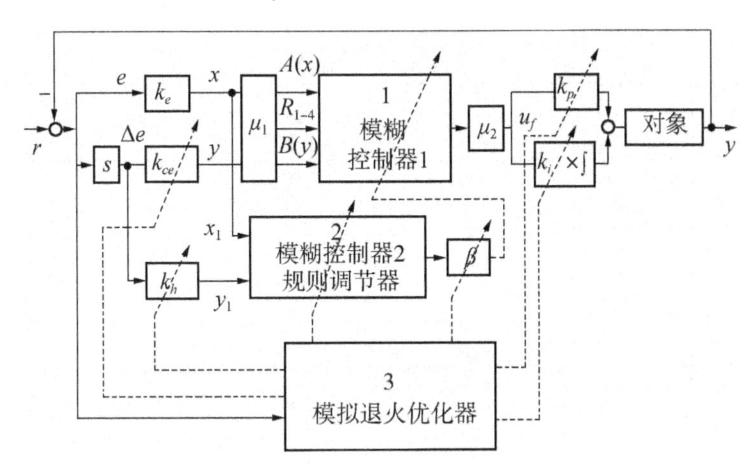


图 9－5　时变修正因子自寻优模糊控制器

整个系统的框图如图 9－5 所示。方块 1 是采用局部连续的公式法模糊控制器 1。$\mu_1$ 表示模糊化并计算出连续因子 $R_1$，$R_2$，$R_3$，$R_4$。$\mu_2$ 表示反模糊化，$s$ 表示对时间求导。$e$，$\Delta e$ 经论域变换后产生量化值 $x$，$y$，$x_1$，$y_1$。方块 2 是用查表方式调整 $\alpha$ 的模糊控制器 2。block3 是基于模拟退火法的优化器。

## 9.3.2　仿真研究及对比

（1）被控对象 $\frac{1}{s(s+0.5)}$，输入 $r=20$，采样周期 $T_s=0.15$ s。图 9－6 曲线是采用文献[106]的方法得到的曲线，稳态误差 $e(\infty)=r-y=-2.5$。采用相同的控制参数，但在 $e \leqslant 5$ 且 $\Delta e \leqslant \frac{1}{5.8}$ 切换到局部连续法，模糊表采用文献[106]的表 1，得图 9－7 中的虚线，控制效果较好，静差为 0。图 9－7 中的实线是用自寻优控制器得到的，该曲线上升快超调量很小，效果最好。给出优化参数：$k_p=4.7$，$k_i=0$，$\alpha(0)=0.58$，$\beta=0.29$，$k_{ce}=5.8$，$k_h=2.8$，$k_e=4$。模糊表如表 9－1 所示，表中 $X_1$，$Y_1$ 分别为 $e$，$\Delta e$ 的模糊化值。

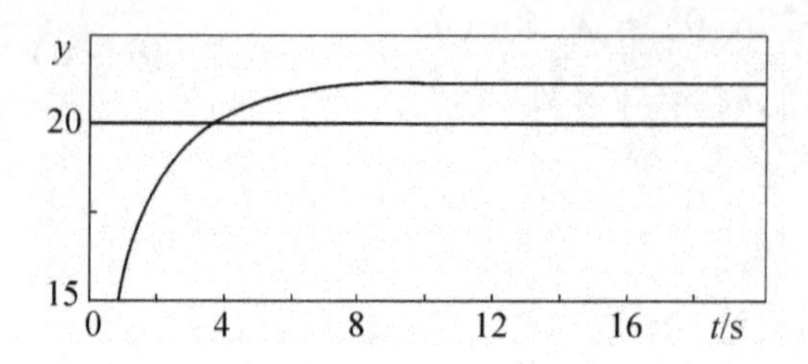


图 9-6　普通时变修正因子法的响应曲线

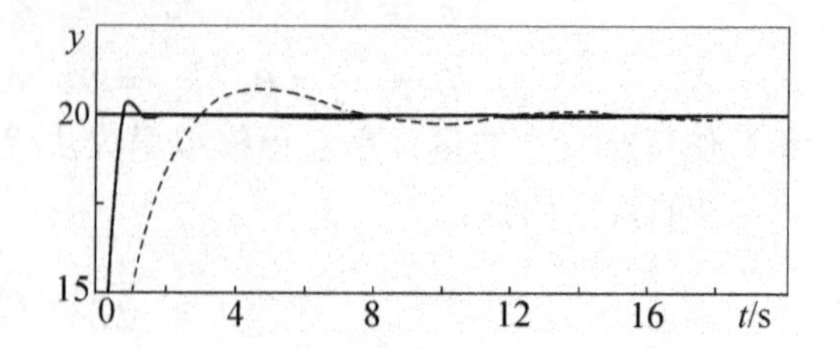


图 9-7　局部连续时变修正因子法在优化前、后的响应曲线

**表 9-1　模糊表**

| $X_1$ | $Y_1$ | | | | | | |
|---|---|---|---|---|---|---|---|
| | 3 | -3 | -2 | -1 | 0 | 1 | 2 |
| -4 | 0 | -3 | 2 | -3 | -1 | 0 | -3 |
| -3 | -2 | -3 | 0 | 1 | -2 | 1 | 2 |
| -2 | 1 | 1 | 1 | 2 | 0 | 4 | -3 |
| -1 | 2 | -3 | 4 | -1 | -3 | -4 | -4 |
| 0 | -1 | -2 | 2 | 1 | 0 | -4 | 2 |
| 1 | -3 | -2 | 3 | -3 | -2 | 4 | -1 |
| 2 | -4 | -1 | 0 | 3 | 3 | -1 | 0 |
| 3 | -4 | 3 | 0 | 2 | -4 | 2 | 3 |
| 4 | -4 | 4 | -3 | 1 | -1 | 3 | 3 |

（2）大时滞对象 $\dfrac{e^{-100 \cdot T_s \cdot s}}{(s+1)(3s+1)}$，输入 $r=1$，采样周期 $T_s=0.1$ s，在 $t=60$ s 突加干扰，图 9-8 中的实线是用自寻优模糊控制器得到的（全局连续）。

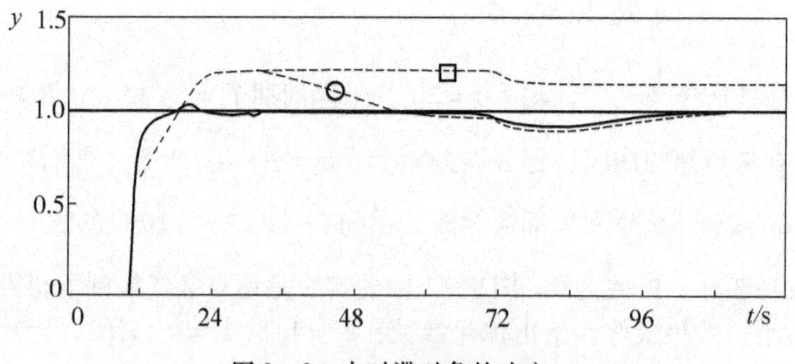


图 9-8　大时滞对象的响应

给出优化参数：$k_p=0.08$，$k_i=0.001725$，$\alpha(0)=0.362$，$\beta=0.09$，$k_{ce}=620$，$k_h=225$，$k_e=4$。图 9-8 中一条带方框的虚线是用文献[106]的方法得到的，另一条较好的有圆环标记的虚线是采用文献[106]的模糊表 1，用局部连续法得到的。

本章用双程模拟退火算法优化模糊表和关键参数，提出了参数协同优化的思想。仿真实验表明：采用该方案的被控对象的输出响应曲线具有上升快、调节时间短、超调量小、抗干扰能力强的特点。这是传统的控制方法所无法实现的。

# 9.4　对复杂对象的控制

模糊控制最大的优点是无须对象的数学模型，能控制比较复杂的对象。这也是模糊理论的创始人扎德教授提出模糊理论的初衷。本章将利用第六章给出的自寻优模糊控制器对一些复杂对象，诸如非最小相位零点对象、非最小相位极点对象、非线性对象、非线性模型未知且参数时变对象进行模糊最优控制。非线性对象的控制一直是自动控制的难点，尤其是对非线性模型未知且参数时变对象的控制目前还未见报道。

## 9.4.1　查表型自寻优控制器控制复杂对象

系统的框图如图 9－1 所示。

被控非线性对象的模型为 $\ddot{y} + (|\dot{y}| - 1.5) \cdot \dot{y} + y = u$。

给定阶跃输入 $r = 1$，图 9－9 中的虚线是被控对象的阶跃响应。显然这是一个不稳定的响应过程。图 9－9 中的实线是自寻优模糊控制器的响应曲线，采样周期为 0.01s，在 4s 时突加相当给定值 160% 的干扰，曲线仅有一个很小的波动，然后恢复正常。可见抗干扰能力很强。

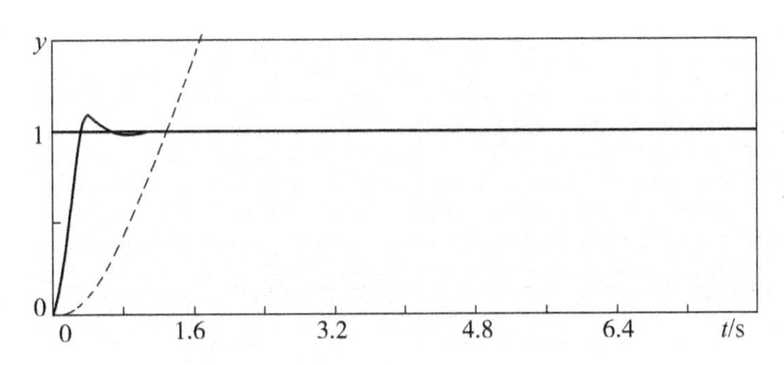


图 9－9　非线性对象 1 的响应曲线

图 9－10 是寻优过程的退火曲线，其纵坐标为目标函数 $f$，横坐标为寻优次数 $n$。图中在 $f = 2500$ 附近有一个局部极小值，系统克服了这个局部极小值。

优化参数为 $K_p = 7.2, K_i = 0.0144$，$k_{ce} = 107.42$。

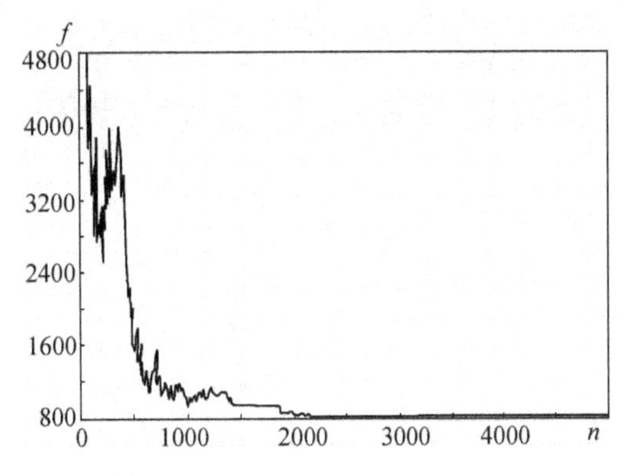


图 9－10　寻优过程的退火曲线

## 9.4.2 时变修正因子自寻优控制器控制复杂对象

系统的框图如图 9－5 所示。

(1)非最小相位零点对象 $\frac{k\cdot(1-\rho s)}{(Ts+1)^2}$，输入 $r=1$，采样周期 0.05 s。

当 $\rho=1.4, T=1$，在 $t=30$ s 突加干扰。用 PID 控制器(各参数都调到最佳状态)得到图 9－11 的虚线，用自寻优控制器得到图 9－11 的实线(在全局范围用局部连续法)。考虑到该对象在启动时有一个向负方向的运动，在优化时给 $f$ 再加了一个输出下限罚函数，保证 $y>-0.2$。

优化参数：$k_p=0.22582$，$k_i=0.008385$，$\alpha(0)=0.4$，$\beta=0.0104$，$k_{ce}=11.78$，$k_h=230$，$k_e=3.1$。

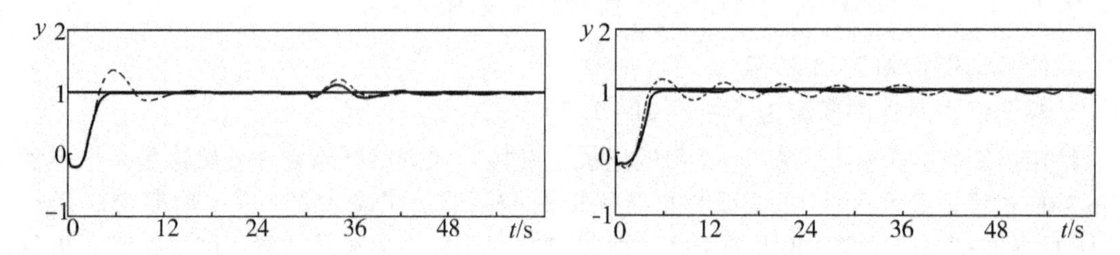


图 9－11 非最小相位零点对象的响应曲线 图 9－12 参数变化后非最小相位零点对象的响应曲线

假设该对象经过一段时间后，模型参数发生变化：$\rho=1.7, T=1$，若控制参数不重新优化，效果变差，如图 9－12 中的虚线(不加干扰)。重新优化后得到图 9－12 的实线，效果恢复最优。可见自寻优控制器有很好的自适应能力。

优化参数：$k_p=0.19356$，$k_i=0.00774$，$\alpha(0)=0.35$，$\beta=0.01248$，$k_{ce}=13.64$，$k_h=35$，$k_e=4$。

(2)非最小相位极点对象：$\frac{1}{(T_1s+1)(T_2s-1)}$。其中 $T_1=1$，$T_2=5$，有一个不稳定的极点。输入 $r=1$，其阶跃响应是不稳定的，如图9－13虚线所示。图 9－13 的实线是自寻优控制器的响应(在全局范围用连续法)，采样周期 0.04 s。在 $t=2$ s 时突加相当于 $r$ 的 70% 的干扰。系统输出变化很小，可见抗干扰性强。

优化参数：$k_p=12$，$k_i=0.0521$，$\alpha(0)=0.324$，$\beta=0.0055$，$k_{ce}=60$，$k_h=16$，$k_e=4$。(为防止积分饱和，从 $|e|\leqslant 0.5$ 开始积分)。

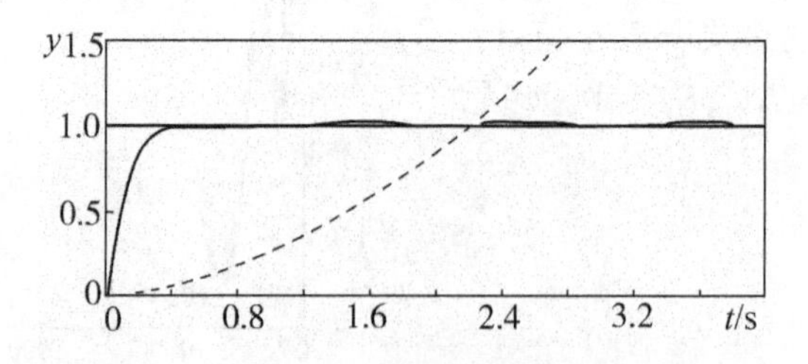


图 9－13 非最小相位极点对象的响应曲线

该系统的鲁棒性也很强，即使自寻优调节器不调整参数，$T_2$ 从 2 变到 20，系统仍是稳定的，效果也不差。

(3)非线性模型未知对象：

$$\ddot{y} - \sin\dot{y} + (m_1 + m_2 \cdot \dot{y}) \cdot y^2 - (m_3 + m_4 \cdot y) \cdot u = 0$$

当 $m_1 = -0.1$，$m_2 = 1.5$，$m_3 = 1$，$m_4 = 0.2$ 给定 $r = 1$，对象的阶跃响应如图 9－14 的虚线所示，是发散的。假定不知其数学模型且没有任何经验，用自寻优控制器对其进行控制(在全局范围用连续法)，得图 9－14 的实线。采样周期 $T_s = 0.02$ s。在 3 s 突加 100% 的干扰，曲线波动小，抗干扰性强。即使自寻优调节器不调整参数，对象参数 $m_{1\sim4}$ 也可在 ±10% 内变化，系统仍是稳定可控的，所以鲁棒性好。

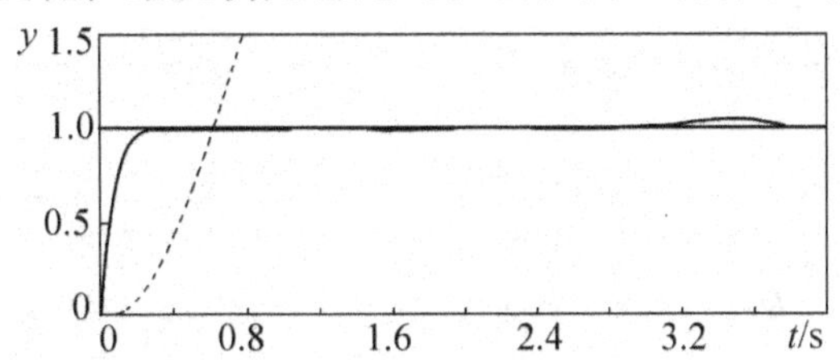


图 9－14　非线性模型未知对象的响应曲线

优化参数：$k_p = 10$，$k_i = 0.00271$，$\alpha(0) = 0.1$，$\beta = 0.205$，$k_{ce} = 59$，$k_h = 49$，$k_e = 4$。在全局范围内用连续算法，积分从 $|e| \leqslant 0.5$ 开始。

(4)非线性模型不确定对象：

$$\ddot{y} = \sin\dot{y} - \left(0.1 \cdot \sin\frac{\pi}{2}t + 1.5 \cdot \dot{y}\right) \cdot y^2 + (1 + 0.2 \cdot y) \cdot u$$

给定 $r = 1$，对象的阶跃响应如图 9－15 的虚线，是发散的。假定不知其数学模型且没有任何经验，用自寻优控制器对其进行控制(在全局范围用连续法)，得图 9－15 的实线。采样周期 $T_s = 0.02$ s。在 2.5 s 突加 24% 的干扰，曲线波动小。

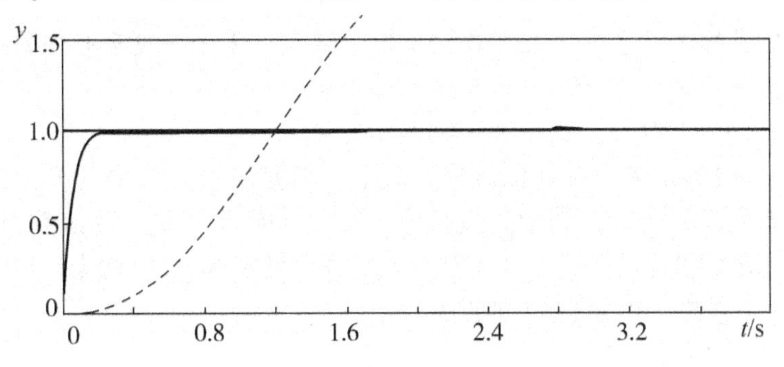


图 9－15　非线性模型不确定对象的响应曲线

优化参数：$k_p = 12$，$k_i = 0.00141$，$\alpha(0) = 0.116$，$\beta = 0.079$，$k_{ce} = 60$，$k_h = 38$，$k_e = 4$。

在全局范围内用连续算法，积分从 $|e| \leqslant 0.5$ 开始。

图 9－16 是寻优过程的退火曲线。该退火曲线是在对被控对象一无所知、没有任何控制经验的情况下得到的。假设我们有一定的控制经验，了解一些控制参数的大致范围，如取 $k_p = 9$，$k_i = 0.00241$，$\alpha(0) = 0.372$，$\beta = 0.121$，$k_{ce} = 37.0$，$k_h = 34.0$。

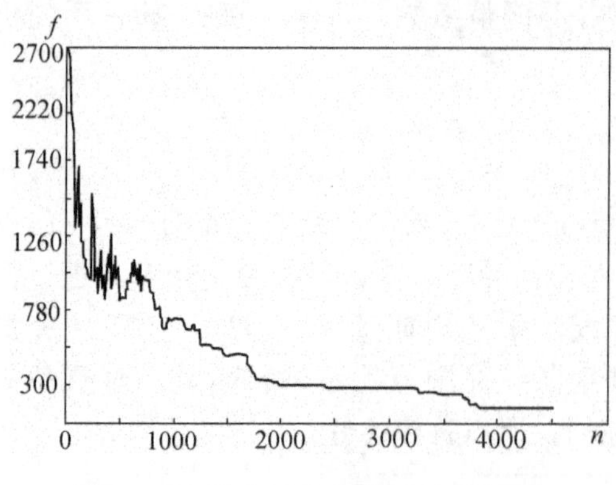


图 9-16 退火寻优曲线(无任何经验)

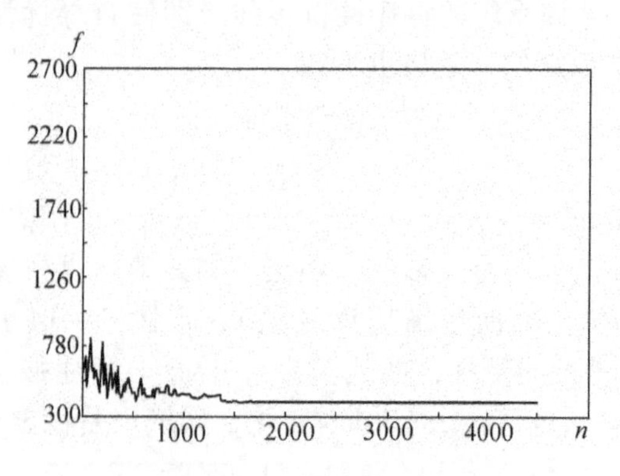


图 9-17 退火寻优曲线(有一定经验)

以此为起点进行退火寻优，得到的曲线如图 9-17 所示，退火过程大大缩短。

凡经过优化的被控对象的响应曲线都有上升时间短、超调量很小的特点。超调量和上升时间是一对矛盾，一般的控制方法很难解决。对非线性对象的控制目前还没有普遍适应的方法，一般要知道对象的数学模型，而非线性数学模型往往很难获得，还要满足各种约束条件。关于非线性模型未知且参数是变对象的最优控制目前还未见报道。本章采用的模糊自寻优控制器较好地克服了以上缺点。

### 9.4.3 基于极值元素优化算法的自寻优模糊控制器

在上面几节中，我们都是用双程模拟退火算法优化模糊控制器，对于比较简单的被控对象，其极值点比较少，优化容易，双程模拟退火能取得满意的优化效果。对于比较复杂的对象，如非线性对象，其优化就比较难，初始参数(如温度、下降系数、起始点等)的设置非常重要，经过一次优化就想取得满意的结果是很难的，往往需要多次优化，不断调整参数。

第六章提出了极值元素法，该方法没有以上缺点，无论速度还是精确度都远优于模拟退火法，尤为重要的是全局性好，算法的结果与初始条件基本无关，本节将用其来优化模糊控制器，同时与模拟退火、遗传算法做比较。

采用图 9-1 中的查表型自寻优模糊控制器，但是将模块 2 中的模拟退火改为极值元素法。用极值元素组合法对其中的模糊控制表($7\times9$)及一些关键参数(误差的量化因子 $K_e$，误差变化率的量化因子 $K_{ce}$，比例常数 $K_p$，积分常数 $K_i$)进行优化。共有 $7\times9+4=67$ 个变量需要优化，这是一个难度很大的搜索。

非线性时变对象微分方程如下：

$$\ddot{y}-\sin\dot{y}+\left(0.1\sin\frac{\pi}{2}t+1.5\dot{y}\right)\cdot y^2-(1+0.2y)\cdot u=0$$

其中，$y$ 为系统输出；$t$ 为时间；$u$ 为控制器输出；给定输入为方波。

目标函数 $J=\int_0^{+\infty}t\cdot|e|\cdot \mathrm{d}t$。离散化：

$$J=\sum_{i=1}^{n}i\cdot T_s^2\,|e(i)| \tag{9-7}$$

其中，$e$ 为误差；$T_s$ 为采样周期；$i$ 为采样序号。

假设在寻优中不知道对象的模型，在不同的起始点，分别用 3 种方法求 $J$ 的最小值，计算 10 次(因为遗传算法时间太长，次数如果太多很花时间)，取平均值，如表 9－2 所示。

**表 9－2　模糊控制器的优化**

| | 极值元素法 | 模拟退火法 | 遗传算法 |
|---|---|---|---|
| 平均结果 | 7305.87 | 11647.58 | 8620.95 |
| 平均时间(s) | 191.1 | 3991.0 | 17971.3 |

该模糊系统的运行过程的仿真如图 9－18 所示。经过极值元素法的优化，系统的响应曲线具有上升快、调节时间短、超调小的优点。在 $t=3.5$ s 时，加入一个强干扰，曲线波动很小，可见系统抗干扰性好。这些都是传统方法无法实现的。图 9－19 中所示是经过遗传算优化法的响应曲线，各方面的性能都不如极值元素法。

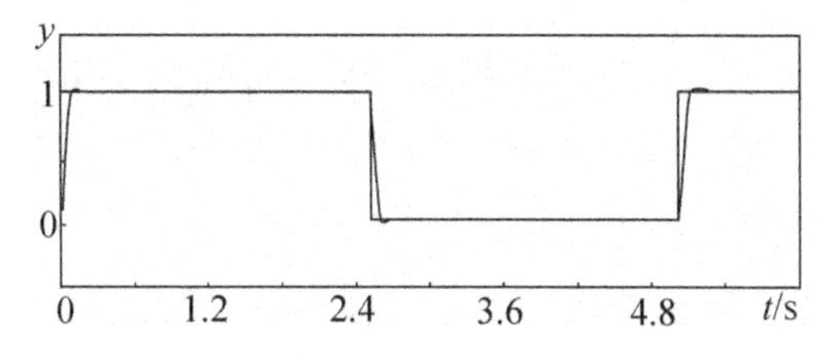


图 9－18　极值元素优化后的响应曲线

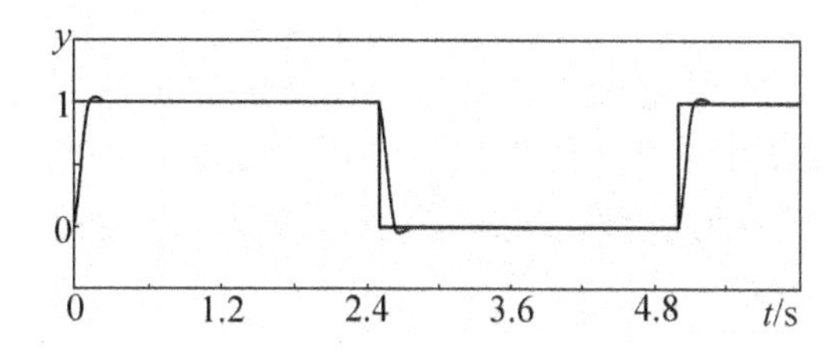


图 9－19　经遗传算法优化后的响应曲线

这个被优化的非线性模糊控制系统有以下特点：

(1)局部连续模糊算法不是处处可导的函数，甚至是不连续的，这一点从第八章的分析就可以看出来。

(2)通过多次仿真结果的比较，我们发现被优化的六十七维变量中只有少部分是可组合的，但是极值元素法仍然表现优异，这主要是排雷策略的贡献。

这个例子说明对于被优化函数，不论其是否可导，是否可组合，极值元素法都适用。

**本章小结**

对非线性对象的控制目前还没有普遍适应的方法。一般算法复杂且仅仅局限于某一类特殊对象。本文提出的自寻优模糊控制器是一种自适应的、最优的模糊控制器，其最大优点是具有普遍的适应性，对很复杂的对象也有好的控制效果。不论对象如何，控制器的结构和算法无须改变，系统自动寻找最优参数，大大减轻人的工作量。

模糊控制器的优化是一个复杂的过程，需要优化的参数很多，本章高达六十七维。极值元素法优化速度快，效果好；模拟退火优化速度中等，效果一般；遗传算法速度极慢，效果较好。这一结论与第六章是一致的。

# 第十章　模糊 CMAC 神经网的优化

利用各种优化算法对神经网络本身进行优化一直是神经网络研究的热点，也是优化算法的重要应用。优化神经网络结构是神经网络学习领域一个重要和新兴的研究方向，存在许多亟待解决的问题。

神经网络学习包括两方面：拓扑结构和联接权的变化。但一般的神经网络学习算法仅仅改变网络的权值，而拓扑结构是不变的，即静态的，从开始到学习结束整个过程，均不改变它。这有以下缺点[21]：

(1)对用户提供的参数(学习率、动量项等)很敏感；

(2)学习期间出现局部最小；

(3)没有一种有效地选择初始拓扑结构(结点数、层数)的方法。

目前的研究已证明，动态拓扑结构可以解决以上几个问题。

设计神经网络拓扑结构是个非常重要的问题。网络中隐结点少，学习过程可能不收敛；过多了，长时间不收敛，还会由于过拟合，造成网络的容错性能下降。每个应用问题需要有适合它自己的网络结构。在一组给定的性能准则下优化神经网络结构是个复杂的问题。

## 10.1　进化算法优化神经网络

近年来，神经计算和进化计算领域很活跃，有新的发展动向，将推动计算理论向计算智能化方向发展。神经网络按其结构可分为两大类，即前向神经网络和反馈神经网络。目前，在前向神经网络的学习中普遍采用的是反向传播学习算法(即 BP 算法)及其变种。这类算法从本质上讲均属于梯度下降算法，因而不可避免地具有以下一些难以克服的缺陷，如易陷于局部最小值、误差函数必须可导、受网络结构限制等等。为了克服上述梯度下降算法存在的缺陷，近年来出现了使用进化计算来优化神经网络的方法。神经网络的进化包括网络结构的进化和网络连接权重的进化。网络进化的出发点是将网络的学习过程看作是在结构空间(或权值空间)中搜索最优结构(或权值集合)的过程。由于进化计算是一类全局随机搜索算法，因此它们能够在复杂的、多峰值的、不可微的大矢量空间中有效地寻找到全局最优值，从而弥补传统神经网络学习算法存在的不足。另外，对于神经网络的进化学习算法而言，只要能建立起正确的适应度函数，就可对各种结构的网络实施有效的学习，从而打破网络结构和神经元类型对学习算法的限制。正是由于这些优势，神经网络的进化学习正日益成为智能计算领域中的研究热点，并已在某些领域中得到成功的应用。

ANN 的学习与泛化能力还不能令人满意，适应能力较差，网络构造困难。因此，研究拓扑结构的优化设计与高效的学习算法已成为 ANN 工程应用面临的两大问题[107-108]。

进化算法(EA)以其独特的按自然进化法则、群体优化搜索的优越性，为上述问题的解决提供了新思想和新途径。将进化算法与神经网络的连接权学习、神经元及网络结构的进化有机结合，得到鲁棒适应性强的神经网络，即进化神经网络(ENN)，它同时具有神经网络的结构并行与进化算法的巨并行特点。近几年，ENN 研究已成为 ANN 领域的一个新的研究热点，初步研究已取得了许多有价值的结论和结果，为工程上的广泛深入应用带来了充满希望的前景。

#### 1. GA 进化方法

在 GA 进化过程中，首先要将问题解空间映射到二进制编码空间；在确定个体适应值时，再将二进制编码的位串转换到问题解空间，因此存在解空间与编码空间的转换问题。GA 通过选择、交换、变异三个基本遗传算子，实现种群进化。其中交换是主要的遗传算子，变异是辅助性算子。GA 算法详见文献[5, 109-110]。

GA 进化方法可分为两类：一类是二进制编码 GA，另一类是实数编码 GA。用 GA 方法实现神经网络的进化学习是 ENN 研究中提出最早、获得结果最多的一类[111-126]。

#### 2. EP 进化方法

与 GA 进化方法不同的是，EP 方法将解空间个体编码成实数值；另外，只用变异而不用交换操作，其变异操作也与 GA 的不同。EP 进化的个体是一组实数目标变量及一组相关的策略变量，记为$(x_i, \sigma_i)$，$i \in \{1, \cdots, N\}$。目标变量用于确定某一特定问题的个体适应值，策略变量用于控制变异处理。标准 EP 采用高斯变异算子。近年来，用 EP 进化神经网络研究取得了很多好的结果[127-134]。

#### 3. ES 进化方法

在 ES 中，进化的个体也是由一组实数目标变量及相关的一组策略变量构成，这一点与 EP 相似；通过对实数个体施加选择、交换、变异操作，实现种群进化。用 ES 进化神经网络的研究报道极少[135]。

#### 4. GP 进化方法

GP 进化的个体是用 LISP 语言表达的计算机程序——一种更自然、基于知识的表示，其结构是语法树，通过选择、交换和变异实现进化。GP 的交换是基于语法树的子树交换，这一点与 GA 不同。

GP 是近年来 EA 中发展最引人瞩目的一个分支，主要用于优化搜索求解某一特定问题的计算机程序。用 GP 进化神经网络的研究[136-140]，显示出一定的优越性。

## 10.2　Tabu 算法优化神经网络

Tabu 算法（Tabu 搜索）是 F. Glover[8] 提出的一种启发式寻优的方法。自提出以来，Tabu 搜索已在许多问题上取得了优于其他方法的结果，引起了人们越来越大的关注[141-142]。因为 Tabu 算法是一种比较新的寻优方法，有关 Tabu 算法优化神经网络的文章较少，文献[143]设法构造一种基于 Tabu 搜索策略的神经网络结构，详细介绍了这种神经网络的各个组成部分，说明了该网络的优缺点。最后，用两个例子检验这种神经网络，证明了它的有效性。

## 10.3 模拟退火优化神经网络

模拟退火早已用来优化神经网络，但是模拟退火算法本身基本没有发展，有关的新研究成果不多。主要是将模拟退火与其他方法相结合，如模拟退火进化规划算法[144]。

有关神经网络的优化是一个大课题，本章仅通过优化神经网络来验证优化算法，只研究小脑关节模型 CMAC 的权值优化，分别用3种方法进行优化，并比较其结果。

### 10.3.1 小脑模型关节控制器 CMAC

小脑模型关节控制器(CMAC)，能够学习任意多维非线性映射，迄今已广泛应用于函数逼近、模式识别与机器人控制等许多领域。模糊 CMAC(小脑模型关节控制器)神经网络[145]将模糊推理与 CMAC 的连接权结构相结合，通过 BP 算法学习模糊规则，可克服 CMAC 的大多数缺陷，特别是泛化能力与存储容量的矛盾，且所需存储容量小。但是 BP 算法(梯度下降法)容易陷入局部极小，且有很多参数要反复试探。在文献[145]中，为了求得可计算的梯度表达式，进行了近似的线性化，但给结果带来了误差。

### 10.3.2 模糊 CMAC 神经网络

模糊 CMAC 神经网络[145]由连续输入层、模糊化层、模糊逻辑层、模糊归一层、输出层五层节点组成的，模糊 CMAC 神经网络的结构如图 10-1 所示，其中 $x_1, x_2, u$ 分别为整个网络的输入输出，$N(j)$ 为第 $j$ 层节点数。$a_i^{(j)}, b_i^{(j)}$ 分别为第 $j$ 层的第 $i$ 个节点的输入变量、输出变量。$w_1, w_2, \cdots, w_{N(4)}$ 为输出层权值，每层的节点函数描述如下。

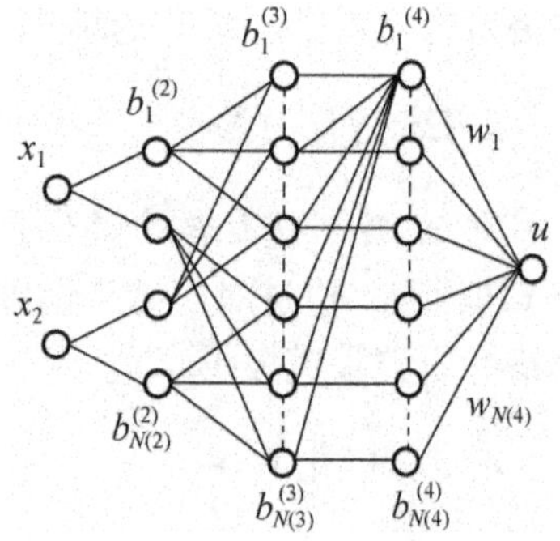

图 10-1　CMAC 神经网

**1. 连续输入层**

连续输入层节点与输入向量的各个分量相连接，只把输入分量传给下一层节点，无函数计算功能。即：

$$b_i^{(1)} = a_i^{(1)} = x_i, \qquad i = 1,2,\cdots,n \tag{10-1}$$

其中，$n$ 为输入分量的个数。

**2. 模糊化层**

该层每个节点对应于一个模糊语言变量，如正大(PB)、正中(PM)、正小(PS)、零(Z)、负小(NZ)、负中(NM)、负大(NB)等，节点函数可以为铃型隶属函数[145]，也可以用其他函数。经过节点函数的处理，得到输入量的隶属度。该层节点数：

$$N(2) = \sum_{i=1}^{n} N_i(2) \tag{10-2}$$

其中，$N_i(2)$ 为第 $i$ 个输入分量相应的语言变量个数。第 $i$ 个输入分量的第 $j$ 个语言变量对应的节点的输出为 $b_{i,j}^{(2)}$。

### 3. 模糊逻辑层

该层每一节点对应一条模糊逻辑规则，其节点函数完成模糊逻辑规则的前提条件的匹配运算，使模糊 CMAC 神经网络得到点火强度，这里取小运算：

$$b_i^{(3)} = b_{1,k}^{(2)} \wedge b_{2,l}^{(2)} \wedge \cdots \wedge b_{n,m}^{(2)} \tag{10-3}$$

其中，$i = 1,2,\cdots,N(3)$；$k = 1,2,\cdots,N_1(2)$；$l = 1,2,\cdots,N_2(2)$；$\cdots$；$m = 1,2,\cdots,N_n(2)$，$b_{n,m}^{(2)}$ 的含义见 10. 3. 2 节 $b_{i,j}^{(2)}$。

其中节点数为 $N(3) = \prod_{i=1}^{n} N_i(2)$。

### 4. 模糊归一层

该层节点实现匹配度(指上层的点火强度)的归一化运算，即：

$$b_i^{(4)} = \frac{b_i^{(3)}}{\sum_{j=1}^{N(3)} b_j^{(3)}} \quad i = 1,2,\cdots,N(4) \tag{10-4}$$

该层的节点数与上层的相同，即 $N(4) = N(3)$。

### 5. 输出层

输出层只有一个节点，它完成归一化后的匹配度与连接权 $w_i$ 的加权线性和运算，求出准确的输出值：

$$u = \sum_{i=1}^{N(4)} b_i^{(4)} w_i \tag{10-5}$$

由于模糊 CMAC 神经网络仅模糊归一层与输出层之间有权系数，这样通过训练算法修改的权系数较少，有利于其提高学习或控制速度。

### 6. 权值修正

文献[145，146]采用梯度下降法修正权值，容易陷入局部极小，且有很多参数要反复试探。文献[145，146]采用公式如下：

$$J = \frac{1}{2}(y_p - y)^2 \tag{10-6}$$

其中，$y$ 为实际值，$y_p$ 为期望值。

作为性能指标函数是不适合控制系统的。控制系统常用的性能指标函数是

$$J = \int_0^{+\infty} t \cdot |y_p - y_t| \cdot \mathrm{d}t$$

离散化：

$$J = \sum_{i=1}^{n} i \cdot T_s^2 |y_p - y_i| \tag{10-7}$$

其中，$y_i$ 为每次采样的实际值，$y_p$ 为期望值，$T_s$ 为采样周期，$i$ 为采样序号。因为与采样时间相关，很难由式求得权值的修正表达式。基于以上 2 个原因，本节分别采用双程模拟退火、遗传算法、极值元素法对权值修正，并比较结果。

## 10.4 基于双程模拟退火算法的 CMAC 自寻优调节器

系统的结构如图 10－2 所示，其中 $r$ 为给定值，$u$ 为 CMAC 输出，$y$ 为对象输出，$e$ 、$\Delta e$ 分别为误差和误差对时间的导数。

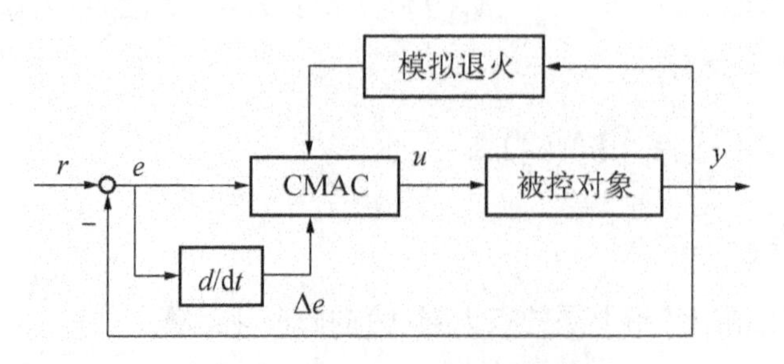


图 10－2　CMAC 自寻优控制器

将 CMAC 的权值组成一个矩阵 $\boldsymbol{M}$，此外还有一些关键的参数如比例常数 $k_p$，积分常数 $k_j$，模糊 CMAC 的量化因子 $k_e$、$k_{ce}$。上述 4 个参数的整数化值和矩阵 $\boldsymbol{M}$ 一起组成一个 $(V_1+1)\times V_2$的增广矩阵 $\boldsymbol{M}^*$ 如下：

$$\boldsymbol{M}^* = \begin{bmatrix} & & & \boldsymbol{M} & & & \\ \cdots & \cdots & \cdots & \cdots & \cdots & \cdots & \cdots \\ k_p & k_i & k_e & k_{ce} & \times & \times & \times \end{bmatrix} \quad (10-8)$$

其中 × 位不起作用。$\boldsymbol{M}$ 中的元素范围为[ －10，10]间的整数。在计算目标函数和进行控制时，要将 $\boldsymbol{M}$ 和 $k_p$ 等 4 个参数分乘以不同的系数，“还原”为适当范围内的实数。将 $\boldsymbol{M}*$ 作可行解，用双程模拟退火法优化。目标函数如式(10－7)。

## 10.5 仿真研究及对比

模型未知非线性时变对象：

$$\ddot{y} = \sin\dot{y} - \left(0.1 \cdot \sin\frac{\pi}{2}t + 1.5 \cdot \dot{y}\right) \cdot y^2 + (1 + 0.2 \cdot y) \cdot u \quad (10-9)$$

给定阶跃输入 $r=1$，假定不知其数学模型且没有任何经验，用自寻优控制器对其进行控制得图 10－3 的实线。采样周期 $T_s = 0.02$ s。在 2.5 s 突加强度为给定值 40% 的干扰，曲线波动小。图中的虚线是采用梯度下降法修正权值得到的，有静态误差且抗干扰性差。图 10－4 是自寻优控制器的退火曲线，在起始阶段波动很大，说明该非线性模型的解空间很复杂，这也是梯度下降法效果不佳的原因。

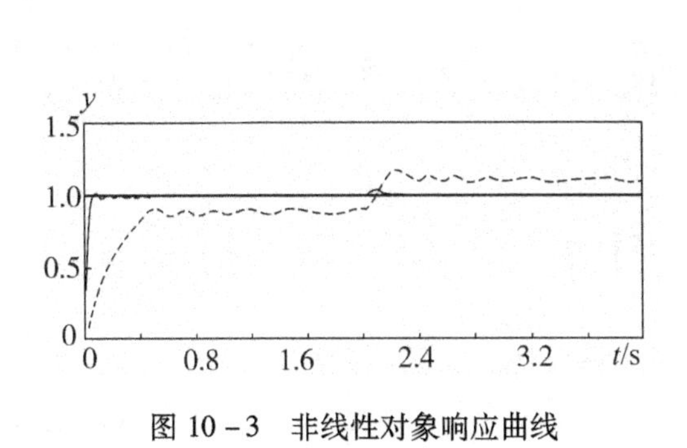


图 10－3　非线性对象响应曲线

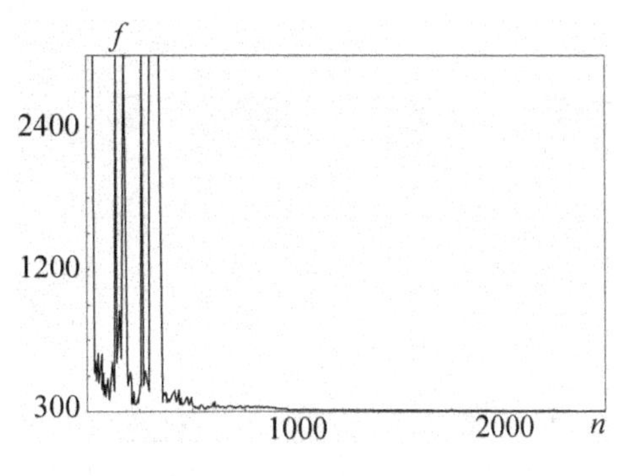


图 10－4　退火过程曲线

## 10.6　基于遗传算法和极值元素法的 CMAC 神经网

上节采用模拟退火优化 CMAC 神经网。需要指出的是：这是经过多次试探性的优化，找到了初始参数设置的规律后，才得到理想的优化结果。本节采用遗传算法、极值元素法分别进行优化，系统的框图与图 10－2 相似，只是将图 10－2 中的模拟退火改成遗传算法或极值元素法。在不同的起始点，分别用极值元素法、双程模拟退火法、遗传算法计算 10 次(因为遗传算法时间太长，次数如果太多很花时间)，取平均值，如表 10－1 所示。

表 10－1　CMAC 神经网络的优化

| | 极值元素法 | 模拟退火法 | 遗传算法 |
|---|---|---|---|
| 平均结果 | 16.0896 | 7342.3415 | 367.4942 |
| 平均时间/s | 176.6 | 2288.9 | 25508.3 |

仿真总结：遗传算法的时间极长，优化效果较好，模拟退火的每次结果相差很大，重复性低，有时候也能找到一个好的结果，但是平均值不佳。极值元素法时间很短，不到遗传算法的百分之一，效果很好。比较第九章和本节的仿真，可以看出对于三种优化算法的结论是相同的。

**本章小结**

利用模拟退火、遗传算法、极值元素法 3 种优化该算法分别对模糊 CMAC(小脑模型关节控制器)神经网络的权值进行优化，并构成了一种新型模糊 CMAC 自寻优控制器，有效地克服了梯度下降法陷入局部极小的缺陷，由此构成的自寻优控制器具有以下优点：

(1)无需对象的数学模型，无需经验；

(2)上升时间短，超调量很小；

(3)抗干扰性强，鲁棒性好；

(4)有广泛的适应性，不仅适于线性稳定对象，还适于非线性模型未知且参数时变对象。该控制器很有工程实用价值。

# 第十一章　基于最小生成树的多序列比对算法

## 11.1　引言

近20年来，分子生物学发展的一个显著特点是生物信息的剧烈膨胀，迅速形成了巨量的生物信息库。生物信息学就是在生物信息急剧膨胀的压力下诞生的。具体而言，生物信息学作为一门新的学科，是把基因组DNA序列信息分析作为源头，在获得蛋白质编码区的信息后进行蛋白质空间结构模拟和预测，然后依据特定蛋白质的功能进行必要的药物设计。因此序列分析、序列比对是生物信息学的基础。其算法设计和实现极为重要，已经广泛受到生物、计算机、数学等相关领域科学家的关注。

生物序列比对就是把两个或多个字符序列对齐，逐步比较其字符的异同，以发现其共同的结构特征的方法。多序列比对就是将一组序列同时进行对比，目前广泛应用于估计蛋白质的折叠类型的总数、分子进化树的建立和蛋白质结构的预测、分析，以便设计出新的蛋白质等。两个序列的比对问题可以用动态规划算法求得其最优解，但多序列比对问题的求解至今仍然是计算生物学中尚未解决的难题，已经证明多序列比对问题是一个NP困难问题[151]，想要找到复杂性为多项式的精确解算法是不可能的。因此，近年来人们致力于研究它的近似解，并取得了不少富有意义的成果[149,151-152]。

最初的多序列比对算法基于动态规划法，因为该方法所需的时间和空间复杂性分别是$O(2^nL^n)$和$O(L^n)$，$n$表示序列数目，$L$表示序列的长度(假设序列长度都是$L$)，所以实际数据利用多维的动态规划矩阵进行序列比对不太现实。因此目前大多数多序列比对算法是启发式算法，启发式算法分为两类：一类是以Feng-Doolittle方法为代表的渐进算法，另一类是基于遗传算法、模拟退火等算法的迭代方法。目前使用最多的是渐进法，大部分基于Feng-Doolittle法。

本章在以上研究的基础上，提出了一种基于最小生成树的多序列比对算法渐进算法，主要创新的是，首次用最小生成树来产生系统进化指导树，同时构造了一种新的序列组比对算法，实验结果表明该算法在速度和精度上取得了良好的结果。

## 11.2　最小生成树

在现实世界中有许多现象、许多事物、许多状态是用某种图形来描述的。例如：我们用图的结点来表示集合的元素，用图的边表示关系，所得到的是关系图。即是说，集合和在集合上的关系可以用图来描述。如果我们考虑最一般的图形，只关心图形的结点和连接两个结点的连线，不关心具体的形状、连线的长度和结点的位置，这种最一般的图形就可以表示某种结构。

首先我们来讨论图的定义。

图是一种离散结构，它是最基本的抽象结构——集合的一种特殊的结构，在这种结构中，不仅需要了解某些对象是否是属于某集合，同时还需要了解两个对象之间是否有某种关系。在我们要了解的关系中特别有意义的是等价关系和序关系。我们要讨论一个既要描述对象的从属性(即性质决定从属性)，又要能描述两个对象之间的关系的结构，这种结构在集合有限且规模不是很大的情况下可以用图形来表示。但并不是只有能用有限图形表示的结构才是图，满足图的定义而并不一定能用有限图形表示的结构仍然是图。现在给出图的一般概念[158]。

**定义 11.1**　一个被称为图的结构是一个三元组$\langle V(G), E(G), \psi\rangle$，其中$V(G)$是一个非空的结点集合，$E(G)$是边的集合，$\psi$为$E(G)\to\{\{v_1,v_2\}(v_1\in V$且$v_2\in V)\}$的函数。为此，集合$E(G)$的元素$e$可表示为对偶$\langle v_i, v_j\rangle$，在不强调边的方向时(即为无向边时)$\langle v_i, v_j\rangle$又可表示为$(v_i, v_j)$。在这样的约定下，可将图的定义简化为二元组$\langle V(G), E(G)\rangle$。

**定义 11.2**　设$G=\langle V, E\rangle$为某图，若集合$A\subseteq V$，且对于集合$A$，存在着映射$\Gamma_A$，对于$x\in A$，$\Gamma_A x=\Gamma x\cap A$，则$G_A=\langle A, E_A\rangle$称为图$G$的一个子图。

图中的边$e_i$总是看作与两个结点关联，而且给出了所有的边就描述了映射$\Gamma$，因此一个图亦可简记为$G=\langle V, E\rangle$，其中$V$为结点集，$E$为联结点的边集。

若边$e_i$与无序偶$(v_j, v_k)$相关联，则称边为无向边。若边$e_i$与有序偶$(v_j, v_k)$相关联，则称边为有向边。其中$v_j$称为$e_i$的起始结点；$v_k$称为$e_i$的终止结点。

每一条边都是无向边的图称为无向图。每一条边都是有向边的图称为有向图。如果在图中一些边是有向边，另一些边是无向边，这个图称为混合图。

为了本章的需要，下面介绍另外一些概念。在一个图中，两个结点由一条有向边或无向边关联，则这两个结点称为邻接点。在一个图中不与任何结点相邻接的结点，称为孤立点。仅由孤立点组成的图称为零图，仅由一个孤立点构成的图称为平凡图。关联于同一结点的两条边称为邻接边。关联于同一结点的一条边称为自回路或环。

**定义 11.3**　在图$G=\langle V, E\rangle$中，与结点$v(v\in V)$关联的边数称为该结点的度数，记作$\mathrm{de}G(v)$。

**定理 11.1**　每一个图结点度数的总和等于边数的两倍。

$$\sum_{v\in V}\deg(v) = |E|$$

**定理 11.2**　在任意图中，度数为奇数的结点，必定是偶数个。

**定义 11.4**　在有向图中，射入一个结点的边数称为该结点的入度，由一个结点射出的边数称为该结点的出度。结点的出度和入度之和就是该结点的度数。

**定理 11.3**　在任意有向图中，所有结点入度之和等于所有结点出度之和。

**定义 11.5**　含有平行边的任何一个图称为多重图。通常我们把不含有平行边和环的图称为简单图。

**定义 11.6**　简单图$G=\langle V, E\rangle$中若每一对结点间都有边相连，则称该图为完全图。有$n$个结点的无向完全图记作$K_n$。

**定理 11.4**　$n$个结点的无向完全图$K_n$的边数为$n(n-1)/2$。

给定任意含有$n$个结点的图$G$，总可以把它补成一个具有同样结点的完全图，方法是把那些没有连上边的结点添加上边。

**定义 11.7** 给定一个图 $G$，由 $G$ 中所有结点和所有能使 $G$ 成为完全图的添加边组成的图，称为 $G$ 的相对于完全图的补图，或简称为 $G$ 的补图，记作 $G$。

如果图 $G$ 的子图包含 $G$ 的所有结点，则称该图为图 $G$ 的生成子图。

**定义 11.8** 设图 $G'=\langle V', E'\rangle$ 是图 $G=\langle V, E\rangle$ 的子图，若给定另外一个图 $G''=\langle V'', E''\rangle$ 使得 $E''=E-E'$，且 $V''$ 中仅包含 $E''$ 的边所关联的结点。则称 $G''$ 是子图 $G'$ 的相对于图 $G$ 的补图。

下面我们给出树的相关知识。

树是图论中最主要的概念之一，而且是最简单的图之一。它在计算机科学中应用非常广泛。我们在这里将树应用到生物信息学中，首先介绍通信线路图，设 $v_1$，$v_2$，…，$v_{10}$ 是十个城市，线路只能在这里相接。不难发现，只要破坏了几条线路，立即使这个通信系统分解成不相连的两部分。在什么情况下这十个城市依然保持相通？不难知道，至少要有九条线把这十个城市连接在一起，显然这九条线是不存在任何回路的，因而九条线少一条就会使系统失去连通性。

**定义 11.9** 一个连通且无回路的无向图称为树。在树中度数为 1 的结点称为树叶，度数大于 1 的结点称为分枝点或内点。一个无回路的无向图称为森林，如果它的每一个连通分图是树。

**定理 11.5** 给定图 $T$，以下关于树的定义是等价的：

(1)无回路的连通图；

(2)无回路且 $e=v-1$，其中 $e$ 为边数，$v$ 为结点数；

(3)连通且 $e=v-1$；

(4)无回路且增加一条新边，得到一个且仅一个回路；

(5)连通且删去任何一个边后不连通；

(6)每一对结点之间有一条且仅一条路。

**定理 11.6** 任一棵树至少有两片树叶。

有一些图本身不是树，但它的子图却是树，一个图可能有许多子图是树，其中很重要的一类是生成树(图 11-1)。

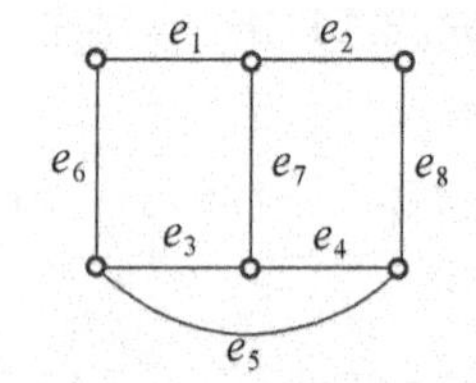


图 11-1 生成树

**定义 11.10** 若图 $G$ 的生成子图是一棵树，则该树称为 $G$ 的生成树。

**定理 11.7** 连通图至少有一棵生成树。

可以看出，一个连通图也许有许多生成树。因为取定一个回路后，就可以从中去掉任何一条边，去掉的边不一样，故可以得到不同的生成树。

假定 $G$ 是一个有 $n$ 个结点和 $m$ 条边的连通图，则 $G$ 的生成树正好有 $n-1$ 条边。因此要确定 $G$ 的一棵生成树，必须删去 $G$ 中的 $m-(n-1)=m-n+1$ 条边。其值称为连通图 $G$ 的秩。

**定理 11.8** 一条回路和任意一棵生成树的补至少有一条公共边。

**定理 11.9** 一个边割集和任何生成树至少有一条公共边。

下面介绍带权的生成树。

设图 $G$ 中的一个结点表示一些城市，各边表示城市间道路的连接情况，边的权表示道路的长度，如果要用通信线路把这些城市连接起来，要求沿道路架设线路时，所用的线路最短，这就要求一棵生成树，使该生成树在图 $G$ 的所有生成树中边权的和最小。

现在讨论一般带权图的情况。

假定图 $G$ 是具有 $n$ 个结点的连通图。对应于 $G$ 的每一条边 $e$，指定一个正数 $C(e)$，把 $C(e)$ 称作边 $e$ 的权，（可以是长度、运输量、费用等）。$G$ 的生成树也具有一个树权 $C(T)$，它是 $T$ 的所有边权的和。

**定义 11.11**　在带权的图 $G$ 的所有生成树中，树权最小的那棵生成树称作最小生成树。

对于连通赋权简单图 $G=(V,E)$，其最小支撑树一定存在(可能不唯一)。找一棵最小支撑树的算法有多种，常见的是 Kruskal 避圈法和破圈法。在这里我们做一个简单的介绍。

- Kruskal 避圈法

设图 $G$ 有 $n$ 个结点，以下算法产生最小生成树。

①选择最小的边 $e_1$，置边数 $i \leftarrow 1$；

② $i=n-1$ 结束，否则转③；

③设定已选定 $e_1$，$e_2$，…，$e_i$，在 $G$ 中选取不同于 $e_1$，$e_2$，…，$e_i$ 的边 $e_{i+1}$，使 $\{e_1, e_2, \cdots, e_i, e_{i+1}\}$ 无回路且 $e_{i+1}$ 满足此条件的最小边。

④ $i \leftarrow i+1$，转②。

图 11－2a 中给出一个带权连通图。粗线表示按上述算法得到的最小生成树。

以上算法假设 $G$ 中边权不相同，实际上，这种算法完全适用于任意边权的情况，若有两条边的权相同，我们可以用其中一条边的权改变一个很小的量，因为 $G$ 中的边是有限的，总可选择这个改变量而不影响最小生成树的最小性。图 11－2b 中的粗线表示了最小生成树。

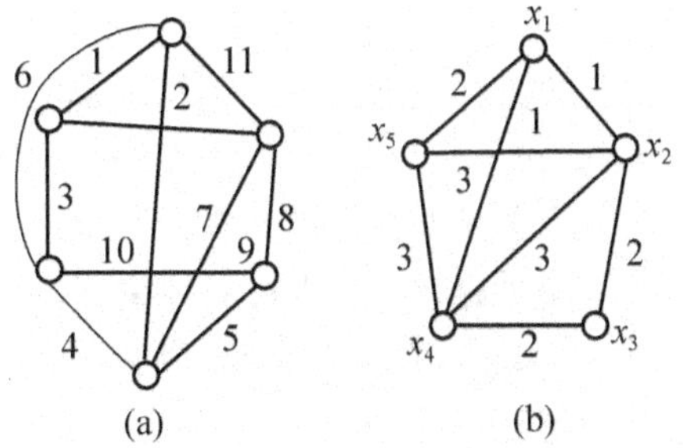

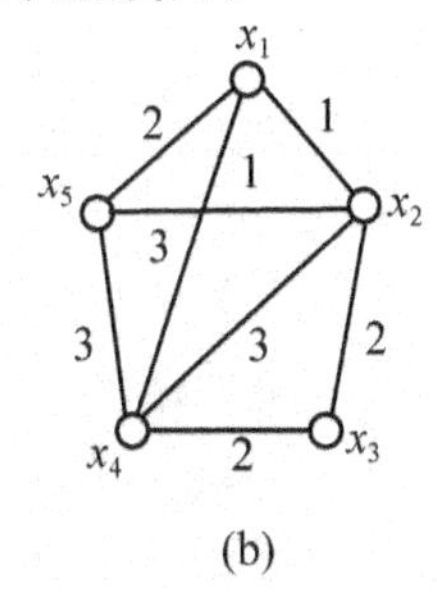


图 11－2　带权连通图

- 破圈法

任取一个圈，从圈中去掉一条权最大的边（如果有两条或两条以上的边都是权最大的边，则任意去掉其中一条）。在余下的图中，重复这个步骤，直到得到一个不含圈的图为止，这时的图表示的便是最小支撑树。

## 11.3　基于最小生成树的多序列比对算法

Feng－Doolittle 的算法对于渐进算法而言是极为重要的算法，该算法的基本思想基于相似序列通常具有进化相关性这一假设。算法过程简单描述如下：

①先将多个序列两两比对构建距离矩阵，反映序列之间两两关系；

②然后根据距离矩阵计算产生系统进化指导树；

③对关系密切的序列进行加权，然后从最紧密的两条序列开始，逐步引入临近的序列并不断重新构建比对，直到所有序列都被加入为止。

目前绝大部分渐进算法基于Feng - Doolittle的算法，它们最大的区别通常是在第二步，就是怎样去构造在所有的系统进化指导树，以确定比对的次序。当然有些在第三步是否加权有些区别，以及打分矩阵的选择等对算法都有很大的影响。基于以上的思想，首先提出了一个新的组比对算法，序列组比对空位罚分中充分使用仿射空隙罚分，但对关系密切的序列进行没有加权，最后达到了一种快速算法。

为了算法的需要，在此给出多序列比的数学模型及相关的知识。

两条序列 $S = s_1 s_2 \cdots s_n$ , $T = t_1 t_2 \cdots t_m$ 间的比对具体操作过程：在序列 $S$ 和 $T$ 中可以插入空格字符“ - ”，得到两个一样长的字符序列 $S'$ 和 $T'$ ，并且 $S'$ 和 $T'$ 中的空格除去后所得到的序列分别为 $S$ 和 $T$；另外不容许同一列中元素都是“ - ”，比对后的效果评价就是字符序列 $S'$ 和 $T'$ 之间的分值(Score)的情况，其中：$\text{Score} = \sum_{i=1}^{l} \delta(S'[i], T'[i])$ ( $\delta(x,y)$ 表示字符 $x$ 和字符 $y$ 比较时的分值)。两条序列比对问题一般化推广即多序列比对。

**定义 11.12**[149]　对于给定的序列组 $S_1, S_2, \cdots, S_k$ ，一次多序列比对是将它们映射为可能包含空格的 $S'_1, S'_2, \cdots, S'_k$ ，其中满足：

(1) $|S'_1| = |S'_2| = \cdots = |S'_k|$ ;

(2)以 $S'_i(i = 1,2,\cdots,k)$ 为行的矩阵，同一列中元素不能都是“ - ”；

(3)序列 $S'_i$ 去除空格后为序列 $S_i(1 \leqslant i \leqslant k)$；$k$ 条序列比对的分值：为 $k$ 条序列中任意两条序列(共有 $C_k^2$ 种可能)的分值 $V$ 之和，用SP来表示：

$$\text{SP} = \sum_{i=1}^{C_k^2} V_i \tag{11-1}$$

要说明的是，对于由 $n$ 个字符组成的一个字符串，串中字符取自于含有 $r$ 个字符的字母表 $\Omega = \{a_1, a_2 \cdots a_r\}$ ；对于DNA序列，$\Omega = \{A,C,G,T\}$ ；对于RNA序列，$\Omega = \{A,C,G,U\}$ ，$\Omega$ 中的元素代表不同核苷酸；对于蛋白质序列，$\Omega$ 中的元素代表20种不同的氨基酸。

下面对定义2.1进行具体说明，已知 $N$ 个序列的序列组 $S = \{S_1, S_2 \cdots S_N\}$ ，其中 $S_k = \{b_{k1} b_{k2} \cdots b_{kn_k}\}$ ，$k = 1,2,\cdots,N$ 且 $b_{ij} \in \Omega, j = 1,2,\cdots,n_i, i = 1,2,\cdots,N$ ，$S$ 经过一个多序列比对 $A$ 得到：$S^* = \{s_1^*, s_2^*, \cdots, s_N^*\}$ ，

其中

$$s_k^* = \{b_{k1}^* b_{k2}^* \cdots b_{kL}^*\}, k = 1,2,\cdots,N, b_{ij}^* \in \widetilde{A} \cup \{-\}, j = 1,2,\cdots L; i = 1,2,\cdots,N \tag{11-2}$$

$$\max_{(n_i)} \leqslant L \leqslant \sum_{i=1}^{N} n_i \tag{11-3}$$

这里“ - ”代表多序列比对中一个单位长度的缺口(gap)。式(11 - 3)说明序列比对后的长度不能超过比对前各序列长度的总和。问题的复杂性对于一个多序列的比对 $A$，可以定义不同形式的目标函数，一种常用的目标函数是基于SP准则[153]给出的，其定义如下：

$$f(A) = \sum_{i=1}^{N-1} \sum_{j=i+1}^{N} \sum_{l=1}^{L} \delta(b_{il}^*, b_{jl}^*) \tag{11-4}$$

其中 $\delta(*,*): \{\Omega \cup \{-\}\} \times \{\Omega \cup \{-\}\} \to R$ 为二元实值函数。$\delta(a,b)$ 也就是 $a$，$b$ 比对的一个得分，与得分矩阵有关，通常称式(11 - 4)的值为比对 $A$ 的得分，如果 $S$ 的一个比对 $B$ 满足条件

$$f(B) = \min_A f(A) \text{ 或 } f(B) = \max_A f(A) \tag{11-5}$$

则称 $B$ 是一个最佳比对，问题(11－5)的复杂性是 $O(L_1L_2L_3\cdots L_n)$，$L_i$ 是序列 $S_i$ 的长度，$n$ 为序列数。

### 11.3.1　序列组比对算法

在这一部分，我们构造了一种新的序列组比对算法，前提条件是在同一序列组中的序列的长度一样长，在序列组比对过程中该算法遵循"一旦有一个空位，总有一个空位"准则。在序列组比对空位罚分中充分使用仿射空隙罚分。

已知两个序列组：$\boldsymbol{X}=\{X_1,X_2,\cdots,X_m\}$ 和 $\boldsymbol{Y}=\{Y_1,Y_2,\cdots,Y_n\}$ 其中 $X_k=X_{k1}X_{k2}\cdots X_{kL_1}$，$Y_k=Y_{k1}Y_{k2}\cdots Y_{kL_2}$，且 $L_1$，$L_2$ 分别是序列组 $\boldsymbol{X}$ 和 $\boldsymbol{Y}$ 中序列的长度。令

$$\boldsymbol{X}[i]=\begin{pmatrix}X_{1i}\\X_{2i}\\\vdots\\X_{mi}\end{pmatrix}\quad i=1,\cdots,L_1,\ \boldsymbol{Y}[i]=\begin{pmatrix}Y_{1i}\\Y_{2i}\\\vdots\\Y_{mi}\end{pmatrix}\quad i=1,\cdots,L_2 \tag{11－6}$$

则 $\boldsymbol{X}=\boldsymbol{X}[1\cdots \boldsymbol{L}_1]$，$\boldsymbol{Y}=\boldsymbol{Y}[1\cdots \boldsymbol{L}_2]$ 用动态程序设计实现两组序列比对，由于仿射空隙罚分中，必须区别空隙中的第一个空格和其他空格以进行不同的减罚分。通常通过使用3个数组来达到。每一个数组中的入口项具有以下意义：

$A_{i,j}=\boldsymbol{X}[1\cdots i]$ 与 $\boldsymbol{Y}[1\cdots j]$ 之间比对的最大计分，其中 $\boldsymbol{X}[i]$ 与 $\boldsymbol{Y}[j]$ 匹配。

$B_{i,j}=\boldsymbol{X}[1\cdots i]$ 与 $\boldsymbol{Y}[1\cdots j]$ 之间比对的最大计分，其中 $\boldsymbol{X}$ 的一个空格与 $\boldsymbol{Y}[j]$ 匹配。

$C_{i,j}=\boldsymbol{X}[1\cdots i]$ 与 $\boldsymbol{Y}[1\cdots j]$ 之间比对的最大计分，其中 $\boldsymbol{X}[i]$ 与 $\boldsymbol{Y}$ 的一个空格匹配。

$T_{i,j}=\boldsymbol{X}[1\cdots i]$ 与 $\boldsymbol{Y}[1\cdots j]$ 之间比对的最大计分。

则 $A_{i,j}$，$B_{i,j}$，$C_{i,j}$，$T_{i,j}$ 满足：

$$A_{0,0}=0,\ A_{i,0}=-\infty,\ A_{0,j}=-\infty \tag{11－7}$$

$$B_{i,0}=-\infty,\ B_{0,j}=-m\sum_{l=1}^{n}\sum_{p=1}^{j}w(-,Y_{lp}) \tag{11－8}$$

$$C_{i,0}=-n\sum_{k=1}^{m}\sum_{p=1}^{i}w(X_{kp},-),\ C_{0,j}=-\infty \tag{11－9}$$

$$T_{0,0}=0,\ T_{i,0}=-n\sum_{k=1}^{m}\sum_{p=1}^{i}w(X_{kp},-),\ T_{0,j}=-m\sum_{l=1}^{n}\sum_{p=1}^{j}w(-,Y_{lp}) \tag{11－10}$$

$$A_{i,j}=\sum_{k=1}^{m}\sum_{l=1}^{n}w(X_{ki},Y_{lj})+\max\begin{cases}A_{i-1,j-1}\\B_{i-1,j-1}\\C_{i-1,j-1}\end{cases} \tag{11－11}$$

$$B_{i,j}=\max\begin{cases}A_{i,j-1}-m\sum\limits_{nl=1}w(-,Y_{lj})\\B_{i,j-1}-m\sum\limits_{l=1}^{n}w(-,Y_{lj})\\C_{i,j-1}-m\sum\limits_{l=1}^{n}w(-,Y_{lj})\end{cases} \tag{11－12}$$

$$C_{i,j}=\max\begin{cases}A_{i-1,j}-n\sum_{k=1}^{m}w(X_{ki},-)\\B_{i-1,j}-n\sum_{k=1}^{m}w(X_{ki},-)\\C_{i-1,j}-n\sum_{k=1}^{m}w(X_{ki},-)\end{cases}\tag{11-13}$$

$$T_{i,j}=\max\begin{cases}A_{i,j},\\B_{i,j}, \quad 1\leqslant i\leqslant L_1,1\leqslant j\leqslant L_2\\C_{i,j},\end{cases}\tag{11-14}$$

不妨设仿射空隙罚函数为 $w(k)=h+gk$，由于序列组中的元素可能为“ - ”(GAP)，令 $w(-,-)=0$ ，同时 $w(-,Y_{lj})=g,w(X_{ki},-)=g$ 如果在同一行序列中“ - ”连续出现，则为 $h+g$。

算法步骤：

①输入待比对的两个序列组 $\boldsymbol{X}=\{X_1,X_2,\cdots,X_m\}$ 和 $\boldsymbol{Y}=\{Y_1,Y_2,\cdots,Y_n\}$ ；

②计算 DP 矩阵 $\boldsymbol{T}=(T_{i,j})_{L_1\times L_2}$ ；

③回溯 DP 矩阵 $\boldsymbol{T}$ 找到序列组的最终多序列比对；

④输出多序列比对。

## 11.3.2 算法设计

首先构造待比对序列集合的完全图：其中每一个接点表示一条序列，$i$，$j$ 两点之间边的权值 $e_{ij}$ 即 $i$，$j$ 两序列之间的距离 $\mathrm{distan}\,ce_{i,j}$ , $\mathrm{distan}\,ce_{i,j}$ 计算如下：

$$\mathrm{distan}\,ce_{i,j}=\frac{1}{\mathrm{SP}_{i,j}-\mathrm{SP}_{\min}+1}\tag{11-15}$$

$\mathrm{SP}_{i,j}$ 是序列 $i$ 与序列 $j$ 之间的比对得分(用动态规划算法)，$\mathrm{SP}_{\min}$ 表示所有序列之间比对得分的最小值。

基本的算法包括以下 3 个主要部分：

第一部分：构造比对序列集合的完全图 $G$，用动态规划算法计算每两条序列之间的 SP 得分，由式(11 - 15)得到任意两个接点之间边的权值，同时得到序列的距离矩阵。

第二部分：用 Kruskal 算法[12]求得一棵最小生成树(MST)。

第三部分：基于已经得到的 MST 使用本文的序列组比对算法对序列进行比对，详细的过程如下：

Algorithm：MstMsa (multiple sequence alignments using MST)

输入：比对序列集合：$\boldsymbol{S}=\{S_1,S_2,\cdots,S_n\}$ 。

输出：序列集合 $\boldsymbol{S}$ 的多序列比对。

⓪ 如果 $|S|\leqslant 1$ ，则结束。

①按(1)计算序列组 $\boldsymbol{S}$ 的距离矩阵，同时构造比对序列集合的完全图。

②求完全图的一棵最小生成树 $G=(V,E)$ 。

③把最小生成树 $G$ 边的权值按递增的次序排列。

① 如果 $|V|\leqslant 2$ ，则转⑤。

Ⅱ 删除权值最大的一条边，最小生成树 $G$ 分成两棵最小生成树 $G_1 = (V_1, E_1), G_2 = (V_2, E_2)$。

④令 $G = G_1$ 递归应用③。令 $G = G_2$ 递归应用③。

⑤在 $G_1$ 和 $G_2$ 上应用本文的序列组比对算法。

现在通过一个例子来解释该算法，假设将要比对的序列集合 $\boldsymbol{S} = \{S_1, S_2, S_3, S_4, S_5\}$。

(1)假设我们先求得一个距离矩阵，如表 11－1 所示。

**表 11－1　距离矩阵**

| | $S_1$ | $S_2$ | $S_3$ | $S_2$ | $S_5$ |
|---|---|---|---|---|---|
| $S_1$ | 0.00 | 0.92 | 0.91 | 0.97 | 0.89 |
| $S_2$ | | 0.00 | 0.95 | 0.90 | 0.96 |
| $S_3$ | | | 0.00 | 1.00 | 0.99 |
| $S_2$ | | | | 0.00 | 0.98 |
| $S_5$ | | | | | 0.00 |

(2)用 Kruskal 算法得到最小生成树 MST( 每一个接点中的数代表比对序列的序号)。

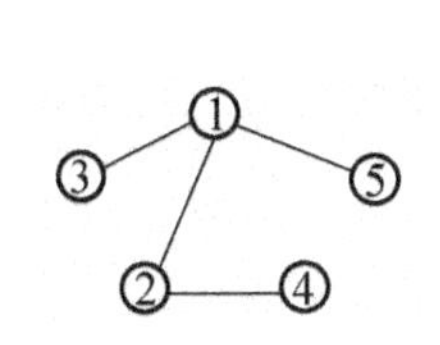


图 11－3　最小生成树

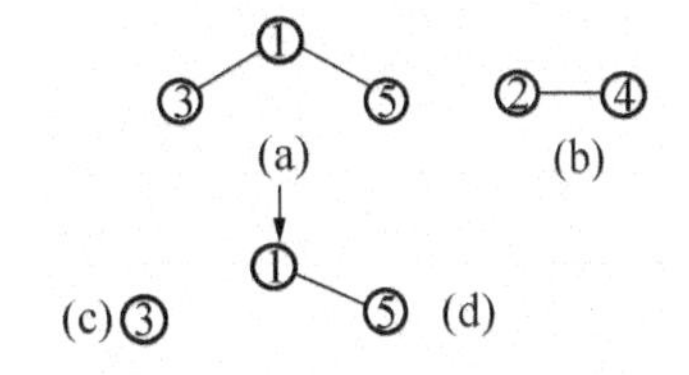


图 11－4　最小生成子树

经过算法第③和第②步可以得到下列的子树：

图 11－3 分成图 11－4a 和 b，即最小生成树 G =（V，E）分成 $G_a = (V_a, E_a), G_b = (V_b, E_b)$。

其中 $V_a = \{S_1, S_3, S_5\}$，$V_b = \{S_2, S_4\}$。由于 $V_a$ 中的序列个数大于 2，同第③步把 $G_a$ 分成 $G_c = (V_c, E_c)$ 和 $G_d = (V_d, E_d)$，其中 $V_d = \{S_1, S_5\}, V_c = \{S_3\}$。最后得到 3 个序列组 $V_d = \{S_1, S_5\}$，$V_c = \{S_3\}$ 和 $V_b = \{S_2, S_4\}$。

(3)使用序列组比对算法得到最终的多序列比对，比对序列次序如下：

①首先对 $V_d$ 中的 $S_1$ 和 $S_5$ 进行比对，比对结果记为 Group（1）。

②把 $S_3$ 与 Group 1 进行比对，结果记为 Group（2）。

③对 $S_2$ 和 $S_4$ 进行比对，结果记为 Group（3）。

④最后比对 Group（2）和 Group（3)得到最后结果。

### 11.3.3　实验分析

算法的实现是用 VC++ 编程，在奔腾 18GHz，内存 256 M 的机器上运行的。在比对过程中对序列不采用权值。空隙的罚分使用仿射空隙罚分函数，所有的测试例子来自于标准数据集合 BAliBASE，为了准确地评价算法的性能，采用 SPS[158] 得分标准去评价比对的质量。SPS 描述如下：

对于一个测试例子的已知比对，假设该比对包含 $N$ 个序列和 $M$ 列，令比对的第 i 列为 $A_{i1},A_{i2},\cdots,A_{iN}$。对于每一个残基 $A_{ij}$ 和 $A_{ik}$，定义 $p_{ijk}$，如果 $A_{ij}$ 和 $A_{ik}$ 在参考序列中也配对了，则 $p_{ijk}=1$，否则 $p_{ijk}=0$，第 $i$ 列的得分 $S_i$ 定义为：

$$S_i = \sum_{j=1,j\neq k}^{N} \sum_{k=1}^{N} p_{ijk} \qquad (11-16)$$

整个比对的 SPS 得分为：

$$\mathrm{SPS} = \frac{\sum_{i=1}^{M} S_i}{\sum_{i=1}^{M_r} S_{ri}} \qquad (11-17)$$

其中 $M_r$ 是参考比对中的列数，$S_{ri}$ 是参考比对第 i 列的得分。SPS 最大为 1，最小为 0，越大说明比对的质量越好。由于 BAliBASE 是专门验证多序列比对算法的标准数据，对于每一组数据，都有相应的参考比对对应，任何比对算法通过式(11－17)反映了比对结果与参考比对的相似度，SPS 越高说明结果越好。

表 11－2 给出了本文算法和 ClustalX 的 SPS 得分比较。在该表中，两个算法都采用 ClustalX 的默认参数，开放罚分是 10，扩展罚分是 0.2，替代矩阵是 PAM－250（表 11－2）。

表 11－2　PAM－250 替代矩阵

| | A | C | D | E | F | G | H | I | K | L | M | N | P | Q | R | S | T | V | W | Y |
|---|---|---|---|---|---|---|---|---|---|---|---|---|---|---|---|---|---|---|---|---|
| A | 2 | | | | | | | | | | | | | | | | | | | |
| C | −2 | 12 | | | | | | | | | | | | | | | | | | |
| D | 0 | −5 | 4 | | | | | | | | | | | | | | | | | |
| E | 0 | −5 | 3 | 4 | | | | | | | | | | | | | | | | |
| F | −3 | −4 | −6 | −5 | 9 | | | | | | | | | | | | | | | |
| G | 1 | −3 | 1 | 0 | −5 | 5 | | | | | | | | | | | | | | |
| H | −1 | −3 | 1 | 1 | −2 | −2 | 6 | | | | | | | | | | | | | |
| I | −1 | −2 | −2 | −2 | 1 | −3 | −2 | 5 | | | | | | | | | | | | |
| K | −1 | −5 | 0 | 0 | −5 | −2 | 0 | −2 | 5 | | | | | | | | | | | |
| L | −2 | −6 | −4 | −3 | 2 | −4 | −2 | 2 | −3 | 6 | | | | | | | | | | |
| M | −1 | −5 | −3 | −2 | 0 | −3 | −2 | 2 | 0 | 4 | 6 | | | | | | | | | |
| N | 0 | −4 | 2 | 1 | −3 | 0 | 2 | −2 | 1 | −3 | −2 | 2 | | | | | | | | |
| P | 1 | −3 | −1 | −1 | −5 | 0 | 0 | −2 | −1 | −3 | −2 | 0 | 6 | | | | | | | |
| Q | 0 | −5 | 2 | 2 | −5 | −1 | 3 | −2 | 1 | −2 | −1 | 10 | 4 | | | | | | | |
| R | −2 | −4 | −1 | −1 | −4 | −3 | 2 | −2 | 3 | −3 | 0 | 0 | 0 | 1 | 6 | | | | | |
| S | 1 | 0 | 0 | 0 | −3 | 1 | −1 | −1 | 0 | −3 | −2 | 1 | 1 | −1 | 0 | 2 | | | | |
| T | 1 | −2 | 0 | 0 | −3 | 0 | −1 | 0 | 0 | −2 | −1 | 0 | 0 | −1 | −1 | 1 | 3 | | | |
| V | 0 | −2 | −2 | −2 | −1 | −1 | −2 | 4 | −2 | 2 | 2 | −2 | −1 | −2 | −2 | −1 | 0 | 4 | | |
| W | −6 | −8 | −7 | −7 | 0 | −7 | −3 | −5 | −3 | −2 | −4 | −4 | −6 | −5 | 2 | −2 | −5 | −6 | 17 | |
| Y | −3 | 0 | −4 | −4 | 7 | −5 | 0 | −1 | −4 | −1 | −2 | −2 | −5 | −4 | −4 | −3 | −3 | −2 | 0 | 10 |

实验结果从表 11-3 可知，在大多数测试例子中 MstMsa 比对质量好于 ClusalX 的比对结果。ClustalX 是目前最有名的比对软件包之一，实验的结果再次证明了新算法的优越性和有效性。

**表 11-3　两种算法的分值**

| Test case | Nseq | MinL | MaxL | MstMsa SPS | ClustalX SPS |
|---|---|---|---|---|---|
| 1csp_ref1 | 5 | 66 | 70 | 0.952 | 0.908 |
| 2cba_ref1 | 5 | 237 | 259 | 0.622 | 0.287 |
| 1plc_ref1 | 5 | 88 | 99 | 0.893 | 0.876 |
| 1aho_ref1 | 5 | 61 | 65 | 0.855 | 0.757 |
| 1amk_ref1 | 5 | 222 | 252 | 0.969 | 0.893 |
| 1pysA_ref2 | 2 | 232 | 785 | 0.652 | 0.282 |
| kinase1_ref2 | 7 | 289 | 281 | 0.706 | 0.582 |
| 1pfc_ref2 | 10 | 111 | 362 | 0.383 | 0.229 |
| 1ivy_ref5 | 7 | 206 | 221 | 0.682 | 0.732 |

其中 Nseq 是测试例子中序列的条数，MinL 和 MaxL 分别是测试例子中最短和最长序列的长度。

本章提出的多序列比对算法是基于最小生成树的快速度算法，主要包括序列组比对算法和最小生成树算法。在实现过程中，仿射空隙罚分中参数的选取对解的质量很重要，要根据具体情况调整，这里为了便于比较使用了一样的参数。

**本章小结**

在分析多序列比对的基础上，设计了一个全新的序列组比对算法，同时首次把最小生成树引入到序列比对这个问题中来，用最小生成树去确定系统树，进一步确定比对的次序。得到了一种快速有意义的比对算法。另外，针对完全图中可能有多棵最小生成树中的特点，在确定系统树时，将来的工作是从所有的最小生成树找到一棵最优系统树，使得比对结果更优。

# 第十二章　基于极值的多序列比对求精算法

## 12.1　引言

极值的求解问题是一个古老的问题，其中计算智能在求极值方面已经得到了广泛的应用，本章我们从另外一个角度入手，反过来利用极值改进计算智能中的方法。文献[190]提出了用极值组合来求解优化问题，提出极值组合算法，但极值组合原理容易遗失更好的解，原因与组合的策略有关，导致搜索空间太小。我们在此基础上提出了极值域组合的方法，用该方法减小算法的搜索空间，但没有遗失最优解，从速度上提高计算智能求解该问题的能力。本章主要用遗传算法来说明，构造了一种基于极值域组合的遗传算法，并且应用于多序列比对问题，对已知不良的比对能起到求精的作用。在求解极值过程中充分利用多种无约束直接搜索法，原因是它们的局部搜索能力和搜索速度远远强于模拟退火算法、遗传算法等，同时从理论上也进行了一些阐述。

## 12.2　直接搜索法

本节论述了求解无约束极小化问题的各种直接搜索方法。直接搜索法主要有随机搜索法、坐标轮换法、模式搜索法、旋转坐标法、单纯形法。其中模式搜索法是介绍的重点。

### 12.2.1　随机搜索法

随机搜索法是基于用随机数去寻找极小点。因为大多数计算机的程序库都具有随机数发生子程序，所以使用随机搜索很方便。下面列举一些常用的随机搜索法。

#### 1. 随机跳跃法

在随机跳跃法中，要产生多组随机数，这些数均匀分布在 0 和 1 之间，每一组随机数构成一个候选解，通过生成大量的点和计算相应点的目标函数值，最后可取其中使目标函数为所要求的极小点。虽然随机跳跃法很简单，但它对于变量很多的问题并不实用，它只适用于效率并不重要的情况。

#### 2. 随机走步法

这种方法是产生一系列逐步改善的极小值的近似点为基础，其中每一个近似点都由前一近似点推导得到。从而，如果 $X_i$ 是在第 $i-1$ 级得到的一个近似极小点，则第 i 级新的改进的近似极小值点可由以下关系式求得：

$$X_{i+1} = X_i + \lambda \cdot u_i$$

式中，$\lambda$ 为规定的标量步长；$u_i$ 为第 $i$ 级产生的单位随机向量。这种方法的迭代过程如下：

①开始选一初始点 $X_1$ 和一个对于最终要求精度充分大的标量步长 $\lambda$。计算函数值

$f_1 = f(X_1)$。

②置迭代序号 $i = 1$。

③产生一组 $n$ 个随机数，并建立单位随机向量 $u_i$。

④求目标函数的新值为 $f = f(X_1 + \lambda u)$ 。

⑤比较函数值 $f$ 与 $f_1$，若 $f > f_1$ ，则使 $X_i = X_1 + \lambda u$ , $f_1 = f$ 并重复步骤③到3；若 $f \geqslant f_1$ ，直接重复步骤③到3。

⑥若迭代次数($N$)已充分大，但还不能产生一个较好的点 $X_{i+1}$ ，则减小标量步长 $\lambda$，返回步骤③继续进行。

⑦若值已减小到小于某一给定的足够小的数后，仍然不能得到一个改进点，则取当前点为最优点，并结束迭代。

随机搜索法的优点：

(1)即使目标函数在某些点不连续以及不可导的情况下，这种方法仍可使用。

(2)当目标函数具有几个相对极小点时，用这方法可求出全局极小点。

(3)当其他方法由于局部困难，如函数变化很剧烈和区域很窄而失败时，这种方法仍然适用。

(4)尽管这种方法本不是非常有效，然而在优化的初始阶段，我们可以用这种方法去寻找可能存在的全局极小点的区域。一旦找到了这个区域，就可用一些更有效的方法来寻找全局极小点所在的更精确的位置。

### 12.2.2　坐标轮换法

这种方法一次只改变一个变量，并试图产生一个不断改进的逼近极小点的序列。如果第 $i$ 次迭代从基点 $X_i$ 开始，则固定 $n-1$ 个变量的值，而仅使剩余的一个变量的值变化。因仅有一个变量变化，故问题成为仅有一个变量的一维极小化问题。

首先产生一个新的基点，然后在一个新方向上继续搜索。这个新方向是在上一次迭代中被固定的 $n-1$ 个变量中变动其中任意一个而得到的。

实际上搜索过程是依次取每一个坐标方向，当对所有 $n$ 个方向搜索过后，第一轮循环即完成，然后重复上述序列极小化的全过程。这个过程将反复进行，直到一轮循环中沿着 $n$ 个方向的任意方向上目标函数都改进时为止。

坐标轮换法非常简单，而且很容易实现，但是它收敛慢。这是因为在不断下降的过程中，它有以振荡方式向最优点逼近的趋势。故在接近最优点的某个点处，应提前终止计算。

理论上，对具有连续导数的任何函数，都可应用这种方法寻找极小点。然而，如函数的曲线具有陡谷，则使用这种方法甚至会导致不收敛。

### 12.2.3　模式搜索法

在坐标轮换法中，是沿着平行于坐标轴的方向进行极小化搜索，这种方法在某些情况下可能不收敛，即使收敛，它向最优点逼近的收敛速度也非常慢。为避免这些问题，可采用某种有利的方式来改变搜索方向，而不是总是固定地沿着坐标轴平行的方向进行搜索。

模式搜索法的基本思想：首先沿着 $m$ 个坐标轴方向走 $m$ 步(如果所研究的问题有 $n$ 个

变量，则 $m=n$ ）。然后沿着由 $S_i = X_i - X_{i-m}$ 所确定的方向去搜索极小点，式中 $X_i$ 是由 $m$ 个单变量步搜索结束时所得的点。$X_{i-m}$ 是在 $m$ 个单变量步搜索开始之前所选取的起始点。由该式所确定的方向称为模式方向。为此人们把应用模式方向的方法称为模式搜索法。

**1. Hooke - Jeeves 模式搜索法**

文献[190]详细阐述了 Hooke - Jeeves 模式搜索法是一种序贯方法，每一轮包括两种移动：一种是探索移动，另一种是模式移动。第一种移动用来探索目标函数的局部形态，第二种移动用来利用模式方向。

**2. Powell 法**

Powell 法是基本模式搜索法的扩展，它是一种应用最广泛的直接搜索法，可以证明，Powell 法也是一种共轭方向法。共轭方向法对二次函数只要经过有限步迭代即可达到极小点。当把这种方法应用于非二次目标函数时，为了加速收敛，Powell 法对该法做了一些改进。Powell 法是一种非常有效的方法，已经证明，这种方法甚至比某些梯度下降法还要好。

Powell 的基本思想：

假设要对具有两个变量的目标函数求极小值。首先依次沿着两个变量的坐标方向做极小化搜索一次，然后沿着相应的模式方向进行极小化搜索。对于下一轮极小化，我们保留模式方向，而去掉一个坐标方向。对于再下一轮极小化，我们去掉刚使用过的坐标方向，并保留生成的新模式方向。对于再下一轮而言，由于再没有坐标方向可去掉，我们将重新沿着平行于坐标轴的方向开始求极小值并重复上述整个过程。此过程将反复进行直至找到所希望的极小点为止。

正像大多数数值方法一样，这种方法也不像所认为的那样完美。在应用 Powell 法求函数的极小值时，实际需要的迭代次数比理论估计的要多，其原因如下：

(1)由于循环轮数 $n$ 对于二次函数几乎是正确的，对于非二次函数，一般循环轮数要大于 $n$。

(2)在二次收敛的证明过程中，我们曾假设在每一次一维极小化中要求出精确的极小点，而实际上极小化步长仅仅是近似的。这样就造成随后求得的方向也不再是共轭的。故这种方法要达到完全收敛所需要进行的迭代次数更多。

(3)以上所描述的这种 Powell 法有可能在达到极小点之前即停止了，这是由于在数值计算过程中，搜索方向可能变成相关的，或几乎是相关的。

收敛准则：在像 Powell 法这样的方法中，人们常常采取的收敛准则是，只要极小化循环中所有变量的改变量都小于要求精度的1/10，就停止迭代过程。然而 Powell 法给出了一个更完美的收敛准则，它可能会防止迭代过程中有时会出现的提前终止迭代的问题。这个过程由以下步骤给出：

①规定要求精度。要求 $x_1,x_2,\cdots,x_n$ 在任意的相邻两轮极小化循环中的改变量分别小于 $\varepsilon_1,\varepsilon_2,\cdots,\varepsilon_n$；

②应用通常的 Powell 法，直到某一轮循环所产生的改变量小于要求精度的1/10时，并记所得点为 $A$；

③将每一个变量的要求精度提高 10 倍；

④再次应用通常的 Powell 法，直到一循环引起的改变量小于要求精度的 1/10，并记此点为 $B$；

⑤定义方向 $S=A-B$，并沿着 $S$ 方向求函数的极小点，记这个点为 $C$；

⑥如果向量 $(A-C)$ 和 $(B-C)$ 的分量都小于要求精度的 1/10，则认为这个过程已经收敛，否则转下一步；

⑦用 $(A-C)$ 来代替搜索方向 $S_1$（及 $x_1$ 的方向），然后返回前面步骤②重新开始这一过程。

使用这一终止方法，尽管预期会更可靠些，但此时整个极小化问题至少要求解 2 次，故花费的机时要多一些。

### 12.2.4 Rosenbrock 旋转坐标法

Rosenbrock[280]所给出的旋转坐标法，可以看作是 Hooke - Jeeves 法的进一步改善和发展。应用此法时，在极小化的每一级开始前都要用以下方式来旋转坐标系，即第一个轴应指向所估计的局部凹谷方向，而所有其他轴应相互正交，且与第一轴垂直。方法详见文献[279]。

因为在 $n$ 维空间可以根据需要来旋转坐标系，所以 Rosenbrock 法可以追随弯曲的和陡峭的深谷前进。这种方法对于在搜索器寻找近似极小点位置是非常有用的。基本的 Rosenbrock 法已有 Davies，Swann 和 Compey[279]做了改进，是在任何给定的循环中，应在每个方向上连续进行搜索，直至找到其一维最优点为止。换言之，在每个搜索方向上都采用一维极小化过程。可以预料这种改进的方法将优于 Hooke - Jeeves 法或 Rosenbrock 法。

### 12.2.5 单纯形法

单纯形的定义：在 $n$ 维空间中由一组 $n+1$ 个点组成的几何图形称为单纯形。当这些点间的距离都相等时，则称为正单纯形。这样在二维空间里，单纯形为三角形，在三维空间里为四面体。

单纯形的基本思想：比较一般单纯形的 $n+1$ 个顶点的目标函数值，并在迭代过程中逐渐把这单纯形向最优点移动。这种方法最初是由 Spendley，Hext 及 Himsworth 提出来的。后来 Nelder 和 Mead 对这种方法进行了改进。单纯形的移动是通过称为反射、收缩和扩大的三种运算来实现的。

#### 1. 反射

如 $X_h$ 是单纯形顶点中目标函数值最大的顶点，则每次可以期望当把 $X_h$ 点向其对面反射时，可以得到目标函数值最小的点 $X_r$。若是这种情况，则从单纯形中抛弃 $X_h$ 来构造一个新的单纯形。同样还可以从随后新的单纯形中抛弃函数值最大的顶点，形成下一个单纯形。因为单纯形的移动总是背离最坏的结果，所以单纯形是向有利的方向上移动的。如果目标函数不具有陡谷，则重复应用反射过程将导致搜索点在极小化的总体方向上沿着锯齿形路线移动。

在数学上，反射点由下式给出：

$$X_r = (1 + a)X_0 - aX_h$$

式中，$X_h$ 为对应于最大的目标函数值的顶点。

$$f(X_h) = \max_{i=1,\cdots,n+1 f(X_i)}$$

除 $i = h$ 外的所有 $X_i$ 点的型心，它由下式给出：

$$X_0 = \frac{1}{n}\sum_{\substack{i=1 \\ i\neq h}}^{n+1} X_i$$

$a, a > 0$ 定义为反射系数，并由下式给出：

$$a = \frac{X_r \text{ 到 } X_0 \text{ 点间的距离}}{X_h \text{ 到 } X_0 \text{ 点间的距离}}$$

如果只是用反射过程来求极小值，则在某些情况下将会遇到困难，搜索将有可能进入死循环。因而使最优化过程始终陷在某个谷上，无法朝着最优点移动。为解决这个问题，可以制定一个规定，即不允许返回到刚才离开的点。

一旦遇到这种情况时，我们可抛弃与次坏值相应的顶点，而不是抛弃最坏目标函数值所对应的顶点。一般，这样做将使迭代过程继续朝着所期望的极小区域逼近。然而，最后的单纯形还可能会跨立在极小点上，或处在离最优点大约为单纯形本身尺寸的位置上。在这种情况下，可能不会得到比原来那些单纯形顶点更接近于极小点的新单纯形。

**2. 扩大**

如果反射过程得到的 $X_r$ 点有 $f(X_r) < f(X_l)$，即如果反射产生一个新的极小点，则一般可以期望沿着 $X_0$ 到 $X_r$ 方向继续移动，将会进一步减小目标函数值，因此可通过下式将 $X_r$ 扩大到 $X_e$。

$$X_e = rX_r + (1 - \gamma)X_0$$

式中，$\gamma$ 称为扩大系数。

$$\gamma = \frac{X_e \text{ 到 } X_0 \text{ 点间的距离}}{X_r \text{ 到 } X_0 \text{ 点间的距离}} > 1$$

**3. 收缩**

如果反射过程给出的点 $X_r$，对于除 $i = h$ 以外的所有 $i$ 有 $f(X_r) > f(X_i)$ 及 $f(X_r) < f(X_h)$，则用 $X_r$ 来代替 $X_h$。这样，新的 $X_h$ 将为原来的 $X_r$。在此情况下，缩小这个单纯形如下：

$$X_c = \beta X_h + (1 - \beta)X_0,$$

式中 $\beta$ 称为收缩系数，它被定义为：

$$\beta = \frac{X_c \text{ 到 } X_0 \text{ 点间的距离}}{X_h \text{ 到 } X_0 \text{ 点间的距离}}$$

本节介绍了在无约束条件下且被优化函数的导数不可得的情况下的各种经典搜索法，包括随机搜索法、坐标轮换法、模式搜索法、旋转坐标法、单纯形法。这些方法各有优点，一般收敛速度较快，精度高。但是这些方法只能用于搜索局部极值点，对于多峰值函数基本上无能为力。

## 12.3　极值域组合

极值组合法[190]的效率远远高于直接逐个搜索极值。对于一个 n 维的函数，若已找到了 k 个极小值，且每个极小值的元素都不相同，则通过组合可得到 $k^n - k$ 个新的点。采用随机选起始点的方法，直接逐个搜索，每寻找一个极值点，就要进行大量的搜索、试探，且找到的极值点有相当一部分重复。所以极值组合法的效率远远高于直接逐个搜索极值的诸多方法，并且这种差距随着维数的增加呈指数的速度增长。但遗憾的是，这种组合的方法对于非连续的(离散)目标函数来说是不准确的，提高速度时，最大的缺陷是很容易错失更优的极值，很可能得到的是局部最优点，基于这种情况我们提出了极值域组合原理。下面首先介绍极值组合原理的相关知识[190]。

**定义 12.1**　设函数 $f(X)$ 在点 $X^{(0)}$ 的某个邻域内有定义，对于该邻域异于 $X^{(0)}$ 的点：如果都适合不等式 $f(X) \leqslant f(X^{(0)})$，则称函数在点 $X^{(0)}$ 有极大值，如果对所有的 $X \in S$，不等式都成立，称之为全局极大值或最大值；反之，如果都适合不等式 $f(X) \geqslant f(X^{(0)})$，则称函数在点 $X^{(0)}$ 有极小值，如果对所有的 $X \in S$，不等式都成立，称之为全局极小值或最小值。极大值、极小值统称极值。使函数取得极值的点称为极值点。

**定理 12.1**　设多元函数 $f(X)$ 在点 $X^{(0)}$ 处可微分，且在点 $X^{(0)}$ 处有极值，则在该点的偏导数必然为 0。(这是高等数学里的一个基本定理)

**定义 12.2**　如果极值元素 $x_a^{(0)}$ 对于任意 $x_i$( $i = 1,2,\cdots,n$ 且 $i \neq a$ )都有 $f_{x_a}(x_1,x_2,\cdots,x_a^{(0)},\cdots,x_i,\cdots,x_n) = 0$，则称极值元素 $x_a^{(0)}$ 为完全可组合。此处 $x_a^{(0)}$ 表示变量 $x_a$ 的某个极值元素，0 为该极值元素的编号，$f_{x_a}$ 表示 $f$ 对 $x_a$ 的偏导。

**定理 12.2**　如果函数 $f(X)$ 对 $x_a$ 的偏导数可表示成 $f_{x_a}(x_1,x_2,\cdots,x_a,\cdots,x_i,\cdots,x_n) = (x_a - x_a^{(0)}) \cdot g(x_1,x_2,\cdots,x_a,\cdots,x_i,\cdots,x_n)$，则 $x_a^{(0)}$ 是完全可组合的。此处 $g(x_1,x_2,\cdots,x_a,\cdots,x_i,\cdots,x_n)$ 是关于 $X$ 的函数。

**定理 12.3**　如果 $f_{x_a}$ 可表示成 $f_{x_a} = g_1(x_a) \cdot g_2(x_1,x_2,\cdots x_i,\cdots,x_n)$，其中 $g_2(x_1,x_2,\cdots,x_i,\cdots,x_n)$ 表示一个与 $x_a$ 无关的函数，则 $x_a$ 为变元完全可组合。

**定理 12.4**　如果 $x_a$ 为变元完全可组合，则极值点 $X^{(0)} = (x_1^{(0)},x_2^{(0)},\cdots,x_a^{(0)},\cdots,x_i^{(0)},\cdots,x_n^{(0)})$ 和 $X^{(1)} = (x_1^{(1)},x_2^{(1)},\cdots,x_a^{(1)},\cdots,x_i^{(1)},\cdots,x_n^{(1)})$ 的组合点 $X^{(3)} = (x_1^{(0)},x_2^{(0)},\cdots,x_a^{(1)},\cdots,x_i^{(0)},\cdots,x_n^{(0)})$ 和 $X^{(4)} = (x_1^{(1)},x_2^{(1)},\cdots,x_a^{(0)},\cdots,x_i^{(1)},\cdots,x_n^{(1)})$ 是次驻点。

**定义 12.3**　如果极值元素 $x_a^{(0)}$ 对于某些 $x_i$( $i = 1,2,\cdots,n$ 且 $i \neq a$ )或者是 $x_i$ 的某些(两个以上)极值元素 $x_i^{(j)}$ ($j$ 为整数)，有 $f_{x_a}(\cdots,x_a^{(0)},\cdots,x_i^{(j)},\cdots) = 0$，则称 $x_a^{(0)}$ 为部分可组合。

**定义 12.4**　如果两个属于不同元的极值元素的集合 $(x_a^{(0)},x_b^{(0)})$，对于任意 $x_i$( $i = 1,2,\cdots,n$ 且 $i \neq a$，$b$)都有 $f_{x_a}(x_1,x_2,\cdots,x_a^{(0)},\cdots,x_i,\cdots,x_b^{(0)},\cdots,x_n) = 0$ 且 $f_{x_b}(x_1,x_2,\cdots,x_a^{(0)},\cdots,x_i,\cdots,x_b^{(0)},\cdots,x_n) = 0$，则称 $(x_a^{(0)},x_b^{(0)})$ 为二元素可组合。

**定义 12.5**　若函数 $f(x_1,\cdots,x_i,\cdots,x_n)$ 的变元 $x_a$ 与 $x_b$ 无关(即不论 $x_b$ 如何变化，$x_a$ 的极值元素不受影响)，称变元 $x_a$ 对 $x_b$ 可组合。若 $x_b$ 对 $x_a$ 也可组合，称变元 $x_a$ 和 $x_b$ 可相互组合。

**定义 12.6** 如果点 $C$ 有若干个坐标值等于或接近驻点 $A$，称 $C$ 为次驻点，如果驻点 $A$ 是极小(大)值点，称为 $C$ 为次极小(大)值点。

显然，由次极值点出发可以更快更容易找到极值点。

**定理 12.5**(极值组合原理) 若已求得若干可导极值点，且这些极值点包含若干个可组合(完全可组合或/和部分可组合)极值元素，则可以通过分解重组，构成新的点，该点可能是驻点(含极值点、拐点)。

在上面的基础上我们给出极值域组合原理。

**定义 12.7** 如果极值元素 $x_a^{(0)}$ 对于任意 $x_i$( $i=1,2,\cdots,n$ 且 $i \neq a$ )，在 $x_a^{(0)}$ 的邻域内，恒有 $f(x_1,x_2,\cdots,x_a^{(0)},\cdots,x_i,\cdots,x_n) \leqslant f(x_1,x_2,\cdots,x_a,\cdots,x_i,\cdots,x_n)$，或者恒有 $f(x_1,x_2,\cdots,x_a^{(0)},\cdots,x_i,\cdots,x_n) \geqslant f(x_1,x_2,\cdots,x_a,\cdots x_i,\cdots,x_n)$，此处 $x_a$ 为不等于 $x_a^{(0)}$ 的任意值，则称极值元素 $x_a^{(0)}$ 为完全可组合。此处 $x_a^{(0)}$ 表示变量 $x_a$ 的某个极值元素，0 为该极值元素的编号。

**定义 12.8** 如果极值元素 $x_a^{(0)}$ 对于任意 $x_i$( $i=1,2,\cdots,n$ 且 $i \neq a$ )，在 $x_a^{(0)}$ 的邻域内，恒有 $f(x_1,x_2,\cdots,x_a^{(0)},\cdots,x_b^{0},\cdots,x_n) \leqslant f(x_1,x_2,\cdots,x_a,\cdots,x_b,\cdots,x_n)$，或者恒有 $f(x_1,x_2,\cdots,x_a^{(0)},\cdots,x_i,\cdots,x_n) \geqslant f(x_1,x_2,\cdots,x_a,\cdots,x_b,\cdots,x_n)$，此处 $x_a$ 为不等于 $x_a^{(0)}$ 的任意值，则称极值元素 $x_a^{(0)}$ 为完全可组合。则称 $(x_a^{(0)},x_b^{(0)})$ 为二元素可组合。

**定义 12.9**(极值域组合) 若已求得两个极值点 $A=(a_1,a_2,\cdots,a_n)$，$B=(b_1,b_2,\cdots,b_n)$，两个点组合得到的区域 $\Omega=\{(x_1,\ \cdots,\ x_n) \mid \min(a_k,\ b_k) \leqslant x_k \leqslant \max(a_k,\ b_k)\}$。称为极值点 $A$，$B$ 的极值组合域。

**定理 12.6**(极值域组合原理) 以两个极值点组合求极小值，首先找到两个极小值点 $A$，$B$。$A$，$B$ 进行极值域组合，得到极值组合域 $\Omega$，在 $\Omega$ 找更小的极值点，如果找不到更小的极值的点，则在 $\Omega$ 找两个极大点 $C$，$D$。$C$，$D$ 进行极值域组合，得到极值组合域 $\Omega_1$，在 $\Omega_1$ 中搜索比 $A$，$B$ 更小的点，找不到则结束。同理可以求极大值。

极值域组合原理的思想：首先把极值看成山顶或山谷，两个山顶之间必有山谷和山顶，否则是平原，也就是说函数值是常量；同样两个山谷之间必有山顶和山谷，否则是平原，也就是说函数值是常量，这与自然界相符合的。

## 12.4 极值遗传算法

众所周知，遗传算法克服局部极小的方法是依靠大规模的种群，其计算量很大，尤其是当被优化函数的维数较大时，遗传算法的计算时间将变得无法忍受，另外适应度较高的个体有更多的复制机会，因此整个种群可能在没有达到最优解甚至没有达到可接受解的时候，就会因为一种或几种个体的副本占了统治地位而达到了局部最优值，但是不能找到更优的解，即“过早收敛”。

基于这些原因，我们对搜索的空间进行细分，首先利用第二节的搜索法得到最初的极值点，再利用上一节的极值域组合得到独立的子空间，在每个子空间里用遗传算法进行求解。在用遗传算法求解时候我们利用了一些相应的策略，比如双向搜索。现在对双向搜索[190]做一个简介。

我们注意到当前所有的优化算法，它们有一个相似的特点：如果要找全局极小值，则在算法的搜索中，只寻找函数值小的解；反之要找全局极大值，只寻找函数值大的解。我们把这些搜索算法统称为单向搜索，即由小(局部极小)至最小(全局极小)，或由大(局部极大)至最大(全局极大)。文献[190]对此做了一个改进，提出双向搜索的概念：该方法同时寻找局部极小值和局部极大值，并利用局部极大值来寻找全局极小值(如果我们要找的是全局极小的话)；或利用局部极小值寻找全局极大值(如果我们要找的是全局极大的话)。具体操作是(我们以找极小值为例)：在极小值与极小值组合域的空间里找极小值，如果没有达到要求，再在极大值与极大值组合的空间里找极小值；如果还没有达到要求，则在极大值与极小值组合的空间里找极小值。

在以上的基础上我们设计了基于极值的遗传算法(以极小值为例)整个算法的流程如下：

①首先用12.2节中的无约束直接搜索法求得两个局部极小值$A$，$B$。

②用$A$，$B$进行极值域组合得到一个子空间$\Omega$。

③在组合子空间$\Omega$中用遗传算法进行求解。

Ⅰ 如果能够求得一个比$A$，$B$更好的解$C$，如果点$C$满足求解要求，则转⑤，否则$C$与$A$，$B$的最好解进行极值域组合，得到新的更小的子空间$\Omega$，回到③。否则进行Ⅱ。

Ⅱ 在组合子空间$\Omega$里用12.2节中的无约束直接搜索法求得两个极大点$A$，$B$。用$A$，$B$组合得到一个极值域组合子空间$\Omega$，在子空间$\Omega$中使用遗传算法，如果找得到更好的极小点，则回到①。否则继续下一步骤。

④在第②步以外的空间用12.2节中的无约束直接搜索法，求两个局部极小点$A$，$B$。回到②。

⑤满足结束条件就结束。

## 12.5　基于极值思想的多序列比对求精算法

多序列联配的最优解问题归结成一个未解决的NP完全问题[151]。为了在合理的时间内得到联配的近似解，目前常用的有两类启发式方法：渐进法和迭代法。对于渐进法最基本的缺陷是早期的误配不能调整，早期的微小误配可能导致严重的错误。比如Multal，Pileup和ClustalX等基于此思想的软件，对于迭代法最大的挑战是怎样跳出局部最优，以及怎样提高速度。目前所有的算法都只是速度和质量两方面的折中，对于启发式渐进方法，其优点是速度快，但是一般来说，这种类型的算法用到一种“一旦为空格，始终为空格”的技术，该技术是指空格一旦加入，则不删除，就像一般的字符一样对待，最大的缺陷是不能调整空格的位置，在最初犯的错误，以后不能排除，也许会导致严重的错，所以迫切要求有一种新的算法对有些软件的结果进行求精。另外对迭代算法，一个共同的问题是局部最优问题，对于这种缺陷，一般是使用一些跳出局部最优的策略改善算法。

总的说来，在这里是从另外一个角度提出了一个全新的策略，对解的质量进行提高，基本思想是：对于用别的算法得到的序列联配，首先用一个挖掘算法，找出联配不好的序列块，然后用一个快速遗传算法对挖掘出来的不良块依次进行处理，最后得到质量更好的联配。由于挖掘出来的块的规模远远小于最初的序列联配，所以降低了搜索空间，易于跳出局部最优，找到该块的全局最优秀或近似最优。当最初的序列联配是用渐进的算法获得时，该算法在牺牲一定时间的前提下，能充分综合两类启发式算法的优点。另外，该算法对任何算法得到的比对的结果都可以求精。

## 12.5.1 挖掘算法

对于一个已知的多序列比对 $\boldsymbol{A}$：

$$\begin{matrix} A_{11} & A_{12} & \cdots & A_{1n} \\ A_{21} & A_{22} & \cdots & A_{2n} \\ \vdots & \vdots & \ddots & \vdots \\ A_{m1} & A_{m2} & \cdots & A_{mn} \end{matrix}$$

①对于比对 $A$ 的第 $j$ 列：$(A_{1j},A_{2j},\cdots,A_{mj})^{\mathrm{T}}$，计算：$f_j, j=1,\cdots,n$，且：

$$f_j = \frac{\sum_{k=1}^{m}\sum_{l=k+1}^{m}\delta(A_{kj},A_{lj})}{C_m^2}$$

其中：$\delta(a,b)=1$，如果 $a,b$ 是同样的字符，并且任何一个都不是空格。否则 $\delta(a,b)=0$。

②计算 Aver，Aver = $\dfrac{\sum_{j=1}^{n} f_j}{n}$。

③挖掘出比对比较差的序列块，即序列块中的所有的第 $j$ 列，并且满足：$f_j \leqslant P,(0 \leqslant P \leqslant \text{Aver})$。（一般默认块的列数大于3。）

## 12.5.2 编码与相关算子

多序列比对的遗传算法编码是一个很重要的问题，我们在这里介绍一种二进制的编码方法[163]。

**定义 12.10** 对于已知 $N$ 条序列的序列组 $S=\{S_1,S_2,\cdots,S_N\}$ 每一次比对用一条染色体表示，染色体为 $N$ 行 $M$ 列的矩阵 $A$，矩阵 $A$ 中的元素为 1 或 0，每一列中至少有一个元素为 1，矩阵 $A$ 的第 $i$ 行与序列 $S_i$ 相对应。其中第 $i$ 行 1 的个数等于序列 $S_i$ 元素的个数，第 $i$ 行中的第 $j$ 个 1 所在的位置即序列 $S_i$ 的第 $j$ 个元素所在的位置，0 代表空格，0 的位置表示该位置是空格。并且 $\max_{(n_i)} \leqslant M \leqslant \sum_{i=1}^{N} n_i$，$n_i$ 表示序列 $S_i$ 的长度，例如：

$$S = \{"cfda","fead","ace"\}$$

染色体：

$$\boldsymbol{A} = \begin{pmatrix} 1 & 0 & 0 & 1 & 0 & 1 & 1 \\ 1 & 1 & 1 & 1 & 0 & 0 & 0 \\ 0 & 0 & 0 & 1 & 1 & 1 & 0 \end{pmatrix}$$

则相应的比对为：

$$\begin{matrix} \text{c} & - & - & \text{f} & - & \text{d} & \text{a} \\ \text{f} & \text{e} & \text{a} & \text{d} & - & - & - \\ - & - & - & \text{a} & \text{c} & \text{e} & - \end{matrix}$$

**• 相关算子**

对于具体多序列比对问题，在编码一定的情况才有相应的操作算子，这里给出交叉和变异算子[163]。

**定 义 12.11**　交叉算子定义为如下操作：假设两个父代 $\boldsymbol{A}$，$\boldsymbol{B}$。

$$\boldsymbol{A} = \begin{pmatrix} 1 & 0 & 0| & 1 & 0 & 1 & 1 \\ 1 & 1 & 1| & 1 & 0 & 0 & 0 \\ 0 & 0 & 0| & 1 & 1 & 1 & 0 \end{pmatrix}$$

$$\boldsymbol{B} = \begin{pmatrix} 1 & 0 & 0| & 1 & 1 & 1 & 0 \\ 1 & 0 & 1 & 1| & 0 & 0 & 1 \\ 0| & 1 & 0 & 0 & 1 & 1 & 0 \end{pmatrix}$$

首先决定交叉位置，其中“ | ”表示交叉的位置。

首先由于父代 $\boldsymbol{B}$ 首尾两段不整齐，则在短的部分补 0 以便对齐。

交换 A，B 的尾部并且去掉全为 0 的列，得到子代。

$$\boldsymbol{A}' = \begin{pmatrix} 1 & 0 & 0 & 0 & 0 & 1 & 1 & 1 & 0 \\ 1 & 1 & 1 & 0 & 0 & 0 & 0 & 0 & 1 \\ 0 & 0 & 0 & 1 & 0 & 0 & 1 & 1 & 0 \end{pmatrix}$$

$$\boldsymbol{B}' = \begin{pmatrix} 1 & 0 & 0 & 0 & 1 & 0 & 1 & 1 \\ 1 & 0 & 1 & 1 & 1 & 0 & 0 & 0 \\ 0 & 0 & 0 & 0 & 1 & 1 & 1 & 0 \end{pmatrix}$$

**定 义 12.12**　变异算子定义为如下操作：假设染色体 $A$。

$$\boldsymbol{A} = \begin{pmatrix} 1 & 0 & 0 & 1 & 0 & 1 & 1 \\ 1 & 1 & 1 & 1 & 0 & 0 & 0 \\ 0 & 0 & 0 & 1 & 1 & 1 & 0 \end{pmatrix}$$

则在每一行中，随机选取一个 0 和一个 1。然后把选中的 0 变成 1，1 变成 0。

例如：对于以上的染色体 $\boldsymbol{A}$。

对于第 1 行，选择第 2 列的 0 和第 3 列的 1，

对于第 2 行，选择第 1 列的 1 和第 3 列的 0，

对于第 3 行，选择第 3 列的 0 和第 4 列的 1。

进行变异操作为新的染色体：

$$\boldsymbol{A}' = \begin{pmatrix} 1 & 1 & 0 & 1 & 0 & 0 & 1 \\ 0 & 1 & 1 & 1 & 1 & 0 & 0 \\ 0 & 0 & 1 & 0 & 1 & 1 & 0 \end{pmatrix}$$

**• 遗传算法中的适应度函数**

在遗传算法实现时，对选择起决定作用的是适应度，对于具体的多序列比对，在此给出其适应度函数[151]。

对于已知的序列比对 $\boldsymbol{A}$，适应度函数为：

$$f(A) = \sum_{i=1}^{N}\sum_{j=i+1}^{N} W_{ij}\text{COST}(A_i, A_j)$$

其中：$\text{COST}(A_i, A_j)$ 表示 $A_i, A_j$ 中每一对字符的得分和，$W_{ij}$ 表示多序列比对 $\boldsymbol{A}$ 中 $A_i, A_j$ 的一致性。两序列的一致性是指完全对好的序列对所占的百分比。

比如：
$A_i$ a b c – d
$A_i$ a c b b d

则：$W_{ij} = \dfrac{2}{5}$。

### 12.5.3 算法设计

为了便于记忆，算法简单记为：Msa-Refining。在以上的基础上我们设计了以下算法：

①对于已知 $n$ 条序列的集合 $S$，首先用其他算法进行比对，得到比对 $A$。

②对于已知的比对 $A$，用定义 12.1 的挖掘算法，找出比对不太好的子块 $A_i$（ $i = 1,2,\cdots,M$ ）。其中 $M$ 表示挖掘出来序列块的数目。

③对于每一序列块 $A_k$，其中 $k = 1,2,\cdots,M$，首先翻译成为染色体，作为初始化群体的一个，然后再随机初始化群体 $P-1$；计算 $P$ 中个体的适应值；

Ⅰ optimal_indiviP 中最优的个体用变量 optimal_indivi 保存起来，选择算子用轮盘赌，对初始群体按一定的交叉概率（ $P_c$ ）使用交叉算子，生成新的个体，新的个体与父代比较，保留最优秀的，得到新的种群。（交叉算子使用定义 12.3。）

Ⅱ 对所得到的种群按一定的变异概率（ $P_m$ ）使用变异算子，生成新的个体（变异算子即定义 12.7）。

Ⅲ 如果 $P$ 中最优个体好于 optimal_indivi，则用现在的最优的个体替换原来变量 optimalndivi 的值。利用选择算子在 $P$ 中选择 P – 1 个个体，与 optimalndivi 组成新的种群，回到③的Ⅰ。）

④经过一定的代数后得到两个解 $A$，$B$。用 $A$、$B$ 组合得到一个极值域组合子空间 $\Omega$。

⑤在组合子空间 $\Omega$ 中用遗传算法进行求解。

Ⅰ 如果能够求得一个比 $A$，$B$ 更好的解 $C$，如果点 $C$ 满足求解要求，则转③，否则 $C$ 与 $A$、$B$ 的最好解进行极值域组合，得到新的更小的子空间 $\Omega$，回到③。否则进行⑤的Ⅱ。

Ⅱ 在组合子空间 $\Omega$ 用第③的遗传算法 3.2 节中的求得两个极大点 $A$，$B$。用 $A$，$B$ 组合得到一个极值域组合子空间 $\Omega$，在子空间 $\Omega$ 中使用遗传算法，如果找得到更好的极小点，则回到③的Ⅰ，否则转③。

⑥在第②步以外的空间用 12.2 节中的无约束直接搜索法，求两个局部极小点 $A$，$B$，回到④。

⑦满足求解条件就结束。

⑧对最优秀的个体用编码规则翻译成为序列块 $A*$，代回原来的序列比对，得到一个更好的比对。

### 12.5.4 实验分析

算法的实现是用 VC + + 编程，在奔腾 2 GHz，内存 233 M 的机器上运行的。并且的罚分使用仿射空隙罚分函数，所有的测试例子来自于标准数据集合 BAliBASE ，为了准确的评价算法对其他常用的工具所得到的比对的求精能力，本文采用 CS[152] 得分标准去评价比对的质量。CS 描述如下：

对于一个测试例子的已知比对 $A$ 中的第 $i$ 列，如果该列的残基都排列在参考比对中，则第 i 列的得分 $C_i = 1$ ，否则 $C_i = 0$ 。则整个比对的 $CS$ 得分如下：

$$CS = \frac{\sum_{i=1}^{M} C_i}{M}$$

其中 $M$ 表示比对 $A$ 的列数。

表 12－1 给出了本文的求精算法对用 ClustalX 得到的比对的求精结果，然后与求精前 ClustalX 的 CS 得分比较。说明了该算法的求精能力。算法的得分参数都采用 ClustalX 的默认参数。

表 12－1　算法的比对得分

| Test case | Nse | MinL | MaxL | Msa-Refining CS | ClustalX CS |
|---|---|---|---|---|---|
| 1aab_ref1 | 4 | 37 | 79 | 0.730 | 0.370 |
| 1pamA_ref1 | 3 | 423 | 372 | 0.331 | 0.230 |
| 1wit_ref3 | 19 | 83 | 102 | 0.398 | 0.310 |
| 1csp_ref4 | 3 | 37 | 711 | 0.201 | 0.000 |
| kinase1_ref4 | 7 | 289 | 481 | 0.393 | 0.320 |
| 2abk_ref4 | 4 | 192 | 490 | 0.333 | 0.482 |
| 1pysA_ref3 | 10 | 210 | 313 | 0.310 | 0.200 |
| 1thm1_ref3 | 11 | 173 | 231 | 0.433 | 0.370 |
| 1eft_ref3 | 8 | 132 | 314 | 0.172 | 0.000 |

Nseq 是测试例子中序列的条数，MinL 和 MaxL 分别是测试例子中最短和最长序列的长度，Msa－Refining 是本文的求精算法。

## 12.5.5　算法设计二

针对多序列比对算法本身问题的复杂性，对于比对的质量有不同的评价标准，在此我们为了对算法从另外一个方面进行评价，提出了一个全新的挖掘算法，总的算法结构与上一节完全一样，最后也用实验做了验证。

### 12.5.5.1　挖掘策略

对于一个已知的多序列比对 $\boldsymbol{A}$：

$$\begin{matrix} A_{11} & A_{12} & \cdots & A_{1n} \\ A_{21} & A_{22} & \cdots & A_{2n} \\ \vdots & \vdots & \ddots & \vdots \\ A_{m1} & A_{m2} & \cdots & A_{mn} \end{matrix}$$

①对于比对 $\boldsymbol{A}$ 的第 $j$ 列：$(A_{1j},A_{2j},\cdots,A_{mj})^{\mathrm{T}}$，计算：$f_j,j=1,\cdots,n$，且：

$$f_j=\frac{\sum_{k=1}^{m}\sum_{l=k+1}^{m}\delta(A_{kj},A_{lj})}{C_m^2}$$

其中：$\delta(a,b)=1$，如果 $a$，$b$ 是同样的字符，并且任何一个都不是空格。否则 $\delta(a,b)=0$。

②计算 Aver，$\mathrm{Aver}=\cdots\frac{\sum_{j=1}^{n}f_j}{n}$。

③挖掘出比对比较差的序列块，即序列块中的所有的第 $j$ 列，并且满足：$f_j\leqslant P$，$(0\leqslant P\leqslant \mathrm{Aver})$。

### 1. 评价标准

在此采用 SPS[159] 得分标准去评价联配的质量。

SPS 描述如下：

对于一个测试例子的已知联配，假设该联配包含 $N$ 个序列和 $M$ 列，令联配的第 $i$ 列为：$A_{i1},A_{i2},\cdots,A_{iN}$。对于每一个残基 $A_{ij}$ 和 $A_{ik}$，定义 $p_{ijk}$，如果 $A_{ij}$ 和 $A_{ik}$ 在参考序列中也配对了，则 $p_{ijk}=1$，否则 $p_{ijk}=0$，第 $i$ 列的得分 $S_i$ 定义为：

$$S_i=\sum_{j=1,j\neq k}^{N}\sum_{k=1}^{N}p_{ijk}$$

整个联配的 SPS 得分为：

$$\mathrm{SPS}=\frac{\sum_{i=1}^{M}S_i}{\sum_{i=1}^{M_r}S_{ri}}$$

其中 $M_r$ 是参考联配中的列数，$S_{ri}$ 是参考联配第 $i$ 列的得分。SPS 最大为 1 最小为 0，越大说明联配的质量越好。

### 2. 实验分析

算法的实现是用 VC++ 编程，在奔腾 1.8GHz，内存 233 M 的机器上运行的。并且空隙的罚分使用仿射空隙罚分函数，所有的测试例子来自于标准数据集合 BAliBASE，为了准确地评价算法对其他常用的根据所以得到的比对的求精能力，在此采用 SPS 得分标准去评价联配的质量。

表 12－2 给出了本章的求精算法。首先用 ClustalX 对序列组进行比对，然后与求精前 ClustalX 的 SPS 得分比较。在该表中，两个算法都采用 ClustalX 的默认参数，开放罚分是 10，扩展罚分是 0.2，替代矩阵是 PAM－230。从表可知，测试例子的 SPS 都有一定的提高，实验的结果再次证明了算法的优越性和有效性。

表 12-2　算法的对比得分

| Test case | Nse | MinL | MaxL | MstMsa SPS | ClustalX SPS |
|---|---|---|---|---|---|
| 1csp_ref1 | 3 | 33 | 70 | 0.932 | 0.908 |
| 2cba_ref1 | 3 | 237 | 239 | 0.344 | 0.487 |
| 1plc_ref1 | 3 | 88 | 99 | 0.893 | 0.873 |
| 1aho_ref1 | 3 | 31 | 33 | 0.833 | 0.737 |
| 1amk_ref1 | 3 | 242 | 234 | 0.939 | 0.893 |
| 1pysA_ref4 | 4 | 234 | 783 | 0.332 | 0.482 |
| kinase1_ref4 | 7 | 289 | 481 | 0.703 | 0.382 |
| 1pfc_ref4 | 10 | 111 | 332 | 0.383 | 0.249 |
| 1ivy_ref3 | 7 | 403 | 441 | 0.384 | 0.734 |

Nseq 是测试例子中序列的条数，MinL 和 MaxL 分别是测试例子中最短和最长序列的长度。

## 12.6　算法分析

全局性分析：遗传算法速度慢，并且容易限于局部最优。本章中的极值遗传算法，充分利用直接搜索法求解局部极值速度快的优点，在极值域组合原理的指导下，很容易跳出局部最优，并且不会在同一区域里进行重复的搜索，找到全局最优的能力强，另外搜索空间变成小极值组合域，速度得到保证。

求精能力分析：本文构造了两个有针对性的挖掘算法，可以面向不同的评价标准，挖掘出不良的序列块，利用极值遗传算法的全局搜索能力，能对挖掘出来的序列块求精，另外不良序列块的规模很小，速度得到了保证。

**本章小结**

综上所述，极值组合已经应用在部分组合优化中，在此我们提出了一种新的极值域思想，并且提出了一些定理，与遗传算法相结合得到极值域遗传算法，易于克服局部收敛，找到全局最优解。另外由于多序列比对问题是个 NP 难题，任何算法求得的解一般是近似解。针对这种情况，我们设计了多种挖掘策略，挖掘出已知联配中的不良序列块，然后用极值域遗传算法对所有不良序列块进行重新联配，得到更好的比对结果。当初始的序列是用渐进算法联配时，新的求精方法能调整早期的一些错误，所以该算法能充分结合渐进和迭代算法的优点。理论上任何已知的比对，用我们的求精算法可以得到更好的解。

# 第十三章　基于单亲遗传算法的多序列比对

## 13.1　引言

遗传算法是模仿生物遗传学和自然选择机理，是对生物进化过程进行模拟的一种数学仿真，是进化计算中最重要的形式。在本质上遗传算法是一种不依赖于具体问题的直接搜索方法。遗传算法在模式识别、工业优化控制、自适应控制、生物科学等方面都得到了广泛的应用。目前，许多学者认为遗传算法、自适应系统、细胞自动机、混沌理论与人工智能一样，都是对未来的计算技术有重大影响的关键技术。遗传算法(GA)以其良好的鲁棒性、隐含并行性和全局最优性而深受实际工作者的喜爱。

多序列比对(MSA)问题实际上是一个组合优化问题，遗传算法是求解组合优化的一种比较成功的方法，许多研究者已经把遗传算法应用于多序列比对[197,294-306]，但由于MSA问题的复杂性和遗传算法固有的缺陷，没有取得令人满意的结果。

本章在以上研究的基础上，对算法的结构进行了全新的设计，构造了一些新的遗传算子，得到了一种求解多序列比对的新型单亲遗传算法[205]。算法框架模拟了自然界演化的周期性的特点。本章中的单亲遗传算法让群体的进化具有周期性，用精英保留策略使得群体不发生退化，构造了一个新的遗传算子——灾变算子，确保算法的搜索能力，并根据群体的多样性自适应调节变异概率，取得较好的实验结果。本研究也是单亲遗传算法在求解MSA问题上首次探索性的应用。

本章内容是这样安排的：13.2节遗传算法与单亲遗传算法简介；13.3节基于单亲遗传算法的多序列比对。

## 13.2　遗传算法与单亲遗传算法

### 13.2.1　遗传算法分析

遗传算法是一种基于空间搜索的算法，它通过自然选择、遗传、变异等操作以及达尔文适者生存的理论，模拟自然进化过程来寻找所求问题的解答。遗传算法与普通的优化搜索相比，采用了许多独特的技术和方法，归纳起来主要有以下几个优点：

(1)遗传算法不是采用确定性规则，而是采用概率的变迁规则来指导它的搜索方向。遗传算法采用概率仅仅是作为一种工具来引导其搜索过程朝着搜索空间的更优化的解区域移动。因此虽然看起来它是一种盲目搜索方法，但实际上有明确的搜索方向。

(2)遗传算法的处理对象不是参数本身，而是对参数集进行了编码的个体。此编码操作使得遗传算法可直接对结构对象进行操作。所谓结构对象泛指集合、序列、矩阵、树、图、链和表等各种一维或二维甚至三维结构形式的对象。这一特点，使得遗传算法具有广泛的应用领域，特别在工程应用方面。

(3)在标准遗传算法中，基本上不用搜索空间的知识或其他辅助信息，而仅用适应度函数值来评估个体，并在此基础上进行遗传操作。需要提出的是，遗传算法的适应度函数不仅不受连续可微的约束，而且其定义域可以任意设定。对适应度函数的唯一要求是：对于输入，可计算出加以比较的正的输出。遗传算法的这一特点使它的应用范围大大扩展。

(4)许多传统的搜索方法都是单点搜索算法，即通过一些变动规则，问题的解从搜索空间中的当前解移到另一解。这种点对点的搜索方法，对于多峰分布的搜索空间常常会陷于局部的某个单峰的优解。相反，遗传算法是采用同时处理群体中多个个体的方法，即同时对搜索空间中的多个解进行评估，更形象地说，遗传算法是并行地爬多个峰，这一特点使遗传算法具有较好的全局搜索性能，减少了陷于局部优解的风险，同时使得遗传算法本身也十分易于并行化。

遗传算法作为一种有效的全局搜索方法，从产生到今不断扩展应用领域，在组合优化问题中比较成功地应用于旅行商问题(TSP)、作业调度问题(flow-shop or scheduling)等。

尽管遗传算法在各种问题的求解与应用中展现了其特点和魅力，同时也暴露出它在理论和应用上的诸多不足和缺陷。

(1)无法解决孤立最优解问题。从数学角度看，遗传算法是一种概率性搜索算法，从工程角度看，是一种自适应迭代寻优过程，已经广泛应用于组合优化、机器学习、模式识别、人工智能等领域。研究表明，对于绝大部分问题，如果选择合理的编码方法、设置合适的适应函数和适宜的参数设置，都能在有限的循环步内找到最优解或近似最优解。然而，对于存在孤立最优解的问题，即在这个最优点周围是一些比较差的点，此时遗传算法很难甚至不能找到最优解，这类问题被称为“GA难”问题。

(2)搜索效率低。因为遗传算法克服局部极小的方法是依靠大规模的种群，其计算量很大，尤其是当被优化函数的维数较大时，遗传算法的计算时间将变得无法忍受。

由于以上原因，出现了许多新的改进的遗传算法，比如单亲遗传算法、混合遗传算法等，在性能方面都取得了一些进步。

## 13.2.2　单亲遗传算法分析

传统遗传算法(Traditional Genetic Algorithm，TGA)主要通过交叉算子繁殖后代，当交叉算子所作用的两个个体相同时，不能产生新的个体。因此，TGA要求初始群体具有广泛多样性，当群体进化到其中的各个个体均相同时，交叉算子无效，此时仅靠变异算子产生新的个体，遗传迭代难以进行下去，即发生所谓“早熟收敛”现象。

单亲遗传算法(Partheno-Genetic Algorithm，PGA)[204]，取消了交叉算子，只使用选择和变异算子，所有的遗传算子在同一条染色体完成，即使种群中各个个体均相同，遗传迭代也能进行，因此不要求初始群体具有广泛的多样性，从一定程度上克服了遗传算法的“早熟收敛”现象。另外单亲遗传算法，每次遗传操作只作用在一个染色体上，从时间上来分析，PGA比GA需要的时间要少，提高了算法的速度。

对于求解组合优化问题，序号编码所形成的染色体是一有序符号串，其中的各个字符分别代表一个事物序号，每条染色体分别代表所求解问题的一个解，即代表一种组合方式，它不能像非序号编码的染色体一样可以在两条染色体的任意位置进行交叉(因序号编码的染色体中的每个基因都是一个事物序号，随意交叉后的个体很可能不再代表原问题的一个解)，而必须使用单点交叉、斜交叉、多点交叉等特殊的交叉算子，这些交叉算子操作起来很不方便。由于单亲遗传算法只使用选择和变异算子，所以不存在这些困难，因此在求解组合优化问题时，PGA 要好于 TGA。

为更好地发挥单亲遗传算法在求解组合优化问题的优势，文献[203]给出了相关的策略：在遗传迭代的不同阶段使用不同的遗传操作方法有利于提高计算效率。因此，在遗传迭代过程中引入一些启发式策略，构成自适应启发式 PGA，是提高计算效率的有力措施。其启发式规则的构造应视具体问题做具体分析。通常有：

(1)在种群具有多样性时，使用单点遗传算子；而在种群不具有多样性时，使用多点遗传算子；

(2)在遗传迭代的早期，使用先繁殖后选择的运算方式；而在遗传迭代的晚期，使用先选择后繁殖的运行方式。

(3)若初始群体不具有多样性，则应使用多点遗传算子使种群中个体尽快分布到整个串空间。

多序列比对问题本质上是一个求解组合优化问题，这是使用单亲遗传算法求解该问题的原因。但不管怎样，PGA 本质上是一种遗传算法，它具有遗传算法的一些缺点，比如速度慢、求解质量不稳定、跳出局部极小(大)的能力不强，下节我们将改进单亲遗传算法，并且应用于多序列比对之中。

## 13.3 基于单亲遗传算法的多序列比对

为了算法的需要，在此给出多序列比的数学模型及相关的知识。

**定义 13.1[149](多序列比对)** 对于给定的序列组 $S_1,S_2,\cdots,S_k$，一次多序列比对是将它们映射为可能包含空格的 $S'_1,S'_2,\cdots,S'_k$，其中满足：

(1) $|S'_1| = |S'_2| = \cdots = |S'_k|$；

(2)以 $S'_i(i = 1,2,\cdots,k)$ 为行的矩阵，同一列中元素不能都是"－"；

(3)序列 $S'_i$ 去除空格后为序列 $S_i(1 \leqslant i \leqslant k)$；$k$ 条序列比对的分值：为 $k$ 条序列中任意两条序列(共有 $C_k^2$ 种可能)的分值 $V$ 之和，用 SP 来表示：

$$\mathrm{SP} = \sum_{i=1}^{C_k^2} V_i \tag{13-1}$$

下面对定义 13.1 进行具体说明。已知 $N$ 个序列的序列组 $S = \{S_1,S_2,\cdots,S_N\}$，其中 $S_k = \{b_{k1}b_{k2}\cdots b_{kn}\}$，$k=1,2,\cdots,N$ 且 $b_{ij}\in\Omega$，$j=1,2,\cdots n_i$，$i=1,2,\cdots,N$，$S$ 经过一个多序列比对 $A$ 得到 $S^* = \{s_1^*, s_2^*, \cdots s_N^*\}$。其中

$$s_k^* = \{b_{k1}^*b_{k2}^*\cdots b_{kL}^*\},k = 1,2,\cdots,N \quad b_{ij}^* \in \widetilde{A} \cup \{-\}, j = 1,2,\cdots,L,\ i = 1,2,\cdots,N, \tag{13-2}$$

$$\max(n_i) \leqslant L \leqslant \sum_{i=1}^{N} n_i \tag{13-3}$$

这里"－"代表多序列比对中一个单位长度的缺口。式(13－3)说明序列比对后的长度不能超过比对前各序列长度的总和。问题的复杂性对于一个多序列的比对 $A$，可以定义不同形式的目标函数，一种常用的目标函数是基于 SP 准则[153]给出的，其定义如下：

$$f(A) = \sum_{i=1}^{N-1}\sum_{j=i+1}^{N}\sum_{l=1}^{L}\delta(b_{il}^{*},b_{jl}^{*}) \quad (13-4)$$

其中 $\delta(*,*):\{\Omega\cup\{-\}\}\times\{\Omega\cup\{-\}\}\rightarrow R$ 为二元实值函数。$\delta(a,b)$ 也就是 $a$，$b$ 比对的一个得分，与得分矩阵有关，通常称式(13-4)的值为比对 $A$ 的得分，如果 $S$ 的一个比对 $B$ 满足条件

$$f(B) = \min_A f(A) \quad 或 \quad f(B) = \max_A f(A) \quad (13-5)$$

则称 $B$ 是一个最佳比对，问题(13-5)的复杂性是 $O(L_1L_4L_4\cdots L_n)$，$L_i$ 是序列 $S_i$ 的长度。

### 13.3.1　编码方式和相关算子

目前，PGA 的编码方式主要有二进制位串编码和十进制串编码等。二进制编码求解精度受染色体长度的限制，长度过短会影响最优解的质量，长度过长又会增大搜索空间，降低效率。尤其是它涉及二进制的编码解码问题，所需时间代价和空间都比较大。本章针对具体的 MSA 问题采取十进制编码方式。

对于已知 $N$ 个序列的序列组 $S=\{s_1,s_2\cdots,s_N\}$，每一次比对用一条染色体表示，染色体分成 $N$ 段 $G_1,G_2,\cdots,G_N$，第 $G_k$ 段与序列 $s_k$ 相对应。其中 $G_k$ 的长度表示在序列 $s_k$ 中插入的空格数，$G_k$ 中的每一个基因的值表示在 $s_k$ 中插入空格的位置，插入的方式从后向前，保证染色体 $G_k$ 中基因值的可能性是固定的，等于序列 $s_k$ 的长度加一。例如：

$$\Omega = \{\text{"DCEADFC"},\text{"ECADAEF"}\}$$

染色体：

| 4 | 6 | 6 | 0 | 0 | 6 | 0 | 7 | 0 | 0 | 0 | 4 |
|---|---|---|---|---|---|---|---|---|---|---|---|

染色体分为两段，每段的长度为 6，则相应的比对为：（“ * ”代表“ - ”）

* * D C E * A D F * * * C

* * * * E C A D * A E F *

**定义 13.2**　选择算子[202-204]的操作方式：

①计算群体中个体的适应值 $f(x_i)$，$i=1, 2, \cdots, N$，$N$ 为种群的大小。

②按适应值从大到小的顺序编号，然后以个体的序号作为其变换后的适应值，即 $N$ 个个体的适应值分别为，1，4，…，$N$，编号为 $m$ 的个体 $x_m$ 被选中的概率为 $P(m)=\frac{m}{N}$，$1\leqslant m\leqslant N$。

③产生一随机数 $r\in[0,1]$，若 $r\in[P(i-1),P(i)]$，则选择个体 $x_i$，$i\in\{1,2,\cdots,N\}$，$P(0)=0$。

**定义 13.3**　假设父体是 $S$，反转算子是一种遗传算子，其操作方式如下：

①从 $S$ 中随机取两个基因 $gen_1,gen_2$。

②将 $gen_1$ 和 $gen_2$ 间的基因（含 $gen_1,gen_2$）反序，同时修改 $S$ 的适应值。

**定义 13.4**　假设父体是 S，变异算子定义为如下操作步骤：

①确定一个自然数 $K$，随机生成一个不大于 $K$ 的自然数 $n$。

②从 $S$ 中随机选择 $n$ 个基因 $c_i$，随机给每个 $c_i$ 赋可能的值，同时修改 $S$ 的适应值。

**定义 13.5** 假设父体是 $S$，灾变算子定义如下：

①确定一个自然数 $K$，$K$ 不大于染色体的长度，把染色体分成 $K$ 段。

②从染色体 $S$ 中每一段染色体片段 $S_i$ 中随机取 1 个基因 $c_i$；随机给每个 $c_i$ 取可能的值，同时修改 $S$ 的适应值。

### 13.3.2 算法的设计

本章中的PGA算法框架的设计是模拟自然界演化的周期性的特点。自然界的演化往往是进化和退化交替进行的，表现出周期性的特点，它是一个循环往复的过程，但不是一种简单的回复。本章中的PGA算法让群体的进化具有周期性，用精英保留策略使得群体不发生退化，保持进化的趋势特点，灾变算子有可能使群体发生退化的特点。PGA算法对一个进化周期的设计是：首先使用选择算子、反转算子和自适应变异算子对群体进行进化，当群体经过一定的进化代数后，群体不再具有多样性了，很容易陷入局部最优，如果陷入局部最优，则使用灾变算子使得群体具有多样性，增强算法的搜索能力。周期与周期之间的联系是下一个周期的继承了上一个周期的最优个体，重新生成其余个体，宛如自然界种族灭绝后的再生。这种策略并非退化，其实是尽快摆脱低效的操作，进入一个效率更高的新的进化周期。PGA算法就是通过若干个这样的进化周期，最后找到最优解的，反映出群体进化的渐进上升的趋势。如果在周期之间不使用精英保留策略，在某些周期中可能出现退化现象，这与自然进化相符合。

具体算法设计如下：

①编码 PGA 采用十进制编码。

②确定适应度函数 $f(A)$。

③随机器初始化群体 $P$（群体规模为 $N$ 个）；进化代数 $L_s$，进化周期 Gen，反转算子概率 $P_i$，变异概率 $P_m$。

④如果进化周期 $gen < Gen$，则进入④的①，否则输出最优解，终止算法。

①如果进化代数 $k < L_s$，计算初始群体中各个个体的适应值，保留最优个体，对 $P$ 中的个体使用选择算子进行遗传操作，生成其他 $N-1$ 个个体，代替父代。

Ⅱ对 $P$ 中的个体使用反转算子（逆转概率 $P_i$）进行遗传操作，用生成的新个体替代父个体，同时子代最优秀的与父代最优秀的个体比较，保留最优秀的。

Ⅲ对 $P$ 中的个体使用变异算子（变异概率为 $P_m$）进行遗传操作（操作是随机的），用生成的子个体替代父个体，同时子代最优秀的与父代最优秀的个体比较，保留最优秀的，其变异算子为：

$$P_m = \begin{cases} P_m \dfrac{1}{1-\dfrac{fit_{\min}}{fit_{\text{aver}}}}, \dfrac{fit_{\min}}{fit_{\text{aver}}} > a, \\ P_m, \text{other} \end{cases} \tag{13-6}$$

$P_m$ 最大为0.5。如果没有陷入局部最优，回到④的①开始下一代，否则使用灾变算子，回到④的①开始下一代，直到结束一个周期。

⑤保留上周期最优的个体，随机会生成其他 $N-1$ 个个体，开始新的周期返回到④。

⑥终止条件判断，如不满足终止条件，转到④，否则输出最优个体。

### 13.3.3　实验分析

在这里，我们将其应用于具体的多序列(DNA，RNA 和氨基酸序列)比对问题。我们选取一组 19 个原核的 5SRNA 序列作为分析数据，如图 13－1 所示。这里 $\Omega=\{a, c, g, u\}$，其中 a 为腺嘌呤，u 为尿嘧啶，g 为鸟嘌呤，c 为胞嘧啶。

S1：ccuagugacaauagcggagaggaaacacccguucccaucccgaacacggaaguuaag
S4：ccuaguggugauagcggaggggaaacacccguucccaucccgaacacggaaguuaag
S4：uuugguggcgauagcgaagaggucacacccguucccauaccgaacacggaaguuaag
S4：uuugguggcgauagcgaagaggucacacccguucucaugccgaacacggaaguuaag
S5：ucugguggcgauagcgaagaggucacacccguucccauaccgaacacggaaguuaag
S6：uguugugaugauggcauugaggucacaccuguucccauaccgaacacagaaguuaag
S7：ugccuggcggccguagcgcgguggucccaccugaccccaugccgaacucagaagugaaa
S8：ugucuggcggccauagcgcagugguccca ccugaucccaugccgaacucagaagugaaa
S9：ugcuuggcgaccauagcguuauggacccaccugaucccuugccgaacucaguagugaaa
S10：guuucgguggucauagcgugagggaaacgcccgguuacauuccgaacccggaagcuaag
S11：uccagugucuaugacuuagagguaacacuccuucccauuccgaacaggcagguuaag
S14：uguucuuugacgaguaguagcauuggaacaccugaucccaucccgaacucagaggugaaa
S14：uggccugguggucauugcgggcucgaaacacccgaucccaucccgaacucggccgugaaa
S14：uccuggugucuauggcgguauggaaccacucugaccccaucccgaacucaguugugaaa
S15：uauucugguguccuaggcguagaggaaccacaccaauccaucccgaacuuggugguuaaa
S16：uauucuggugcuccuaggcguagaggaaccaaaccaauccaucccgaacuugguggguuaaa
S17：aauccccgcccuuagcggcguggaacacccguucccauuccgaacacggaagugaaa
S18：uuaaggcggccauagcgguggguuacucccguacccaucccgaacacggaagauaag
S19：guucacauccgccaggacgcggcgauuacacccgguauccagcccgaacccggaagcgaaa

图 13－1　测试序列

为了检验新的单亲遗传算法的有效性，作者已将本文给出的方法用 c++ 编程实现，打分矩阵是 WT－matrices，如表 13－1 所示。

**表 13－1　WT 矩阵**

|  | － | a | g | c | u |
|---|---|---|---|---|---|
| － | 0.00 | 1.00 | 1.00 | 1.00 | 1.00 |
| a | 1.00 | 0.00 | 0.45 | 0.77 | 0.77 |
| g | 1.00 | 0.45 | 0.00 | 0.77 | 0.77 |
| c | 1.00 | 0.77 | 0.77 | 0.00 | 0.45 |
| u | 1.00 | 0.77 | 0.77 | 0.45 | 0.00 |

根据本文的程序设计，所选参数如下：

群体规模：$N=40$　进化代数：$L_s=40000$ 终止周期：Gen＝400。

反转概率：$P_i=0.6$ 初始变异概率：$P_m=0.04$。

图 13－2、图 13－3 分别给出了单亲遗传算法运算所得的最优比对的部分实验结果和 Sankoff[155] 等人使用基于 RNA 序列二级结构的序列结构的序列比对方法得到的部分实验结果(用“＊”代表“－”)。用同样的 $\{\widetilde{A}\cup\{-\}\}$ 上的度量 $d(*,*)$ 及矩阵 WT－matrixs 给

出。用式(13-1)计两组比对的分数值，本文PGA(图13-2)所示的结果是2381.94，优于Scankoff(图13-3)等人的结果2403.38，同时说明了单亲遗传算法在求解MSA问题上的可行性和优越性。

```
S1 : * * * ccuagugacaa * uag * cggagaggaaacac * ccguucccaucccgaacacggaaguuaag
S4 : * * * ccuagugguga * uag * cggaggggaaacac * ccguucccaucccgaacacggaaguuaag
S4 : * * * uuugguggcga * uag * cgaagaggucacac * ccguucccauaccgaacacggaaguuaag
S4 : * * * uuugguggcga * uag * cgaagaggucacac * ccguucucaugccgaacacggaaguuaag
S5 : * * * ucugguggcga * uag * cgaagaggucacac * ccguucccauaccgaacacggaaguuaag
S6 : * * * uguugugauga * ugg * cauugaggucacac * cuguucccauaccgaacacagaaguuaag
S7 : * ugccuggcggccg * uag * cgcgguggucccac * cugaccccaugccgaacucagaagugaaa
S8 : * ugucuggcggcca * uag * cgcaguggucccac * cugaucccaugccgaacucagaagugaaa
S9 : * ugcuuggcgacca * uag * cguuauggacccac * cugaucccuugccgaacucaguagugaaa
S10: * guuucggugguca * uag * cgugagggaaacgc * ccgguuacauuccgaacccggaagcuaag
S11: * * * uccagugucua * uga * cuuagagguaacac * uccuucccauuccgaacaggcagguuaag
S14: * uguucuuugacgaguag * uagcauuggaacac * cugaucccaucccgaacucagaggugaaa
S14: uggccugguggucca * uug * cgggcucgaaacac * ccgaucccaucccgaacucggccgugaaa
S14: * * uccuggugucua * ugg * cgguauggaaccacucugaccccaucccgaacucaguugugaaa
S15: uauucuggugucc * * uaggcguagaggaaccacaccaauc * caucccgaacuuggugguuaaa
S16: uauucuggugcucc * uaggcguagaggaaccaaaccaauc * caucccgaacuuggugguuaaa
S17: * aaucc * ccgcccu * uag * cggcgugg * aacac * ccguucccauuccgaacacggaagugaaa
S18: * * uuaaggcggcca * uag * cgguggguuacuc * ccguacccaucccgaacacggaagauaag
S19: guucacauccgcca * gga * cgcggcgauuacacccgguauccagcccgaacccggaagcgaaa
```

图13-2 单亲遗传算法的实验结果

```
S1 : * * * ccuagugacaa * uag * cggagaggaaacac * ccguucccaucccgaacacggaaguuaag
S4 : * * * ccuagugguga * uag * cggaggggaaacac * ccguucccaucccgaacacggaaguuaag
S4 : * * * uuugguggcga * uag * cgaagaggucacac * ccguucccauaccgaacacggaaguuaag
S4 : * * * uuugguggcga * uag * cgaagaggucacac * ccguucucaugccgaacacggaaguuaag
S5 : * * * ucugguggcga * uag * cgaagaggucacac * ccguucccauaccgaacacggaaguuaag
S6 : * * * uguugugauga * ugg * cauugaggucacac * cuguucccauaccgaacacagaaguuaag
S7 : * ugccuggcggccg * uag * cgcgguggucccac * cugaccccaugccgaacucagaagugaaa
S8 : * ugucuggcggcca * uag * cgcaguggucccac * cugaucccaugccgaacucagaagugaaa
S9 : * ugcuuggcgacca * uag * cguuauggacccac * cugaucccuugccgaacucaguagugaaa
S10: * guuucggugguca * uag * cgugagggaaacgc * ccgguuacauuccgaacccggaagcuaag
S11: * * * uccagugucua * uga * cuuagagguaacac * uccuucccauuccgaacaggcagguuaag
S14: * uguucuuugacgaguaguagcauugg * aacac * cugaucccaucccgaacucagaggugaaa
S14: uggccugguggucca * uug * cgggcucgaaacac * ccgaucccaucccgaacucggccgugaaa
S14: * * uccuggugucua * ugg * cgguauggaaccacucugaccccaucccgaacucaguugugaaa
S15: uauucuggug * ucc * uaggcguagaggaaccacaccaauc * caucccgaacuuggugguuaaa
S16: uauucuggugcucc * uaggcguagaggaaccaaaccaauc * caucccgaacuuggugguuaaa
S17: * * aauccccgcccu * uag * cggcguggaa * cac * ccguucccauuccgaacacggaagugaaa
S18: * * uuaaggcggcca * uag * cgguggguuacuc * ccguacccaucccgaacacggaagauaag
S19: guucacauccgcca * gga * cgcggcgauuacacccgguauccagcccgaacccggaagcgaaa
```

图13-3 Scankoff等人得到的比对结果

从上面的实例可见，本章提出的单亲遗传算法在 MSA 问题求解上得到了较满意的结果。对同样的序列比对，其解的质量好于前辈 Sankoff 等人求得的解。该方法也与传统遗传算法在速度上进行了比较，在同样质量解要求下，新型单亲遗传算法速度明显要快，这是由单亲遗传算法不需要交叉算子的性质决定的。

# 13.4　算法分析

对遗传算法等非确定性搜索算法进行定量的理论分析是很困难的，遗传算法提出几十年了，虽然有很多专家学者在这方面做了大量的工作，但是其理论基础仍然薄弱[207]，很多基本的问题，如模式定理，至今也没有理论上的证明[207]，至于算法的收敛性、复杂性，虽然有不少结论，但不具有普遍性，只适应于特定的情况。本节我们对算法进行一个粗略的分析。

### 1. 全局性分析

(1)遗传算法的选择算子可能造成最好的解失去繁殖的机会。本章算法中的优化策略是随时将上一代中最好的解直接放入下一代的解群中，保证了进化的趋势。

(2)优化策略下传统的遗传算法会出现整个种群可能在没有达到最优解甚至没有达到可接受解的时候，就会因为一种或几种个体的副本占了统治地位而达到了局部最优值，但是不能找到更优的解，即“过早收敛”；与“过早收敛”相对应，“过慢结束”是指在许多代之后。但我们在此设计了一个灾变算子提高种群的多样性，如果还不能解决“过早收敛”的问题，则结束这个周期，进入下个周期，保留上个周期的最好个体，重新生成其余的个体，最大限度地实现了种群体的多样性，增强算法的搜索能力，容易找到全局极值。

(3)下一个周期继承了上一个周期的最优解，保证了进化的延续性。不容易出现传统遗传算法的退化的情况。

### 2. 快速性分析

(1)本节的单亲遗传算法，由于没有交叉算子，所以比传统的遗传算法要快，与一般的单亲遗传算法比，因为在一个周期中进化代数一般比较小，通常不会出现单亲遗传算法的迟钝状态，提高了运行的速度。

(2) 在一个周期中，设计的变异概率随着种群的多样性而改变，当种群的多样性比较好时变异概率会变小，可以节约时间，而不影响多样性。反之，当种群的多样性不好时变异概率会变大，保证种群的多样性，使全局极值得到保证，这说明了该方法优于传统的遗传算法。

## 本章小结

本文提出了基于新型单亲遗传算法的多序列比对算法。该算法的基本思想是：

(1)在遗传算法的基础上，提出了一种新型单亲遗传算法，不使用交叉算子，只使用变异和选择算子。

(2)有效消除了算法中的欺，使用灾变算子来确保算法的搜索能力。整个算法模拟了自然界进化的周期性，较好地解决了种群的多样性和收敛速度的矛盾。

单亲遗传算法作为一种新型遗传算法，可以广泛应用于模式识别、神经网络、自适应控制、生物科学等方面，未来的工作是并行化的实现，以及采用混合策略与其他方法组成效率更高的算法，这就是下节要介绍的工作。

# 第十四章　基于遗传算法与星比对的多序列比对混合算法

## 14.1　引言

近年来，由 Holland 研究自然现象与人工系统的自适应行为时，借鉴“优胜劣汰”的生物进化与遗传思想而首先提出的遗传算法，是一种较为有效的求全局最优解的方法。以遗传算法为代表的进化算法发展很快，在各种问题的求解与应用中展现了其特点和魅力，但是其理论基础还不完善，在理论和应用上暴露出诸多不足和缺陷，如存在收敛速度慢且存在早熟收敛问题，为克服这一问题，早在 1989 年 Goldberg 就提出混合方法的框架[167]，把 GA 与传统的、基于知识的启发式搜索技术相结合，来改善基本遗传算法的局部搜索能力，使遗传算法离开早熟收敛状态而继续接近全局最优解。

近年来的研究表明，常规遗传算法并不一定针对某一问题的最佳求解方法。而将遗传算法与问题的特有知识集成到一起所构成的新算法却有可能产生出求解性能极佳的方法，另外是考虑 GA 与其他方法的集成，得到一种新方法。这些基于遗传算法的新方法即混合遗传算法(Hybrid Genetic Algorithm ，HGA )。

本章在以上的基础上，提出了一种基于知识的混合遗传算法和一种基于单亲遗传算法和模拟退火的混合算法，并应用于多序列比对之中，取得了比较好的结果。

本章内容是这样安排的：14.2 节混合遗传算法；14.3 节星比对算法；14.4 节基于遗传算法与星比对的多序列比对混合算法。

## 14.2　混合遗传算法

混合遗传算法为继续提高遗传算法的搜索性能提供了新的思路，也是目前遗传算法研究中比较活跃的领域，遗传算法与混沌序列的有机结合，产生了新的混沌遗传算法，免疫算法与遗传算法的结合得到免疫遗传算法，模拟退火与遗传算法的结合成了遗传模拟退火算法，将遗传算法与特有的知识集合起来可以得到一种启发式遗传算法。不管哪种混合遗传算法，在构成混合遗传算法时，有一些基本原则，下面介绍一下 De Jong[167] 提出的 3 条基本原则。

(1)尽量采用原有算法的编码。这样就便于利用原有算法的相关知识，也便于实现混合算法。

(2)利用原有算法的特点。这样就可以保证由混合遗传算法所到的解的质量不会低于原有算法所求到的解的质量。

(3)改进遗传算子。设计能适用新的编码方式的遗传算子，并在遗传算子中融入与问题相关的启发式知识，这样就可使得混合遗传算子既能够保持遗传算法的全局寻优特点，又能够提高运行的效率。

## 14.3 星比对算法

研究表明，使用标准动态程序设计方法计算多序列优化比对也费时冗长。因此人们又提出了其他方法，这些候选方法多是启发式的，即它们不保证比对结果的质量，而仅仅是更快获得答案。在许多情况下，所得到的答案是合理的好答案。其中一个启发式方法是星比对[151]。下面做一个简单的介绍。

星比对算法是基于一个固定序列与所有其他序列的配对比对而建立的，这个固定序列是星的中心，使用一种称为“一旦为空格，始终为空格”的技术将这些配对比对向中心汇集。即在中心与其他序列的优化比对过程中，会不断往中心序列中加入空格以适配比对，且决不移出已经加入的空格，也就是空格一旦加入到中心序列，就始终留在中心序列中，直到所有其他序列与中心序列优化比对完。算法描述如下。

①对于一组含有 $K$ 条序列的集合 $\Omega$，首先找出序列 $S_t$，$S_t \in \Omega$，使得 $\sum_{i \neq t} Score(S_i, S_t)$ 的值最小，令 $A = \{S_t\}$ 。

②逐次地添加 $S_i \in \Omega - \{S_t\}$ 到 A 中，并使 $S_i$ 与 $S_t$ 的 $B$ 比对的值最小。假设 $S_1, S_2, \cdots, S_{i-1}$ 已经添加到 $B$ 中，由于在分别和 $S_t$ 进行比对的过程中需要加入一些空格，故此时 $A = \{S'_1, S'_2 \cdots S'_{i-1}, S'_t\}$。按照两条序列比对的动态规划算法比较 $S'_t$和 $S_i$，分别产生新的序列和 $S'_i$，再按照中添加空格的位置调节序列$\{S'_1, S'_2 \cdots S'_{i-1}\}$成，并用替换 $S'_t$，最后得到的比对即星比对算法的比对结果。

星比对加入操作的时间复杂性取决于数据结构，在合理的数据结构下它不高于 $O(lk)$，$l$是比对长度的上界。因为我们有 $O(k)$个序列需加入，加入结束时费时 $O(k^2 l)$。整个时间复杂性是 $O(kn^2 + k^2 l)$。如果我们要知道最终计分，则需要花 $O(k^2 l)$的时间，但渐进的时间复杂性不变。

## 14.4 基于遗传算法与星比对的多序列比对混合算法

为了算法设计需要，特别是适应度函数的设计，我们引入多序列比对的严格定义，描述如下。

对于给定的 $N$ 条序列，$S_1, S_2, \cdots, S_N$ ，$S_k = s_{k1} s_{k2} \cdots s_{kn_k}$ ，$k = 1, 2, \cdots, N$ ，

这里 $s_{ij}, j = 1, 2, \cdots, n_i, i = 1, 2, \cdots, N$ 表示一个核苷酸或氨基酸残基。有效的残基类型集合用$\Sigma$表示，对 DNA 序列$\Sigma = \{A, G, C, T\}$，对 RNA 序列$\Sigma = \{A, G, C, U\}$，对蛋白质序列，$\Sigma$包含了 20 个字符，每个字符代表一种氨基酸。另外，在进化过程中少数残基会发生缺失或插入现象。因此，在比较几个相关序列时会出现中断(break)现象，即产生了“间隙”问题，间隙用“ - ”表示。用$\Sigma'$表示$\Sigma \cup \{-\}$ ，多序列比对定义如下[149]。

**定义 14.1** 一个多重序列比对 $A$ 是一个二维字符矩阵，即 $A = \{s'_{ij}\}$ ，$j = 1, 2, \cdots, L, i = 1, 2, \cdots, N$ 。其中 $s'_{ij} = s_{ij}$ 或“ - ”，$\max(n_i) \leq L \leq \sum_{i=1}^{N} n_i$ ，并满足下列 3 个条件。

(1)序列的数目等于矩阵的行数;

(2)如果移去每行中的‘ - ’字符，将得到原来的序列;

(3)每一列中不允许同时为‘-’。

$N$ 条序列比对的分值为 $N$ 条序列中任意两条序列(共有 $C_N^2$ 种可能)的分值 $V$ 之和，用 $SP$ 来表示。$SP = \sum_{i=1}^{C_N^2} V_i$。

已知 $N$ 个序列的序列组 $S = \{S_1, S_2, \cdots, S_N\}$。对于一个多序列的比对 $\alpha$，可以定义不同形式的目标函数，一种常用的目标函数是基于 SP 准则[152]给出的，其定义如下。

$$f(\alpha) = \sum_{i=1}^{N-1} \sum_{j=i+1}^{N} \sum_{l=1}^{L} \delta(s_{il}^*, s_{jl}^*) \quad (14-1)$$

其中 $\delta(*, *): \Sigma' \times \Sigma' \rightarrow R$ 为二元实值函数。称式(14-1)的值为比对 $\alpha$ 的得分。如果 $S$ 的一个比对 $\beta$ 满足条件

$$f(\beta) = \min_{\alpha} f(\alpha) \quad (14-2)$$

则称 $\beta$ 是一个最佳比对，求最佳比对的问题是一个 NP 完全问题。

### 14.4.1　算法的设计

在理解混合算法原则的基础上，本节设计了一种基于知识的启发式搜索技术与之相结合，来改善基本遗传算法的局部搜索能力。类似于第二章的算法，整个算法框架的设计是模拟自然界演化的周期性的特点。另外在传统的遗传算法的基础上我们创造性地引入了种子的策略，即在生成初始种群时，我们保证有一个个体有比较高的适应值，这种子是由星比对算法生成的。另外我们在代与代之间采用了精英保留策略使得群体不发生退化，保持进化的趋势特点，设计了一个突变算子保证群体的多样性，同时有可能使群体发生退化的特点，与自然界演化的周期性相吻合。算法对一个进化周期的设计思想是，首先使用选择算子、自适应变异算子对群体进行进化，当群体经过一定的进化代数后，如果陷入局部最优，则使用突变算子增强算法的搜索能力。经过一定的代数进化后，仅仅保留最优解，对最优个体所对应的序列组进行星比对，比对后的序列组对应的染色体个体如果更优则取代最优解，重新生成其余个体，进入下一个周期，宛如自然界种族灭绝后的再生。这种策略并非退化，而是尽快摆脱进化迟钝状态，开始一个新的进化周期。算法就是通过若干个这样的进化周期，最后找到最优解的。

目前，算法的编码方式主要有二进制编码、十进制编码和字符编码等方式。编码的求解精度受染色体长度的限制，长度过短会影响最优解的质量，长度过长又会增大搜索空间，降低效率。为了操作和评价方便，算法针对 MSA 问题采取十进制编码方式，与第二章的一样，不再描述。下面给出相应的遗传算子。

**定义 14.2**　变异算子定义为以下操作。假设父体是 S。

(1)从 S 中随机取两个基因 g1 和 g2。

(2)将 g1 和 g2 间的基因(含 g1 和 g2)反序，同时修改 S 的适应值。

**定义 14.3**　突变算子定义为如下。假设父体是 S。

(1)确定一个自然数 $K$，$K$ 不大于染色体的长度，把染色体分成 $K$ 段。

(2)从染色体 S 中每一段染色体片段 $S_i$ 中随机取 1 个基因 $c_i$；随机给每个 $c_i$ 赋可能的值，同时修改 S 的适应值。

**定义 14.4** 主搜索组合算子。

(1)用轮盘赌选择法选择再生个体。

(2)按一定的交叉概率($P_c$)使用交叉算子，生成新的个体，交叉算子使用单点交叉；

(3)按一定的变异概率($P_m$)使用变异算子，生成新的个体，变异算子即定义 14.2；其中

$$P_m = \begin{cases} P_m \dfrac{1}{1 - \dfrac{fit_{min}}{fit_{aver}}}, \dfrac{fit_{min}}{fit_{aver}} < a, \\ P_m, \text{other} \end{cases} \tag{14-3}$$

其中 $0 \leqslant P_m \leqslant 0.5, 0.5 < a < 1$。

(4)由变异和交叉产生新一代的种群。

接下来给出完整的算法设计：

①进化周期数 $L_S$ 赋值，给进化代数 Gen 赋值。

②用星比对已有的 $N$ 条序列进行比对，得到一个比对，翻译成为一个染色体个体，另外随机生成 $P-1$ 个个体，得到初种群。

③计算 $P$ 中个体的适应值，把群体 $P$ 中最优秀的个体用变量 optimal 保存起来。

④在每一个周期里边，进行以下操作：

Ⅰ 对初始群体使用主搜索组合算子；如果陷入局部最优，个体按适应值从小到大排序，序号为偶数的个体使用突变算子。

Ⅱ如果最优秀的个体好于 optimal 里边的值，则替换成为最好的，在本周期没有结束之前，回到①，否则转⑤。

⑤在周期没有完成时，保留得到最优秀的个体，为新周期种群体里边的一个，随机生成其余的 $P-1$ 个，转④。

⑥翻译成 $N$ 条序列的比对，回代到原来的位置，得到一个完整的 $N$ 条序列的比对。

⑦结束。

### 14.4.2 实验分析

在这里，将其算法应用于具体的多序列(DNA，RNA 和氨基酸序列)比对问题。选取一组 19 个原核的 5SRNA 序列作为分析数据，即第四章的图 4-1。

为了检验新的单亲遗传算法的有效性，作者已将本文给出的方法用 c++ 编程实现，打分矩阵是 WT-matrices（表 14-1）。

**表 14-1 WT 矩阵**

| | — | a | g | c | u |
|---|---|---|---|---|---|
| — | 0.00 | 1.00 | 1.00 | 1.00 | 1.00 |
| a | 1.00 | 0.00 | 0.45 | 0.77 | 0.77 |
| g | 1.00 | 0.45 | 0.00 | 0.77 | 0.77 |
| c | 1.00 | 0.77 | 0.77 | 0.00 | 0.45 |
| u | 1.00 | 0.77 | 0.77 | 0.45 | 0.00 |

根据本文的程序设计，所选参数如下：

种群大小(popsize) =50；进化周期数($L_s$) =10；进化代数(EG) =50000；交叉概率：$P_i$ =0.8；初始变异概率：$P_m$ =0.05。

图 14 -1、图 14 -2 和 图 14 -3 分别给出了 Sankoff 、上一章单亲遗传算法和本章的混合算法得到的结果，分别是 2403.38、2381.94 和 2374.45，说明了该方法的性能优势。

S1 ： – – – ccuagugacaa – uag – cggagaggaaacac – ccguucccaucccgaacacggaaguuaag
S4 ： – – – ccuaguggaga – uag – cggaggggaaacac – ccguucccaucccgaacacggaaguuaag
S4 ： – – – uuugguggcga – uag – cgaagaggucacac – ccguucccauaccgaacacggaaguuaag
S4 ： – – – uuugguggcga – uag – cgaagaggucacac – ccguucucaugccgaacacggaaguuaag
S5 ： – – – ucugguggcga – uag – cgaagaggucacac – ccguucccauaccgaacacggaaguuaag
S6 ： – – – uguugugauga – ugg – cauugaggucacac – cuguucccauaccgaacacagaaguuaag
S7 ： – ugccuggcggccg – uag – cgcgguggucccac – cugaccccaugccgaacucagaagugaaa
S8 ： – ugucuggcggcca – uag – cgcaguggucccac – cugaucccaugccgaacucagaagugaaa
S9 ： – ugcuuggcgacca – uag – cguuauggacccac – cugaucccuugccgaacucaguagugaaa
S10： – guuucggugguca – uag – cgugagggaaacgc – ccgguuacauuccgaacccggaagcuaag
S11： – – – uccagugucua – uga – cuuagagguaacac – uccuucccauuccgaacaggcagguuaag
S14： – uguucuuugacgaguaguagcauugg – aacac – cugaucccaucccgaacucagaggugaaa
S14：uggccuggugguca – uug – cgggcucgaaacac – ccgaucccaucccgaacucggccgugaaa
S14： – – uccuggugucua – ugg – cgguauggaaccacucugaccccaucccgaacucaguugugaaa
S15：uauucuggug – ucc – uaggcguagaggaaccacaccaauc – caucccgaacuuggugguuaaa
S16：uauucuggugcucc – uaggcguagaggaaccaaaccaauc – caucccgaacuuggugguuaaa
S17： – – aaucccegcccu – uag – cggcguggaa – cac – ccguucccauuccgaacacggaagugaaa
S18： – – uuaaggcggcca – uag – cgguggguuacuc – ccguacccaucccgaacacggaagauaag
S19：guucacauccgcca – gga – cgcggcgauuacacccgguauccagcccgaacccggaagcgaaa

图 14 -1　Scankoff 等人得到的比对结果

S1 ： – – – ccuagugacaa – uag – cggagaggaaacac – ccguucccaucccgaacacggaaguuaag
S4 ： – – – ccuaguggaga – uag – cggaggggaaacac – ccguucccaucccgaacacggaaguuaag
S4 ： – – – uuugguggcga – uag – cgaagaggucacac – ccguucccauaccgaacacggaaguuaag
S4 ： – – – uuugguggcga – uag – cgaagaggucacac – ccguucucaugccgaacacggaaguuaag
S5 ： – – – ucugguggcga – uag – cgaagaggucacac – ccguucccauaccgaacacggaaguuaag
S6 ： – – – uguugugauga – ugg – cauugaggucacac – cuguucccauaccgaacacagaaguuaag
S7 ： – ugccuggcggccg – uag – cgcgguggucccac – cugaccccaugccgaacucagaagugaaa
S8 ： – ugucuggcggcca – uag – cgcaguggucccac – cugaucccaugccgaacucagaagugaaa
S9 ： – ugcuuggcgacca – uag – cguuauggacccac – cugaucccuugccgaacucaguagugaaa
S10： – guuucggugguca – uag – cgugagggaaacgc – ccgguuacauuccgaacccggaagcuaag
S11： – – – uccagugucua – uga – cuuagagguaacac – uccuucccauuccgaacaggcagguuaag
S14： – uguucuuugacgaguag – uagcauuggaacac – cugaucccaucccgaacucagaggugaaa
S14：uggccuggugguca – uug – cgggcucgaaacac – ccgaucccaucccgaacucggccgugaaa
S14： – – uccuggugucua – ugg – cgguauggaaccacucugaccccaucccgaacucaguugugaaa
S15：uauucuggugucc – – uaggcguagaggaaccacaccaauc – caucccgaacuuggugguuaaa
S16：uauucuggugcucc – uaggcguagaggaaccaaaccaauc – caucccgaacuuggugguuaaa
S17： – aaucc – ccgcccu – uag – cggcgugg – aacac – ccguucccauuccgaacacggaagugaaa
S18： – – uuaaggcggcca – uag – cgguggguuacuc – ccguacccaucccgaacacggaagauaag
S19：guucacauccgcca – gga – cgcggcgauuacacccgguauccagcccgaacccggaagcgaaa

图 14 -2　单亲遗传算法的实验结果

S1： － － － －ccu－a－gug－acaa－uagcggagaggaaacac－ccguucccaucccgaacacggaaguuaag
S2： － － － －ccu－a－gug－guga－uagcggaggggaaacac－ccguucccaucccgaacacggaaguuaag
S3： － － － －uuu－g－gug－gcga－uagcgaagaggucacac－ccguucccauaccgaacacggaaguuaag
S4： － － － －uuu－g－gug－gcga－uagcgaagaggucacac－ccguucucaugccgaacacggaaguuaag
S5： － － － －ucu－g－gug－gcga－uagcgaagaggucacac－ccguucccauaccgaacacggaaguuaag
S6： － － － －ugu－u－gug－auga－uggcauugaggucacac－cuguucccauaccgaacacagaaguuaag
S7：u－g－ccu－g－gcg－gccg－uagcgcgguggucccac－cugaccccaugccgaacucagaagugaaa
S8：u－g－ucu－g－gcg－gcca－uagcgcagugguccccac－cugaucccaugccgaacucagaagugaaa
S9：u－g－cuu－g－gcg－acca－uagcguuauggacccac－cugaucccuugccgaacucaguagugaaa
S10：g－u－uuc－g－gug－guca－uagcgugagggaaacgc－ccgguuacauuccgaacccggaagcuaag
S11： － － － －ucc－a－gug－ucua－ugacuuagagguaacac－uccuucccauuccgaacaggcagguuaag
S12：u－g－uuc－u－uug－acgaguaguagcauuggaacac－cugaucccaucccgaacucagaggugaaa
S13：u－ggccu－g－gug－guca－uugcgggcucgaaacac－ccgaucccaucccgaacucggccgugaaa
S14：u－ － －ccu－g－gug－ucua－uggcgguauggaaccacucugaccccaucccgaacucaguugugaaa
S15：u－auucu－g－gug－uccu－aggcguagaggaaccacaccaauc－caucccgaacuuggugguuaaa
S16：u－auucu－g－gugcuccu－aggcguagaggaaccaaaccaauc－caucccgaacuuggugguuaaa
S17： － －a－auc－c－ccg－cccu－uagcggcgugg－aacac－ccguucccauuccgaacacggaagugaaa
S18：u－ － －uaa－g－gcg－gcca－uagcgguggguuacuc－ccguacccaucccgaacacggaagauaag
S19： － －g－uuc－acauccgcca－ggacgcggcgauuacacccgguauccagcccgaacccggaagcgaaa

图 14－3　混合遗传算法的实验结果

### 14.4.3　算法分析

(1)遗传算法的初始种群是随机的，有一定的盲目性，种子策略的应用使得算法选择的起点要高于传统的遗传算法，加快收敛的速度。

(2) 下一个周期继承了上一个周期的最优解，保证了进化的延续性。不容易出现传统遗传算法的退化的情况，也容易跳出局部最优。

(3)下一个周期只保留上一个周期的最优解，其余重新生成最大限度地实现了种群的多样性，增强算法的搜索能力，容易找到全局极值。

(4)星比对算法是渐进法，具有速度快的优点，遗传算法是迭代法，解的质量通常能得到保证，所以该算法能综合两种启发式方法的优点，达到了速度和精度的统一。

**本章小结**

本章在理解混合遗传算法策略和原则的基础上，为了克服遗传算法本身搜索的盲目性，创造性地引入种子策略，并设计了相应的新遗传算子，得到了一种针对多序列比对的启发式遗传算法，由于种子采用星比对算法生成，所以得到了一种求解多序列比对的混合算法，由于星比对算法是渐进的比对算法，而遗传算法是迭代算法，所以该混合算法充分发挥了迭代法和渐进算法的优点，实验结果表明了它的有效性。未来的工作是把遗传算法与其他算法结合起来，用同样的算法框架；也可应用到生物信息处理中的其他问题，比如蛋白结构预测、蛋白质比对等。

# 第十五章　基于词序列频率有向网的中文组合词挖掘

## 15.1　概述

### 1. 中文分词系统的工作原理

为了在自然语言处理的研究领域中说明什么是中文组合词（本章统一简称为组合词），必须先了解中文分词系统的工作原理。几乎所有的中文自动分词系统[367,419-421]的工作模式都是“词匹配+歧义校正”[367,420]。所谓词匹配，就是在自带的词库的基础上，按一定的字符窗口，判断当前处理的字串是不是匹配到词库中的某个词，一旦匹配到了，才继续后续的词性处理工作。所以，一个分词系统的分词能力，很大程度是由自己的词库决定的，词库中没有的词，它基本上都无法正确识别。例如，如果一个分词系统的词库没有收录“毛泽东”这个词，则分词系统不会把文本中的“毛泽东”这个字串分为一个词，而是分为3个词。所以分词系统其实是完全依赖于词库的自然语言处理系统，它无法保证处理结果从语义的角度上看也是合理的。例如，如果把“毛泽东”分为3个词，则从语义上看，这3个词已经无法独立代表任何语义内容，它们作为词的存在也就没有合理性。也即分词系统由于受词库的限制，会错误地把一个词拆分为多个词，这就是本章要解决的问题。

### 2. 组合词

一个“词”（这里指有实际语义的实词）被创造出来是用于表示某种事物、动作、状态或属性。随着客观世界越来越复杂，越来越多的词被制造出来，用于表示新的意思。这里面有些是通过字来构造出真正的新词，有些是用词来组合成更复杂的词语。对人类来说，通过自己已经掌握的知识和一定的上下文环境，很容易辨认出这些新的词语。但是对于自动分词系统来说，它是工作在词库的基础之上，而词库往往没有收录一些新的词语，也很少收录各种复合词，所以分词系统经常会把一些新词，尤其是由多个词语组成的复合词错误地拆分为多个词。从语义层面的角度看，把表达一个特定语义（特定事物、动作、状态或属性）的词拆分为多个词，会给进行语义分析的自然语言处理系统带来很多麻烦。例如，如果把“毛泽东”拆分为“毛”“泽”和“东”3个词，则这3个词所表达的意思已经偏离了作者所要表达的意思，这3个词与“毛泽东”的上下文（例如“革命”“领导”）也彻底丧失了任何语义关系。所以，从语义层面上，必须把这些被错误拆分开的词重新组合起来。

为了解决这个问题，我们提出“组合词”的概念，并提出了在分词系统的基础上，识别并重新修正文本中的组合词的算法。下面先介绍对“组合词”的定义。

**定义15.1**　组合词是这样的词，它客观上表达一个特定的语义（特定事物、动作、状态或属性），但被分词系统错误地拆分为多个词。

这是一个建立在分词系统上的定义。这个定义关注的不是一个词是否真的是由多个词组成，而是是否被分词系统错误地分为多个词。一个词即使客观上是由多个词组成的，例如“社会主义”，但分词系统已经能把它识别为一个词，那么它并不符合组合词的定义。反之，如果一个由两个字组成的新词被分词系统错误地分为两个词，则它也符合组合词的定义。也即我们关注的是被分词系统错误拆分的词，目标是把这些词重新组合起来，恢复它们在语义上的本来面目。此外，一个词是否属于组合词与当前使用的分词系统有关，由于所采用词库的不同，同一个词在不同的分词系统上，是否为组合词的认定结果并不一定相同。

**3. 相关研究工作**

当前并没有研究人员专门针对分词系统的固有缺陷(15.1 节)系统化地进行组合词识别和修正(重新组合)的研究。近似的研究工作包括分词研究中附带的新词识别研究[384]、概念词挖掘研究[390]、未登录词识别研究[423-426]、中文姓名识别研究[427-429]、专有名词识别研究[430-431]等。

**4. 本章研究工作概述**

本章的研究对象是经过分词系统做了分词处理的一个中文文本，研究目标是识别文本中的组合词并把组合词合并为一个词。所以本章的工作分为两个阶段，第一个阶段是从文本中识别和挖掘组合词；第二个阶段进行文本中的组合词修正，即根据第一个阶段的识别结果，把文本中被分词系统错误地拆分为多个词的组合词重新组合为一个词。下面是对这两个阶段工作的详细研究。

## 15.2 基于词序列频率有向网的组合词识别算法

### 15.2.1 算法思想

人类在阅读文章的时候，一旦遇到一个第一次看到的貌似新词的词串，如果从上下文中无法判断是否是一个词，则往往会从整篇文章中检查和验证它是不是出现了多次、其出现是不是有明显的独立性，如果存在这些特点，则会确信它就是一个新的组合词。

在这个认知模式中，前半部分(通过上下文的语义进行判断)，需要庞大的知识库的支持和复杂的知识处理，不适合于算法模仿；而后半部分实际上是在文章中检查一个词串出现的重复性和独立性，这是一种数据智能检索过程，适合于算法模仿。本章所提出的文本中组合词提取算法，就是对后一种认知行为的模仿。由于算法是通过建立一个词序列频率有向网来体现词语的重复性和独立性，所以我们把这个算法称为“基于词序列频率有向网的组合词识别算法”。

所谓词语分布的重复性和独立性，就是指文章的很多词语都会在该篇文章中出现多次，并且出现在这个词语前后的其他词总会有所不同。根据这个特征，我们提出了下面的假设。

**假设 15.1** 一个词序列(句子中无间隔的 $n$ ( $n \geq 2$ )词的有序序列)是一个组合词，如果它满足如下两个条件：

(1)这个词序列在一个文本中多次出现；

(2)在这个序列的前面或(和)后面加上其他词形成的新的序列出现的频率明显降低。

下面的文本片段说明了这个假设，它将是一个贯穿全文的典型例子(后面统称为Smp1)：

①新的产业革命，②知识经济革命悄然兴起。③知识经济革命将造就知识经济，④人类将进入知识经济时代。⑤知识经济革命是深刻的革命，⑥必将对世界经济格局产生深远影响。

我们可以看到，在Smp1中，“知识经济革命”和“知识经济”是两个符合假设15.1的词序列(分词系统把“知识”“经济”和“革命”都标记为独立的词)，实际上它们都是在上下文中表示独立含义的组合词。

算法就是以假设15.1为依据，从文本中提取出满足假设15.1的两个条件的词序列，算法的实验结果证明了假设15.1的有效性，即：除非一个词序列真的是组合词，否则它很难同时满足假设15.1的两个条件。

## 15.2.2　算法的性质

利用海量数据中隐藏的数据的规律，从数据中提取有用知识，是数据挖掘[434]的基本原理，数据集中的关联规则挖掘[434,435]就是一个典型的代表，通过数据集中数据项的频繁出现的规律，从中发现关于数据相关性的知识。基于文本中组合词的分布规律，从中挖掘组合词，其本质也是一个利用数据的规律发现知识的过程，所以从广义上看，本算法属于数据挖掘的范畴。不同点在于，一方面，传统的数据挖掘所面对的数据是格式化的数据，而当前我们所面对的数据是完全非结构化的自由文本；另一方面，传统数据挖掘往往工作在庞大的数据集之上，其中蕴含的规律性必定更加明显，而我们的算法只能工作在一个有限的文本上，所以这是一项难度更大的工作。

## 15.2.3　算法研究与算法流程

假设15.1的内容是简单的，但是如何快速有效地从一个文本中获得所有符合这个假设的词序列(即组合词)则并不是一个简单的事情。如果没有好的算法，必须穷尽文本中的每个词序列，然后再将每个词序列与所有的词序列做比较，才能找出满足假设15.1的两个条件的词序列。这个计算量是惊人的，最后还难以对结果的合理性进行分析。为此，我们设计了一种能有效刻画文本中词序列的频率和独立性的有向网(称为词序列频率有向网)并提出建立在这种有向网的基础之上的基于矩阵运算的组合词提取算法，算法有效地解决了提取过程的可计算性和结果的合理性问题。为了突出算法的主体过程，我们首先假设句子中不会有重复的词语，在这个前提下进行算法的设计和讨论，然后给出允许句子中出现重复词语的解决办法，最后给出算法流程。

### 1. 词序列频率有向网的建立

我们先定义如下4个概念：

**定义15.2**　词对是指两个词的词序列。

**定义15.3**　词语集是指一个文本中所有不同的词语构成的集合。

**定义 15.4** 词对集是指一个文本中所有不同的词对构成的集合。

**定义 15.5** 词序列频率有向网，标记为 $G_w:(V_w,E_w)$，是这样的一种有向网：$V_w$ 的一个元素对应着一个文本的词语集的一个元素，$E_w$ 的一个元素对应着文本的词对集的一个元素；边的头是词对的第一个词对应的顶点，边的尾是词对的第二个词对应的顶点；有向边的权是一个集合，集合的元素是有向边对应的词对所在的句子的编号；这个集合被称为有向边的集合。

显然，词序列频率有向网可以通过对一个文本的单次扫描建立起来。

由于我们当前的讨论是假设句子中没有重复词汇，而 Smp1 中刚好出现了句子中词语重复的情况，为此，我们对 Smp1 修改为如下行文(把原来的第③、第⑤句分别拆分为两句，记为 Smp1′)：

①新的产业革命，②知识经济革命悄然兴起。③知识经济革命，④将造就知识经济，⑤人类将进入知识经济时代。⑥知识经济革命，⑦是深刻的革命，⑧必将对世界经济格局产生深远影响。

图 15 - 1 是表示修改后的行文的词序列频率有向网，在讨论了句子中词语重复的解决方案之后，会再给出最终的词序列频率有向网的示意图，所以在本算法的实际运行中，不用对文本做这样的拆分处理。

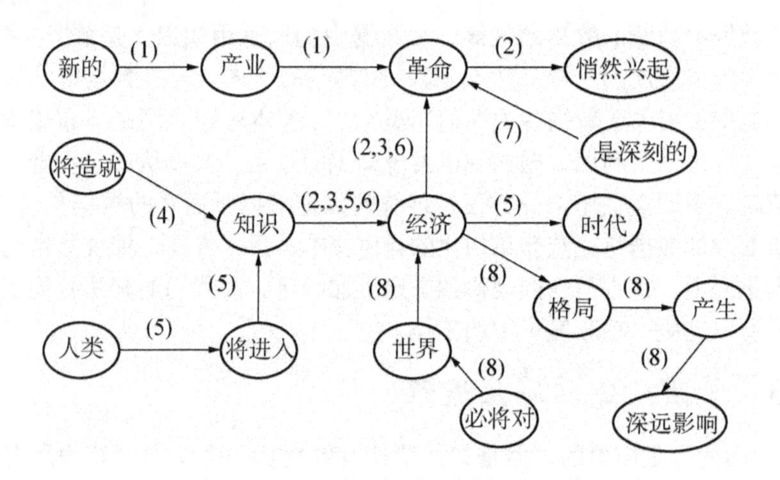


图 15 - 1 Smp1′对应的词序列有向图

下面说明一些通用的标记并给出一些术语的定义：

$V_w$ 的元素分别用 $v_1,v_2,\cdots,v_{|V_w|}$ 表示。

$e_{ij}$ 表示以 $v_i$ 为起点，$v_j$ 为终点的边。

$s_{ij}$ 表示边 $e_{ij}$ 上的集合。

$p_{<i,\cdots,j>}$ 表示由顶点序列 $v_i,\cdots,v_j$ 指定的路径。

$len_{<i,\cdots,j>}$ 表示路径 $p_{<i,\cdots,j>}$ 的长度。

**定义 15.6** 路径 $p_{<i,\cdots,j>}$ 上所有边的集合的交集称为 $p_{<i,\cdots,j>}$ 的集合，记为 $ps_{<i,\cdots,j>}$。

**定义 15.7** 对于路径 $p_{<i,\cdots,j>}$，如果存在 $e_{ki}\in E$，则 $v_k$ 称为 $p_{<i,\cdots,j>}$ 的左邻接顶点。

**定义 15.8** 对于路径 $p_{<i,\cdots,j>}$，如果存在 $e_{jk}\in E$，则 $v_k$ 称为 $p_{<i,\cdots,j>}$ 的右邻接顶点。

**定义 15.9** 路径的左邻接顶点和右邻接顶点统称为路径的邻接顶点。

$p_{<i,\cdots,j>}$ 的左邻接顶点的集合用 $PL_{ij}$ 表示，$p_{<i,\cdots,j>}$ 的右邻接顶点的集合用 $PR_{ij}$ 表示。

### 2. 假设 15.1 的量化描述

在词序列频率有向网中，$p_{<i,\cdots,j>}$ 对应着一个词序列。而 $p_{<i,\cdots,j>}$ 的集合 $ps_{<i,\cdots,j>}$ 则表明了所有包含这个词序列的句子的编号。根据假设 15.1，如果 $ps_{<i,\cdots,j>}$ 足够大，而任何包含 $p_{<i,\cdots,j>}$ 的更长的路径的集合都足够小，则 $p_{<i,\cdots,j>}$ 对应的词序列就是一个组合词。下面，我们在有向网的基础上，实现对假设 15.1 的量化描述。

首先，设置两个整数阈值：$0 < T_c \leqslant T_e$。$T_c$ 称为完全自由阈值，$T_e$ 称为强连接阈值。

**定义 15.10**　称路径 $p_{<i,\cdots,j>}$ 为完全自由路径，如果 $|ps_{<i,\cdots,j>}| < T_c$。

**定义 15.11**　称路径 $p_{<i,\cdots,j>}$ 为强路径，如果 $|ps_{<i,\cdots,j>}| \geqslant T_e$。

我们认为完全自由路径对应的词序列完全不满足假设 15.1 的 $C1$，强路径对应的词序列完全满足假设 15.1 的 $C1$。介于这两者的路径所对应的词序列部分满足假设 15.1 的 $C1$。下面再定义强路径与邻接顶点的连接度的概念。

**定义 15.12**　强路径 $p_{<i,\cdots,j>}$ 与左邻接顶点 $v_k$ 的连接度，标记为 $c_{k-<i,\cdots,j>}$，由以下公式计算：

$$c_{k-<i,\cdots,j>} = \begin{cases} 0, & |ps_{<k,i,\cdots,j>}| < T_c \\ \dfrac{|ps_{<k,i,\cdots,j>}| - T_c}{T_e - T_c}, & T_c \leqslant |ps_{<k,i,\cdots,j>}| < T_e \\ 1, & |ps_{<k,i,\cdots,j>}| \geqslant T_e \end{cases} \tag{15-1}$$

**定义 15.13**　强路径 $p_{<i,\cdots,j>}$ 与右邻接顶点 $v_k$ 的连接度，标记为 $c_{<i,\cdots,j>-k}$，由以下公式计算：

$$c_{<i,\cdots,j>-k} = \begin{cases} 0, & |ps_{<j,\cdots,i,k>}| < T_c \\ \dfrac{|ps_{<j,\cdots,i,k>}| - T_c}{T_e - T_c}, & T_c \leqslant |ps_{<j,\cdots,i,k>}| < T_e \\ 1, & |ps_{<j,\cdots,i,k>}| \geqslant T_e \end{cases} \tag{15-2}$$

连接度描述了一个词经常出现在一个词序列的左边(右边)的明显性程度。如果把 $T_c$ 和 $T_e$ 都取值 2，则 Smp1 中的“知识经济”对应的路径是一条强路径，它与一个右临词“革命”的连接度就是 1，而与一个左临词“将进入”的连接度就是 0。所以我们认为“知识经济”右边出现“革命”是很明显的、比较固定的，而左边出现“将进入”是很不明显的、非常不固定的。一个强路径与一个顶点的连接度越高，则它们形成的新的词序列越有可能是组合词(或组合词的子序列)，反之亦然。在连接度的基础上，我们定义两个重要的概念。

**定义 15.14**　强路径 $p_{<i,\cdots,j>}$ 的左自由数，标记为 $PLF_{<i,\cdots,j>}$，由如下公式计算：

$$PLF_{<i,\cdots,j>} = |ps_{<i,\cdots,j>}| - \sum_{v_k \in PL_{ij}} |ps_{<k,i,\cdots,j>}| \times c_{k-<i,\cdots,j>}。 \tag{15-3}$$

**定义 15.15**　强路径 $p_{<i,\cdots,j>}$ 的右自由数，标记为 $PRF_{<i,\cdots,j>}$，由以下公式计算：

$$PRF_{<i,\cdots,j>} = |ps_{<i,\cdots,j>}| - \sum_{v_k \in PR_{ij}} |ps_{<i,\cdots,j,k>}| \times c_{<i,\cdots,j>-k}。 \tag{15-4}$$

从计算方法可以看出，路径的自由数描述的是一个词序列同时满足假设 15.1 的两个条件的程度。至此，我们对假设 15.1 做量化表述如下：

$p_{<i,\cdots,j>}$ 对应的词序列是一个组合词，如果 $p_{<i,\cdots,j>}$ 的左自由数( $PLF_{<i,\cdots,j>}$ )和右自由

数( $PRF_{<i,\cdots,j>}$ )都大于或等于 $T_e$ 。

如果把 $T_c$ 和 $T_e$ 都取值2，则 Smp1 中的“知识经济”对应的路径的左自由数和右自由数分别是4 和2，则符合了量化的假设 15.1。根据后面即将描述的提取方法，在“知识经济”被提取后，“知识经济革命”也会因为符合了量化的假设 15.1 而被提取出来。下一节根据这个量化描述，从有向图中找出所有满足条件的词序列。

### 3. 基于矩阵运算的组合词提取

一个有向图对应着一个邻接矩阵，我们把 $G_w:(V_w,E_w)$ 对应的邻接矩阵标记为 $M_w$ ，它的元素 $m_{ij}$ 是一个集合，记为 $s_{ij}$ 。我们借鉴邻接矩阵给出有向图的 $n$ 阶路径矩阵的定义。

**定义 15.16** 有向图的 $n$ ( $n \geqslant 0$ ) 阶路径矩阵，标记为 $PM_{w-n}$ 。它的元素标记为 $pm_{n-ij}$ ，通过如下公式计算：

$$pm_{n-ij} = \{p_{<i,\cdots,j>} \mid len_{<i,\cdots,j>} = n+2, |ps_{<i,\cdots,j>}| \geqslant T_e\} \quad (15-5)$$

$PM_{w-n}$ 的一个元素 $pm_{n-ij}$ 记录了以 $v_i$ 为头、$v_j$ 为尾并且长度为 $n+2$ 的强路径。下面通过定义一种特殊的乘法操作和加法操作来建立等式：$PM_{w-(n+1)} = PM_{w-n} \times M_w$ 。

**定义 15.17** $PM_{w-n}$ 的元素 $pm_{n-ij}$ 和 $M_w$ 的元素 $m_{jk}$ 的乘法操作如下：

$$pm_{n-ij} \times m_{jk} = \{p_{<i,\cdots,j,k>} \mid p_{<i,\cdots,j>} \in pm_{n-ij}, e_{jk} \in E, |ps_{<i,\cdots,j,k>}| \geqslant T_e\} \quad (15-6)$$

显然这个操作是在 $pm_{n-ij}$ 的基础上，把边 $e_{jk}$ 加到 $pm_{n-ij}$ 中的每条路径，然后把满足 $|ps_{<i,\cdots,j,k>}| \geqslant T_e$ 的路径组成新的集合作为计算结果。这个结果可以根据 $pm_{n-ij}$ 和 $m_{jk}$ 这两个集合的信息直接计算得到。

**定义 15.18** $pm_{n-ij} \times m_{jk}$ 的计算结果(集合)的加法操作是集合并操作，即：

$$\sum_{j=1}^{|V|} pm_{n-ij} \times m_{jk} = \bigcup_{j=1}^{|V|} \{p_{<i,\cdots,j,k>} \mid p_{<i,\cdots,j>} \in pm_{n-ij}, e_{jk} \in E, |ps_{<i,\cdots,j,k>}| \geqslant T_e\}$$
$$= pm'_{(n+1)-ik} \quad (15-7)$$

令 $pm'_{(n+1)-ik} = \sum_{j=1}^{|V|} pm_{n-ij} \times m_{jk}$ ，下面证明 $pm'_{(n+1)-ik} = pm_{(n+1)-ik}$ ：

如果 $x \in pm'_{(n+1)-ik}$ ，则必有 $x \in pm_{(n+1)-ik}$ 。如果 $x \in pm_{(n+1)-ik}$ ，而 $x \notin pm'_{(n+1)-ik}$ ，则存在一条路径 $p_{<i,\cdots,j>} \notin pm_{n-ij}$ ，而 $p_{<i,\cdots,j,k>} \in pm_{(n+1)-ik}$ ，即 $|ps_{<i,\cdots,j,k>}| > |ps_{<i,\cdots,j>}|$ ，这是不可能的。所以如果 $x \in pm_{(n+1)-ik}$ ，则必有 $x \in pm'_{(n+1)-ik}$ 。所以 $pm'_{(n+1)} - ik = pm_{(n+1)-ik}$ 。

证毕。

由于 $pm_{(n+1)-ik} = \sum_{j=1}^{|V|} pm_{n-ij} \times m_{jk}$ ，所以 $PM_{w-(n+1)} = PM_{w-n} \times M_w$ 。

由于 $PM_{w-0}$ 和 $M_w$ 都可以直接从有向图中得到，所以，我们可以通过逐步的矩阵运算得到高阶的路径矩阵。由于所有的强路径都会出现在各个 $n$ 阶路径矩阵中，所以我们可以在矩阵运算的过程中，检查当前路径矩阵中各条路径的自由数（ $PLF_{<i,\cdots,j>}$ 和 $PRF_{<i,\cdots,j>}$ )，满足条件的路径的词序列即是我们要提取的组合词。

由于 $n$ 阶路径矩阵中的路径的物理意义是出现频率不低于 $T_e$ 、词的数量等于 $n+2$ 的词序列，所以算法会在遇到某个高阶( $n$ 较大)路径矩阵的元素都为空集合的时候自动结束。

#### 4. 一个词在一个句子中出现多次

如果一个词在一个句子中出现了多次，则只在有向图边的集合中记录句子编号将会导致错误。例如在 Smp1 的第二个句子中，由于“知识”的多次出现，会错误地把“知识经济即”当作一个词序列，实际上 Smp1 中并没有这个词序列。所以在算法的具体实现中，我们把 $s_{ij}$ 和 $ps_{ij}$ 的元素设计为一个三元组(sno，spos，epos)，其中 sno 是句子的编号，spos 是 $v_i$ 在句子中的位置，epos 是 $v_j$ 在句子中的位置。图 15－2 是对 Smp1 的最终有向网示意图。

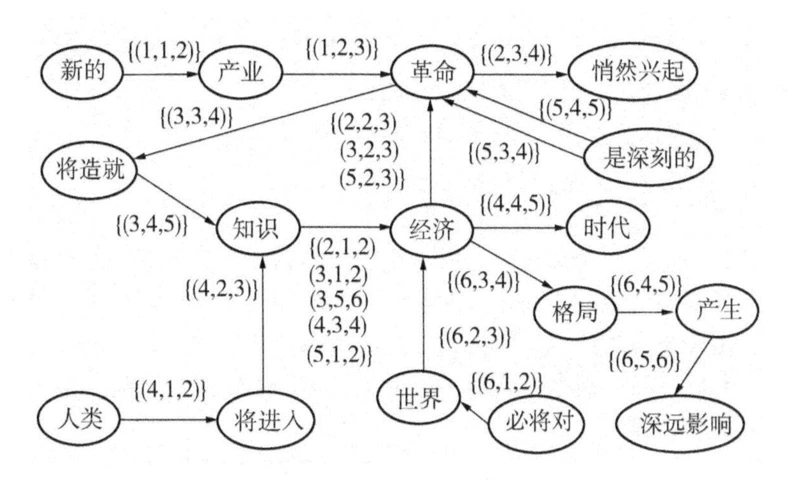


图 15－2　Smp1 对应的词序列有向图

为了保障在新的表示格式下，上面的算法可以保持不变，并正确运作，我们设计了一种类交集运算用于代替算法中的集合交集运算。

**定义 15. 19**　类交集运算，用运算符 $\cap^S$ 表示，其计算规则如下：

$$X \cap^S Y = \{(\text{sno},\text{spos},\text{epos}) \mid (\text{sno},\text{spos},\text{mid}) \in X, (\text{sno},\text{mid},\text{epos}) \in Y\}$$

虽然 $\cap^S$ 和 $\cap$ 意义不一样，$X \cap^S Y \neq Y \cap^S X$，但是因为算法中的交集运算都是相邻的边或路径的集合的交集运算，只要在安排 $\cap^S$ 的操作数的时候，总是确保左操作数所在边(路径)的尾等于右操作数所在边(路径)的头，则所有结论都保持不变。例如，对图 15－2 中的路径“知识－经济－革命”来说，通过“知识－经济”和“经济－革命”上的集合的类交集运算，得到其集合(路径上的权)是{(2，1，3)，(3，1，3)，(5，1，3)}。首先，这个计算结果不但完全符合“知识经济革命”这个词序列在 *Smp*1 中出现的情况，更重要的是，无论是通过 $\cap^S$ 对图 15－2 的有向图做计算，还是使用普通的交集运算对图 15－1 的有相图做计算，每条路径上得到的集合的元素都是一样多的，确保了进一步的连接度和自由数的计算结果是一样的，所以组合词的识别结果也一样。例如，如果把 $T_c$ 和 $T_e$ 都取值 2，两种计算方式在两种不同的集合表示方式下进行运算，“知识经济”的左自由数和右自由数都分别是 4 和 2，并且在下一阶的运算中，“知识经济革命”的左自由数和右自由数都分别是 2 和 2，所以都能把这两个组合词识别出来。但是这并不意味着可以通过强行断句(像 Smp1′那样)来避免采用太复杂的表示方式和类交集运算。首先，判断是否需要断句已经比较麻烦，而且还会对下一阶段的组合词修正造成困难(因为句子的序号已经变了)，另一个原因则是致命的，这样的做法会导致无法识别出那些包含两个相同的词的组合词，例如“好好先生”。

**5. 算法流程**

基于上面 4 个小节的研究结果，下面给出对一个文本进行组合词识别的算法流程：

①对该文本做一次扫描，建立允许句子中出现重复词汇的词序列频率有向网 $G_w:(V_w, E_w)$；

②建立 $G_w:(V_w,E_w)$ 的邻接矩阵 $M_w$ 和 0 阶路径矩阵 $PM_{w-0}$；令一个临时矩阵 $PM_{w-temp} = PM_{w-0}$；

③如果 $PM_{w-temp}$ 的元素(集合)都为空，则退出算法；否则根据假设 15.1 的量化描述从 $PM_{w-temp}$ 的元素(集合)中计算并提取组合词；

④ $PM_{w-temp} = PM_{w-temp} \times M_w$，转到③继续执行。

## 15.2.4 算法的分析

由于 $n$ 阶路径矩阵只保留强路径，所以整个矩阵的计算规模从一开始就被限制在很有限的范围内，并且随着阶数的提高，计算量会迅速地降下来，我们还可以合理地限制最高的阶数来进一步地缩短处理过程。例如，把阶的数量限制在 4，这样可以找到所有 6 个词以下的词序列。算法的时间复杂度接近 $O(N\ln N)$，其中 $N$ 代表有向图中顶点的数量。所以算法具有很高的可计算性。

自由数( $PLF_{<i,\cdots,j>}$ 和 $PRF_{<i,\cdots,j>}$ )的计算方法合理地实现了假设 15.1 中的两个条件，再加上严谨的矩阵计算，确保了结果的合理性：首先，能发现所有满足两个条件的词序列；其次，不会单纯地因为出现频率的问题而错误地把一个组合词的子词序列当作组合词；最后，如果一个组合词的一个子词序列也是一个组合词的话，那么它们分别能在不同阶的路径矩阵中被发现，并不会相互干扰。总而言之，符合条件的组合词一定会被识别出来，而识别出来的组合词，都能够通过它的左自由数和右自由数从数值上说明它的合理性。至于算法的准确率的问题，则涉及假设 15.1 的可靠性的问题，我们对 100 个文本实验数据的统计结果是达到了 90.2% 的平均准确率(后面将具体介绍)，这充分证明了提出的这个假设是有效的。

我们再讨论一下 $T_c$ 和 $T_e$ 的选择对实验结果是否会有直接的影响。根据连接度和自由数的定义，降低 $T_c$ 或(和)提高 $T_e$ 有助于提高准确率，但却降低了召回率；反之，则降低了准确率，但有助于提高召回率。我们认为不同的工作目标可以设置不同的参数值。实际上，我们的算法既可以自动化地为一些词库提供新词和组合词，那么这个时候强调的是组合词的绝对准确率，所以可以一定程度地降低 $T_c$ 并提高 $T_e$。而从对文本进行组合词修正的角度来说，目标是尽量多地识别出一个文本中的组合词，这个时候就必须适当地提高 $T_c$ 并降低 $T_e$，这样可能会把文本中一些偶然出现的频繁文本模式错误地识别为组合词，对这些偶然的错误，可以采用一些启发式规则进行检验并排除。在我们的系统实际运行中，我们把 $T_c$ 和 $T_e$ 分别设置为 2 和 3，这确保算法能识别出在文本中出现 3 次或 3 次以上的组合词。$T_c$ 和 $T_e$ 的较低的取值会使算法产生少数错误的词序列，我们将在下一小节介绍基于规则的检验和排除方案。

由于本算法的特点，分词系统的分词错误一般不会对我们的算法造成影响。分词系统一般来说会有两种错误，一是词性标记错误，二是把一个词错误地拆分开来标记为多个词。对第一种情况，本算法无须利用词性信息，所以不会造成影响。对第二种情况，本算法的特点正在于能纠正这种错误。由于本算法不考虑词性的特点，所以其他词性(介词，连词)的词的存在，也不会对本算法造成影响，尤其在词性标注错误的时候，依赖词性的算法必定会受到影响，而本算法能避开这种错误。实际上只有分词系统错误地把多个词标记为一个词才会对我们的算法造成影响，但这种情况一般不会发生。

### 15.2.5　基于规则的组合词检验

基于词序列频率有向网的中文组合词提取算法能把一个文本中所有满足假设 15.1 的词序列全部提取出来。假设 15.1 认为，文本中一个词序列除非是一个组合词，否则不会同时满足 *C*1 和 *C*2 两个条件，也即算法提取的词序列一般都会是组合词。但是，也存在一些有组合词在文本中的使用方式造成的特殊情况，例如，一个在文本中主要起限定词作用的名词性组合词会经常和“的”字一起使用，例如“中国共产党的”。一些类似的情况还有，组合词前面经常带了一个“在”字，后面带“之中”等情况。一旦这种情况出现的次数高于 $T_e$，则算法会把组合词和连带的这些词或字提取出来。这些词的特点是它们都是出现在真正组合词的前面或后面，而且它们一般都是一些虚词或特殊的动词(例如，“是”)，我们设计了一套规则用于把这些连带的成分过滤掉。下面是几个过滤规则的例子：

(1)如果词序列的第一个或最后一个词是介词，则删除这个介词；

(2)如果词序列的第一个词是代词，并且紧跟其后的不是名词性或动词性的词，则删除这个代词；

(3)如果词序列的最后一个词是代词，并且在它前面的词的不是名词性或动词性的词，则删除这个代词；

(4)如果词序列最后一个词的词性是量词，并且其前一个词是数词，则删除这个量词；

(5)如果组合词最后一个词的词性是数词，则删除该数词。

### 15.2.6　算法实验

算法在复旦大学上海(国际)数据库研究中心 NLP 小组提供的文本集上进行实验，对 100 篇文本分别进行计算。我们对实验结果做了统计分析，一方面统计算法提取的组合词在每个文本中所占的比例(用构成组合词的基本词的数量除以整篇文章基本词的数量，在这里，基本词是指有分词系统分出来的词)，另一方面分别检验每篇文章中提取的组合词的准确率，前者用于验证假设 15.1 的有效性，而后者验证算法的准确性。实验中文本的词数在 288 ～ 8745 之间，表 15 - 1 列出算法有效性实验统计总结，表 15 - 2 列出随机抽取的 5 篇文章的组合词准确性数据，表 15 - 3 列出算法在一篇文章(标题为“发展民族经济是解决中国民族问题的根本途径”，词数：3591)中提取的部分组合词。实验统计分析数据显示，假设 15.1 和建立在其上的算法具有很高的有效性和准确性，能够有效并且准确地获得文本中存在的各种组合词。实验分析角度的多样性和全面性还证明了算法具有很好的扩展性，算法不会明显地受文本长短的限制，能根据文本内容的实际情况，进行有效的计算。

表 15-1　算法有效性实验总结

| 统计类型 | 文本中词数 | 组合词中基本词所占比例 |
| --- | --- | --- |
| 最大比例 | 5372 | 51.49% |
| 最小比例 | 3302 | 9.09% |
| 文本最大词数 | 8745 | 47.67% |
| 文本最小词数 | 288 | 15.63% |
| 总体平均 | 3341.68 | 23.02% |

表 15-2　算法准确率实验结果总结

| 文本词数 | 提取总数 | 正确数 | 准确率 |
| --- | --- | --- | --- |
| 3591 | 84 | 73 | 0.869 |
| 3220 | 81 | 75 | 0.926 |
| 4469 | 130 | 112 | 0.862 |
| 3268 | 46 | 43 | 0.935 |
| 4298 | 62 | 57 | 0.920 |

表 15-3　从一个文本中提取的部分组合词

| 组合词 | 组合词 |
| --- | --- |
| 少数民族地区 | 改革开放 |
| 经济发展 | 邓小平 |
| 马列主义 | 基础设施 |
| 人均工农业总产值 | 发展经济 |
| 民族自治地区 | 发展民族经济 |
| 社会主义市场经济体制 | 先进民族 |
| 共同富裕 | 共同繁荣 |
| 现代化建设 | 经济文化发展 |
| 加速发展 | 少数民族 |
| 新时期 | 江泽民 |
| 中国共产党 | 发达地区 |
| 社会主义市场经济 | 经济的发展 |
| 地区的发展 | 我国经济 |
| 民族地区经济 | 社会发展 |
| 经济和文化 | 周恩来 |
| 民族工作 | 民族平等 |
| 开发利用 | 毛泽东 |
| 人民出版社 1984 年版 | 发展差距 |
| 后进民族 | 民族关系 |
| 民族发展 | 汉族地区 |
| 经济建设 | 经济文化 |
| 地区发展 | 统一战线 |
| 人民出版社 | 发展水平 |
| 民族问题 | 自然资源 |

### 15.2.7　与其他算法的比较

传统词语识别算法都只是识别了文本中某些类型的词语，而本章提出的组合词的概念及其识别算法是从语义(组合词就是在具体文本中表示一个独立语义，而被分词系统错误拆分的词)的角度，解决了各种类型的组合词的识别和修正工作。

在这些相关的算法中，文献[384]介绍的中文词分割(包括了对新词的识别)算法的准确率是82.8%～95.0%，但并没有单独给出与本章算法相关的新词识别工作的准确率数据。文献[425]介绍的未登录词识别算法的封闭测试和开放测试的准确率分别是83.95%和77.27%。文献[426]介绍的未登录词识别算法对两个不同文本集的测试准确率分别是40.41%和57.63%，文献[428]介绍的中国姓名识别算法的准确率是86.3%，文献[431]介绍的专有名词识别算法的准确率是87.2%，文献[390]没有给出概念词挖掘算法的准确率数据。而本章算法的平均准确率达到了90.2%，显示出了明显的优势。

另一方面，我们采用的是基于文本中组合词分布特征的算法，无须借助专业的语言学知识，无须考虑某个领域文本的特点，无须设计或学习识别规则，对各种文本具有良好的移植性，适合于处理来自开放文本源(例如互联网)的文本。

## 15.3　文本中的组合词修正

组合词修正是指把被分词系统错误地分为多个词的组合词重新组合为一个词，并进行词性标注。上面的算法获得的组合词列表固然已经有很好的价值，但是对文本进行组合词修正，也非常重要，经过修正后的文本的分词情况更加接近文本在语义层面的词语组织情况，能使各种自然语言处理系统获得更好的结果。

组合词修正是借助"基于词序列频率有向网的组合词提取算法"所获得的文本中各个组合词的位置信息，对由普通分词系统做了分词处理的文本进行修正。例如对于Smp1来说，算法的输入是以下的数据：

①新/a　的/u　产业/n　革命/vn，②知识/n　经济/n　革命/vn　悄然/d　兴起/v。③知识/n　经济/n　革命/vn　将/d　造就/v　知识/n　经济/n，④人类/n　将/d　进入/v　知识/n　经济/n　时代/n。⑤知识/n　经济/n　革命/vn　是/v　深刻/a　的/u　革命/vn，⑥必将/d　对/p　世界/n　经济/n　格局/n　产生/v　深远/a　影响/vn。

而其中的组合词位置信息是：

(1)"知识经济"：{(2，1，2)，(3，1，2)，(3，5，6)，(4，3，4)，(5，1，2)}，其中一个元素代表一个位置信息，例如(2，1，2)代表第二个句子，组合词以第一个词开始，到第二个词截止。

(2)"知识经济革命"：{(2，1，3)，(3，1，3)，(5，1，3)}。

### 15.3.1　组合词修正算法

在实际的修正过程中还必须遵循两个原则：

(1)必须优先修正字数多的组合词：例如从上例中也可以看到，如果先对"知识经济"进行修正，则会导致错误地把第2、3、5个句子中的组合词"知识经济革命"当作"知识经济”来处理。而接下来对“知识经济革命”的修正又由于句子中词的实际信息已经被改变而无法进行。其本质就是从同一文本中挖掘出来的组合词之间存在“包含”关系。

(2)必须优先修正一个句子中位置靠后的组合词：如果在一个句子中同时出现两个组合词，并对前面的组合词先修正，也会导致后面的组合词丢失了正确的位置信息。

下面是详细的组合词修正算法：

①对一个文本中挖掘到的所有组合词按长度排序，先对词串长的组合词进行修正。

②对当前待修正的组合词(记为CW)的一个位置(sno，spos，epos)，从第sno句的开头开始检查是否存在已经标记的组合词，每遇到一个，则根据已标记的“xcwm”符号中的“m”修正spos和epos，直到到达CW在当前句子中的实际位置。

③判断句子当前从spos到epos的范围内是否有组合词，如果有则证明这个位置已经存在一个包含CW的组合词，并且已经被标注，为此无须处理。否则，进行修正和词性标注。

## 15.3.2 组合词词性标注

经过分词处理的文本，每个词都必须标注词性，组合词经过修正后也是一个独立的词，所以也必须标注它的词性。尽管一个组合词中原来的各个词的词性可能会不尽相同，但是组合词的词性一般存在一个规律：组合词的词性一般就是最后一个词的词性。为了表明它已经是一个经过修正的组合词，我们没有采用通用的词性标记符号，而是专门设置了一套组合词词性标注符号规则：

假定一个组合词最后一个词的词性是x，构成这个组合词的词数是m，则这个组合词的词性标记为“xcwm”，其意义：这是一个由m个词组成的具有x词性性质的组合词。

例如对上面的Smp1分词结果做修正，则“知识/n 经济/n 革命/vn”被修正为“知识经济革命/vncw3”。

下面是Smp1的最后修正结果：

①新/a 的/u 产业/n 革命/vn，②知识经济革命/vncw3 悄然/d 兴起/v。③知识经济革命/vncw3 将/d 造就/v 知识经济/ncw2，④人类/n 将/d 进入/v 知识经济/ncw2 时代/n。⑤知识经济革命/vncw3 是/v 深刻/a 的/u 革命/vn，⑥必将/d 对/p 世界/n 经济/n 格局/n 产生/v 深远/a 影响/vn。

## 15.3.3 实际文本的修正结果

下面给出算法对一个真实文本的一段文字的实际修正结果：

市场经济的发展/vncw3 孕育/v 着/u 公民/n 的/u 民主意识/ncw2 和/c 民主观念/ncw2 。/w 公民/n 的/u 民主意识/ncw2 ，/w 民主观念/ncw2 是/v 政治/n 民主化/vn 的/u 重要/a 条件/n ，/w 也/d 是/v 公民/n 民主意识/ncw2 的/u 核心/n 内容/n ，/w 这种/r 民主意识/ncw2 和/c 民主观念/ncw2 的/u 产生/vn 及其/c 发展/vn ，/w 在/p 很/d 大/a 程度/n 上/f 取决/v 于/p 市场经济的发展/vncw3 。/w 首先/d 是/v 市场经济的发展/vncw3 能/v 培养/v 人们/n 的/u 平等/a 观念/n ，/w 正/d 如/v 马克思/nrcw2 所/u 说/v ：/w “/w 商品/n 是/v 天然/b 的/u 平等/ad 派/v ”/w [/w 2/m ]/w P./nx 103/m 。/w 社会主义市场经济/ncw2 具有/v 一般/a 市场经济/n 的/u 性质/n ，/w 它/r 遵循/v 等价交换/i 的/u 原则/n ，/w 商品/n 的/u 价值/n 由/p 生产/vn 商品/n 的/u 社会/n 必要/an 劳动/vn 时间/n 决定/v ，/w 买卖/v 双方/n 在/p 市场/n 上/f 的/u 交换/vn 行为/n 受/v 价值规律/l 支配/vn ，/w 市场主体/ncw2 在/p 经济/n 关系/n 上/f 是/v 平等/a 的/u ，/w 这种/r 经济/n 上/f 的/u 平等/a 必然/n 向/p 政治/n 法律/n 、/w 精神/n 等/u 各/r 方面/n 辐射/vn ，/w 从而/c 使/v 市场主体/ncw2 产生/v 政治/n 上/f 的/u 平等/a 观念/n 。/w

在这段文字中，算法正确地识别并修正了“民主意识”“民主观念”“民主意识”“市场主体”“社会主义市场经济”和“市场经济的发展”等组合词。尽管“市场经济的发展”从形式上不是一个固定的词，但是在当前的文本中，“市场经济的发展”表示了一个独立的不可分割的概念，所以在当前文本中把它独立识别出来更符合文本的语义。

## 15.4　组合词识别在概念知识库构建中的重要意义

文本中组合词的识别和修正在概念知识库的构建过程中起着非常大的作用。如果直接在由经过普通分词系统的分词的文本上构建概念知识库，则会面临3种错误：

(1)无法获得以组合词为外延的概念；

(2)无法为概念获得以组合词的形式存在的上下文(内涵的组成元素)，而又错误地把拆分开来的词当作上下文；

(3)错误地把属于组合词的上下文当作组成组合词的某些基本词的上下文。

前两个错误比较明显，第三个错误可以通过下面的例子来说明：对于句子“机器学习是一种用于创建数据集分析程序的方法”，如果把“机器学习”拆分开，则会错误地把“数据集”“程序”等原本属于“机器学习”的上下文当作“机器”的上下文。通过本章的工作，可以有效地避免上述的3种错误，从而让我们的工作建立在一个非常扎实的基础之上。当前有很多研究工作是从文本中获取词语的上下文知识[358,359]，尽管单纯从上下文的获取的角度看，这些研究工作有一定的成果，但是由于没有解决组合词的问题，这些工作的基础并不扎实，当面临真实文本数据的时候，组合词的问题会严重影响这些算法的实际处理效果。

**本章小结**

本章提出，由于当前的自然语言处理系统(中文领域)大都工作在分词系统之上，而分词系统由于自身的局限性无法正确识别一些组合词，这会对上层的语义分析带来障碍，所以成了一个必须解决的问题。接着，提出了分两步完成文本中组合词识别和修正的工作方案，并详细介绍和讨论了两个阶段中用到的算法，给出实验数据已证明算法的有效性和对数据的实际处理结果。

本章的工作结果不但为后续的工作准备了海量扎实有效的、已经过组合词修正的文本，所获得的组合词(包括新词)，和海量经过组合词修正的文本库，在自然语言处理领域也有着很高的实用价值。

# 第十六章 基于海量文本的文本中概念挖掘

第十五章已经对概念做了讨论，并初步给出基于集合的概念表示方法。本章将更加深入地分析概念、概念词和上下文三者之间的关系，明确地给出“文本中概念”的定义，然后研究如何从海量文本中挖掘“文本中概念”。

## 16.1 概念、概念词和上下文三者之间的关系

作为人类知识体系的基元，概念本身是人类对某种事物及其特有性质的认知结果或思维形式，但是作为人类思想体系中的东西，概念在语言文字中必须通过词语来表达。所以概念与词语之间的关系是被表示和表示的关系，或者说词语是概念在语言文字中的实例化。但是词语对概念这个表示关系并不是一一对应的关系，而是多对多的关系。由于人类对客观世界的认识和改造不断深入，并且语言文字自身也不断丰富发展，一个概念可以通过不同的词语来表示，而一个词语也可以表示不同的概念。例如“电脑”和“计算机”都表达了同一个概念；而“补丁”可以表达衣服上的补丁和计算机软件的补丁两种不同的概念。

我们把在文本中代表一个概念的词汇称为概念词。

**定义 16.1** 概念词是文本中代表某个概念的词语。

词语中广泛存在一词多义(多义词)和多词同义(同义词)的现象，就是由概念与概念词之间存在的多对多的复杂关系造成的。

概念词在文本中都有一定的上下文，即概念词在文本中的局部语言环境。例如，在句子“可爱的熊猫边走边吃”中，“边走边吃”就是“熊猫”的上下文。但是根据概念词与概念之间的关系，概念词的上下文本质上就是其所代表的概念的上下文。从语义的角度来讲，概念的上下文就是指概念的语境中与概念的语义有关的一些信息，这是一个比较笼统的概念，下面我们给出明确的定义。

**定义 16.2** 概念(概念词)的一个上下文就是指与概念(概念词)出现在同一个句子中，并且与概念的语义有关联的一个词语。

为了表述方便，我们仍然称这些词语为概念和概念词的上下文。而且，如果是为了突出语义上的关系，则一般说是概念的上下文；如果是为了突出在文本中一起出现的关系，则一般说是概念词的上下文。

一个概念之所以能出现在某个特定的上下文中，是因为它具有某些特定的性质(内涵)。例如，熊猫是因为具有“动物性”的内涵，所以它可以存在于“吃”和“走”等上下文中。反过来看，概念的上下文对概念有内涵表征能力，例如“吃”和“走”反映出主体(概念)具有“动物性”的内涵。但是仅靠“吃”和“走”这个上下文，并无法判断当前的概念是“熊猫”。其原因是“吃”和“走”只是表征了“熊猫”的部分内涵(动物性)，而具有动物性的概念还有很多。如果在此基础上再增加“国宝”和“竹叶”等上下文，则就能断定当前的概念就是“熊猫”。这是因为“国宝”和“竹叶”又补充表征了“熊猫”的其他内涵。总结来说，“吃”“走”“国宝”和“竹叶”全面地表征了“熊猫”的全面的内涵，这个内涵是熊猫所独有

的，而其他概念或者拥有“国宝”所表征的内涵，或者拥有“吃”和“走”表征的内涵，但无法拥有全部由这四个词语所表征的内涵。

概念的上下文是由概念的内涵决定的，所以不同概念的上下文必定不尽相同。特别的，如果一个概念词在文本中代表多个概念，那么这些概念的上下文的集合没有交集[359]。所以对某个句子中的一个概念词，可以通过当前的上下文来判断在这个句子中这个概念词代表的是哪个概念。例如，对于“补丁”这个概念词，如果它的上下文有“衣服”“针线”之类的词(属于“衣服补丁”的上下文)，则它就是代表“衣服补丁”的概念，如果它的上下文中有“漏洞”“更新”之类的词(属于“软件补丁”的上下文)，则它代表的就是“软件补丁”的概念。

基于上述的分析，下面总结出概念、概念词和上下文三者关系的5点性质，它们是本章的直接理论基础。

**性质16.1**　概念与概念词的关系是本质与表现的关系，概念是本质，概念词是概念在文字中的表示；这种本质和表现又存在多对多的关系。

**性质16.2**　概念与上下文的关系是决定与表征的关系，概念的内涵决定了概念的上下文，概念的上下文又反过来表征了概念的内涵。

**性质16.3**　概念的一个具体的上下文表征了概念的部分内涵，而足够多的上下文(构成一个上下文集)则表征了全面的内涵。

**性质16.4**　由于概念的内涵是独一无二的，所以一个概念的全部上下文构成的上下文集合也是独一无二的，这个独一无二的上下文集合是此概念区别于其他概念的一种方式。

**性质16.5**　概念词的上下文即是它所代表的概念的上下文，多义词所代表的各个概念的上下文集合没有交集，而它的上下文集合是其所代表的各个概念的上下文的并集。

基于性质16.3，再给出下面的定义：

**定义16.3**　概念的上下文集合，特指能全面的表征概念的内涵的上下文构成的集合。

## 16.2　文本中概念

### 16.2.1　文本中概念的定义

传统词典的词语(概念)条目是基于解释的，这样的编撰方式不但不利于概念知识库的自动化构建，也不利于知识在自然语言处理过程中的使用。为了能自动化地从海量文本中构建概念，并使得构建的知识库适合于自然语言处理系统的使用，我们在上述分析的概念、概念词和上下文三者内在关系的基础上，提出一种基于概念在文本中的概念词和上下文的概念表示方式ng。由于是利用概念在文本中的相关信息(即概念词和上下文)来表示概念，所以我们把通过这种方式表示的概念称为“文本中概念(Concept-In-Corpus)”。下面先给出“文本中概念”的定义，本章的后续部分将深入研究从文本中挖掘这种概念的各种问题。

**定义16.4**　文本中概念是客观存在的概念的一种集合化表示方法，它通过概念在文本中的概念词的集合来表示概念的外延，通过概念在文本中的上下文集合来表示概念的内涵。

根据定义16.4，本文约定，如果一个概念的概念词集和上下文集分别为ES和CS，则这个概念对应的文本中概念就表示为ES：CS。

从定义16.4可以看出，对于一个文本中概念来说，概念词集与外延是相同的意义，上下文集合与内涵也是相同的意义。

文本中概念与概念的逻辑定义在本质上是一致的。从逻辑学上说，概念的外延是指概念的外在表现形式，而内涵指概念的性质。一方面，文本中概念的外延采用的是在文本中表示概念的词语，这些词语自然就是概念的外延。另一方面，性质16.1～16.5已经说明了概念的上下文是由概念的内涵决定的，而且一个概念的上下文集合独一无二并能有效地将一个概念区别于其他概念，即概念的上下文集合与概念的内涵的功能是等效的，所以概念的上下文集合是对内涵的合理的间接表示。

表16-1是6个文本中概念的例子，这些概念都是我们的算法从海量文本中挖掘出来的。

**表16-1　文本中概念的例子**

| 序号 | 外延 | 内涵 |
| --- | --- | --- |
| 概念1 | {数字，数据，资料} | {公布，显示，统计，表明} |
| 概念2 | {人民币，日元，美元} | {升值，汇率，贬值} |
| 概念3 | {刑法，民法} | {修改，法，界限，行政} |
| 概念4 | {协定，协议} | {签署，签订，达成} |
| 概念5 | {书，著作} | {写，出版，论} |
| 概念6 | {局限性，弊端，缺陷} | {克服，模式} |

## 16.2.2　文本中概念的价值

文本中概念的直接用途就是解决文本中词语的同义词和多义词的问题。从知识的内部结构的特点来讲，文本中概念说明了谁与谁同义，更关键的是给出了同义关系成立的前提条件，即内涵中的上下文。我们以表16-1中的“概念1”来讨论这个问题。对于“数字”这个词，它既有宏观的含义，这个时候它与“数据”和“资料”同义(同属一个概念)；也有微观的含义，指的是数学上的数。但是对于如下两个句子，利用概念1的内涵(上下文集)能有效地判断出，例句1中的“数字”与“数据”和“资料”同属一个概念，而例句2中的“数字”则属于另一个概念。这两个例句如下：

**例句1**　统计部门公布的数字显示，我国今年的经济运行情况良好。

**例句2**　8是一个幸运数字。

由此可见，概念的上下文集合(内涵)的作用是关键性的，它使得自然语言处理中基于词语有限上下文的语义理解成为可能。很多传统的词典正是由于缺失了适合自然语言处理的上下文信息而大大降低了其可用性，WordNet就是一个典型的例子。

文本中概念的建立，也为下一阶段的概念之间语义关系的建立打下了基础。当前有些研究工作关注于建立词语之间的语义关系，例如上下位关系[361]和整体部分关系[360]。直接建立在词语之间的语义关系虽然有一定的应用价值，但也存在一些问题。首先，词语的歧义性导致了词语之间语义关系并非总是成立。例如，软件是由程序和相关文档组成，所以，在计算机领域软件和程序之间存在整体与部分关系，但是这两个词语又分别都有其他的含义(代表了其他的概念)，“程序”和“软件”这两个词语之间的语义关系在“法律诉讼程序”和“人才和法制都是经济发展的重要软件条件”这两个上下文中都不成立。其次，由于词语的同义性，导致词语之间的语义关系会出现不必要的冗余。例如，“硬盘”与“计算机”之间、“硬盘”与“电脑”之间都有部分整体关系，但是其本质都是“硬盘”与同一种事物之间的关系，这两个关系的存在在本质上就是重复的。概念是词语的本质，所谓词语之间的语义关系，其本质都是概念之间的语义关系，只有把语义关系建立在概念之间，才能解决上述的这些问题。

## 16.3 相关工作

### 16.3.1 形式概念分析

“形式概念分析”[397]是一个研究形式化概念的构建以及形式化概念之间关系的学科，在这个学科中，不但研究的是对概念的形式化分析，其概念也是形式化的。形式化概念的研究是基于一个封闭的数据环境，称为一个“背景”。一个背景由对象的集合和属性的集合构成，每个对象都有一个属于自己的属性集，这个属性集是背景的属性集的子集。每个对象和属性无论其实际内容是什么，其本质都是一个符号，所以对象与对象之间、属性与属性之间只有相同和不同两种关系。在这个背景底下，一个对象集以及这些对象的属性集的交集可以构成一个概念，对象集是概念的外延，而附带的属性集是概念的内涵。

如果把对象当作表示概念的词语，把属性当作概念的上下文，则形式概念的表示格式和我们提出的文本中概念的表示格式是一样的。但是形式概念研究与我们的工作存在两点根本的不同。首先，形式概念的研究是基于一个封闭并且是预先存在的数据背景，它没有解决对象和属性的来源问题，而且这个背景下的属性往往是同一类的事物，例如各种各样的动物，或者各种各样的国家。而我们的数据却是开放的，我们必须从文本中去解决概念的词语和概念的上下文的提取，而且，我们的概念是开放的，而非限定于某种封闭的类型。

另一个不同的地方在于形式化概念的概念是“形式化”的，即不是客观存在的。而是由于若干个对象拥有了相同的属性，那么基于这些属性，可以在形式上认为它们是属于同一个“概念”的。但是我们的工作是致力于获得实际存在的概念，这主要体现在两点：

(1)我们的数据背景是来源于真实的文本，其中的词语(外延)都是对实际概念的表示；

(2)我们追求的是获得数据中最后的结果，而不是一些中间结果。例如，如果我们得到了“{数字，数据}：{公布，显示，统计，表明}”，“{数据，资料}：{公布，显示，统计，表明}”两个中间结果，那么我们的目标是要把它们合并为一个概念，即表16-1中的第一个概念，但对于形式概念分析来说，这两个中间结果都是有效的形式概念。

### 16.3.2 人工智能中的概念学习

传统人工智能[436]认为一个概念就是一个谓语公式(假设采用谓语逻辑进行知识表示),它对正例取值为TRUE,对反例取值为FALSE。概念学习的过程就是以有监督学习的方式,获得谓语公式,而知识的应用过程就是利用谓语公式,根据未知概念的一系列属性,判断其所属的概念。

所以传统人工智能关于概念的观点本质是学习和使用分类器的过程,与人类知识体系中的“概念”并不相同。

### 16.3.3 文本中词语知识挖掘研究

从文本中获取词语知识已经成为一个新兴的研究领域。在国内,很多工作着重于建立词语之间的关系。文献[361]研究从文本中获取两个词之间的上下位关系,例如“生物”与“植物”之间就是这种关系。文献[360]研究获取两个词的整体与部分关系,例如“计算机”与“内存”之间就是这种关系。但是这些工作都没有考虑到词语多义性的问题,没有建立关系成立的上下文信息,一旦遇到多义词和同义词的问题,就会出现错误。在国外,很多工作着重于研究词语含义的挖掘[358-359,437-442]。文献[358]从文本中提取词的近义词作为这个词的含义的表示方式,例如用“kidney, marrow, liver”等近义词表示heart(心脏)的含义。而文献[359]从文本中提取一个词语附近的一些相关词作为它的含义的表示方式,例如用“software, computer, machine”等相关词表示mouse(鼠标)的含义。文献[358,359]分别采用了不同的方法表示词语的含义,但并没有从人类知识的本质出发研究概念与词语的关系,所以所获得的词语知识都无法同时解决词语的多义性和同义性的问题。本章所要从文本中获取的概念知识,是对这些缺陷的有效解决方案。

## 16.4 本章的研究范畴和内容安排

从广义的角度看,客观世界的任何事物、任何知识都是一个概念,客观世界的任何物质,主观世界的任何理论、任何动作、任何状态等等,都是概念。本章所定义的“文本中概念”有能力描述所有各种类型的概念。但是在本章中我们只研究在文字中表现为名词的概念,即名词性的概念。而对其他的词,我们只把它们当作普通的词语进行研究和利用,例如用动词性词语表示概念之间的关系(第十七章)。

本章后面的内容是这样安排的,首先深入讨论和分析从海量文本中挖掘文本中概念的各种问题,然后提出两种挖掘算法:第一种算法称为“基于上下文组合树的概念提取算法”,它适用于处理海量数据,是一种实用性的算法;第二种称为“基于上下文关联性的概念挖掘算法”,它能从一个文本中获取最优化的结果,但是由于时间性能很差,所以不具有实用价值。如果让两个算法都同时运行在一个适当规模的文本集上,那么第二个算法的处理结果可以用于检验第一个算法所获得的结果的质量,即检验第一个算法的有效性。

# 16.5　从文本中挖掘文本中概念的算法讨论

文本中概念是利用蕴含在文本中的概念知识来构建概念，而直接出现在文本中的是表示概念的概念词，并且概念的上下文在文本中也直接地表现为概念词的上下文。根据性质16.1～16.5，我们可以通过分析文本中概念词以及概念词的上下文来挖掘文本中概念。例如，假设某个概念有三个外延$e_1$、$e_2$和$e_3$。这三个外延都可能是多义词，即可能是其他概念的外延，如果我们从文本中为这三个概念词找到了全部的上下文，分别为$CS_{e_1}$、$CS_{e_2}$和$CS_{e_3}$，那么我们就获得了一个文本中概念：$\{e_1, e_2, e_3\}$：$CS_{e_1} \cap CS_{e_2} \cap CS_{e_3}$。

所以从文本中挖掘文本中概念的本质就是从大量文本中获取概念词，并为概念词获取上下文，然后以性质16.1～16.5为依据，对已经获取的大量的概念词及其上下文进行分析处理，从而最终挖掘出文本中概念。但是由于算法面对的是一个开放的文本集，而且事先也并不知道有哪些概念，所以整个获取概念的过程并不像上面的例子这么简单。在这整个过程中需要解决很多复杂的实际问题，下面我们逐一讨论。

## 16.5.1　概念词的选择

概念词的选择遵循如下两个原则：

(1)算法的目标是挖掘名词性的概念，所以只选择名词性的词作为概念词。

(2)为了确保能为概念词提取到足够多的、并且质量比较高的上下文(这样才能有效地表征概念的内涵)，选中的概念词必须是在当前的文本库中出现频率比较高的。为此必须设置一个量化参数TH_WORD_FRE，只选择在文本库中出现频率高于TH_WORD_FRE的概念词。

## 16.5.2　概念词上下文的筛选

概念(概念词)的上下文是指与概念出现在同一个句子中，并与概念的语义有关联的词语。但是概念词所在句子中哪些词语才与它表示的概念有语义关系呢？例如，对于“数字”这个概念词，句子“统计部门公布的数字显示，我国今年的经济运行的情况良好。”中，哪些词语与其有语义关联呢？这对人类来讲是很容易的事情，但是本章的算法是工作在分词系统之上，并没有强大的知识库(这是本章的工作目标)的支持，所以无法像人类一样进行语义理解，无法直接地进行判断。对此，我们基于以下三个规则进行选择：

首先，我们认为概念的内涵是在与其他词语的相互关系中体现出来的，而在文本中描述概念之间关系的主要是动词和名词，所以，我们只选择动词性和名词性的词语作为上下文。至于其他的词，虚词只是起语法作用，形容词和副词则是一些程度性的词，对于语义关系的表述都不起关键作用。例如，在例句中“的”和“良好”等词都不会被选择为“数字”的上下文。

其次，我们认为一个与概念的语义有关系的词，在大范围的文本里面，一定会比较频繁地出现在该概念(概念词)的周围。所以，我们通过在大范围的文本里面对出现在一个概念词周围的词进行计数，只选取出现频率较高的词语作为上下文，而把其余的丢弃掉。例如，在例句中，“运行”这个词就是一个偶然出现在“数字”周围的词，所以应该被丢弃掉。

而本质上，它与“数字”的内涵也是没有直接关系的。在实际处理中，我们设置了一个量化参数 TH_CON_FRE，如果一个词语与某个概念词出现在一起的次数高于 TH_CON_FRE，则认为这个词语与概念词代表的概念存在一定的语义关系，从而把它选为概念词的上下文。

最后，我们认为与大多概念都有关联的词语对特定概念的个性内涵表示能力并不强。无论是内涵，还是我们用于表示内涵的上下文集合，关键的是要表示一个概念区别于其他概念的性质，即它的个性。例如，“喜欢”这个词虽然会经常与很多概念联系在一起，但是，与其他事物有“喜欢”的关系，是很多概念的共性，所以这样的词无法有效使一个概念区别于其他概念。在例句中，“我国”就属于这样的词语。这类词语的一个明显特征就是，它与很多概念一起出现的频率都很高。在实际处理中，我们设置了另一个量化参数 TH_CON_SHA，对于一个词语，如果有超过 TH_CON_SHA 个概念词与它频繁出现，则认为它不是一个能表现任何概念个性的上下文，所以不会选择它作为上下文。

我们按这样的规则从海量的文本语料中为每个概念词提取上下文集合，例如，我们为“数字”提取到了如下的上下文集合：{公布，取，官方，年鉴，显示，统计，表，表明，表示，说明}，其中，“公布”和“显示”就出现在上面的例句中。

### 16.5.3 文本集中概念词的上下文集合之间存在复杂关系

由于一个概念的概念词也可能是另一个概念的概念词(这个概念词是多义词)，所以一个概念词的上下文集是由它代表的各个概念的上下文集的并集。例如，我们从文本中获取的概念词“程序”的上下文如下：

{办事，执行，破产，简化，行政，规则，规范，开发，电脑，硬件，算，计算机}

其中就包含了“计算机程序”和“办事程序”两种概念的上下文。

但是，即使我们把其中属于“办事程序”的上下文分离出来，即：{办事，执行，破产，简化，行政，规则，规范}，它与“办事程序”的另一个概念词“手续”的上下文也不尽相同。我们所获得的“手续”的上下文是：{办，办事，办理，效率，简化}。这有两个方面的原因：

(1)海量文本集并不能完全等同于全部的人类知识，所以同一个概念的不同概念词并不能保证得到完全充分的使用，所以它们的上下文集也会有所偏差。

(2)同一个概念的不同概念词的使用方式不尽相同。例如，尽管“电脑”和“计算机”同属于一个概念，但是“电脑”是一个比较通俗的词，所以会与一些不是非常专业的上下文一起使用，而“计算机”则是一个比较正规的词，所以它会与一些专业性更强的上下文一起使用。

由于这些实际情况的存在，我们无法要求多个概念词的上下文完全一样才可以构成一个概念，而只能采取“存小异，求大同”的做法。例如，我们根据“程序”和“手续”之间存在的重要的相同点，提取了一个文本中概念：{程序，手续}：{办事，简化}。至于“存小异，求大同”的具体落实，涉及具体的评价机制的问题，后续一些问题也涉及评价的问题，我们将在 16.5.6 节统一讨论。

### 16.5.4 两个不同概念的上下文也会有交集

两个概念，如果存在语义的相关性，则可能部分上下文可能相同，这是显而易见的。

例如“法院”和“程序”之间就存在语义关联，由于前者对后者存在“执行”的语义关系，所以“执行”就有可能是两种共同的上下文。我们获得的数据证明了这一点，下面是我们获得的“法院”的上下文集：{仲裁，做出，执行，案件，裁决}。

这个事实的存在，导致我们不能因为两个概念词的上下文集有交集就认为它们是同一个概念的概念词。那么如何进行判断呢？正如前面所说，本章的工作并没有知识库的支持，因此无法像人类一样通过语义理解的方式来加以判断。所以，需要一定的数学评估机制，计算一个候选的概念会是真正概念的可信度，并尽量选取可信度高的候选者。例如，我们应该选择“{程序，手续}：{办事，简化}”，而抛弃“{程序，法院}：{执行}”，因为前者的两个概念词共享了更多的上下文，是一个更加可信的概念。具体的评价机制将在16.5.6节讨论。

## 16.5.5　一个概念可能不止两个概念词

一个概念可能不止两个概念词，表16-1中的概念1就是一个很好的例子。这导致我们不能因为两个概念词之间有足够相同的上下文，就轻易地认为它们可以构成一个概念，而是必须争取把一个概念的所有概念词都找到。但是因为即使不同概念的概念也可能存在部分相同的上下文(16.5.4节)，所以不能一味地把有部分相同上下文的概念词都当作同一个概念的外延。这个问题依然要依靠16.5.6节的评价机制来解决，依据这个评价机制，我们能更准确选择出表16-1中的概念1，而抛弃了它的两个“部分概念”(没包含足够的概念词)：

- {数字，数据}，{公布，取，年鉴，显示，统计，表，表明，说明}
- {数字，资料}，{公布，显示，统计，表，表明}

也能自动地抛弃一些包含了错误外延的错误概念，下面就是一个例子：

{官方，数字，数据，资料}，{公布，统计}

## 16.5.6　候选概念的可信度评价原则

16.5.3节、16.5.4节和16.5.5节所述的3个问题归根结底都涉及候选概念的评价问题，即对于一个候选的文本中概念，如何评价其可信度，并优选选择可信度高的候选概念。一方面，如果一个候选概念的概念词的集合太小，我们会担心没有找够全部的概念词，另一方面，如果候选概念的上下文集合太小，我们又担心包含了错误的概念词。所以当然是两个集合的元素越多越可信。但是，概念的上下文集合是由其各个概念词的上下文集相交得来的，根据基本的集合运算规则，概念词集合的势必定与上下文集合的势成非线性反比关系，即两者无法兼得。所以，一个可信度高的概念，必定是这两个集合的合理平衡。至于如何对“合理平衡”进行量化计算，我们将在给出候选文本中概念的数学定义之后再给出计算公式。

## 16.5.7　一个多义概念词所属的多个概念的上下文不能有交集

性质16.5要求一个多义概念词所属的多个概念的上下文不能有交集。尽管客观情况可能不完全满足这个性质的要求，但从数据的可用性上，这个约束是必要的。如果一个概念词所属的两个概念的上下文有交集，那么当进行语义分析的系统处理的某个句子(包含了该概念词)的上下文刚好是在这个交集中的时候，该系统将无法确定在当前句子中，该概念词是属于哪个概念。实际上，人类遇到这种情况有时候也无法判断。当然人类有可能从更广泛的文本范围甚至是知识范围去解决这个问题，可是由于自然语言处理系统没有这么强的能力，所以只能做出这样的约束，以避免实际工作中遇到无法解决的问题。当然，客观上这样的情况也是非常少的。我们把这个约束称为文本中概念不冲突约束。

**定义 16.5** 文本中概念不冲突约束是指一个多义概念词所属的多个文本中概念的上下文不能有交集。

文本中概念不冲突约束要求我们在文本中概念的挖掘过程中采取相应的措施。我们的做法是：如果一个概念词的两个概念的上下文集出现交集，则把相交的部分划分给两个概念中可信度高的那一个。也即，一旦优先提取了一个可信度高的文本中概念 A，那么对于 A 的一个概念词 w，必须删除掉 w 中所有属于 A 的上下文，才能重新参与组成其他的文本中概念。

### 16.5.8 为概念词的上下文设置重要性权值并不合理

从海量的文本库中为概念词提取上下文之后，每个上下文都会附带一个计数值，记录它与该概念词一起出现的次数。一般会认为一个上下文的计数值(频率)越大，则它对概念词的重要性就越高。一些相关的工作都会对上下文或特征词设置权值。我们按照上下文的出现频率为依据来选择出可信的上下文。但是在选出了可信的上下文之后，是否需要再为每个上下文设置一个重要性权值，参与到后续的计算中呢？我们认为，由于概念词的多义性，设置上下文权值的做法并不合理。

权值的意义是在一个上下文集中，体现各个上下文的可信度以及对概念语义的贡献度(或者说表征一个概念的内涵的能力)的差异。但是由于每个概念词都可能是多义词，那么它的上下文集就可能是多个概念的上下文的并集，而我们预先并不知道概念词的各个上下文属于哪个概念，那么如果要对它们的可信度进行比较，则只能把可能属于不同概念的上下文进行统一比较。

但是不同概念的上下文之间并没有可比性。其原因是各个概念在文本中出现的概率可能并不一致，一个概念词对应的多个概念中，有的概念可能比较常用，有些可能比较少用，尤其是如果当前使用的文本库在类型的分布上并不均匀的情况下，会更容易导致属于不同类型的概念出现的频率不平均。例如，如果当前使用的主要是社会科学类的文档，那么所获得的“程序”(概念词)的上下文中，属于“办事程序”(概念)的上下文({办事，执行，破产，简化，行政，规则，规范})的频率就明显高于那些属于“计算机程序”(概念)的上下文({开发，电脑，硬件，算，计算机})的频率。但是我们却不能因此认为“{开发，电脑，硬件，算，计算机}”对“程序”的重要性低于“{办事，执行，破产，简化，行政，规则，规范}”对程序的重要性。实际上对于“程序”来说，这两个上下文集表征的是两个不同概念的语义，所以它们之间没有可比性。而强行地进行比较，不但没有意义，也会使算法对概念词的上下文的区分能力下降，最后导致建立了错误的概念。

所以本章的算法没有对上下文设置权值。

## 16.6　数据模型

文本中概念的挖掘算法必须经历两个阶段：

(1)从文本中提取概念词以及概念词的上下文集；

(2)在第一步获得的概念词与上下文集数据中挖掘文本中概念。

在第一阶段中，只要预先设置好 TH_WORD_FRE(16.5.1 节)、TH_CON_FRE(16.5.2 节)和 TH_CON_FRE(16.5.2 节)，就能通过对文本的简单的扫描建立起这些数据，所以本章不做进一步介绍。第二阶段是工作在第一阶段所获得的数据之上，为了更好地讨论后续的算法，下面对这些数据进行符号化、形式化的描述：

- $WS$ 是一个集合，它代表所有概念词构成的集合。
- $FS_x$Z 是一个集合，它代表概念词 $x$ 的上下文集合。
- $FSS = \{FS_x \mid x \in WS\}$ 是一个集合，它代表 $WS$ 中所有概念词的上下文集的集合。
- $AFS = \bigcup_{x \in WS} FS_x$ 是一个集合，它代表所有上下文的集合。

上面定义的这 4 个集合构成了一个完备的数据模型，我们把这个数据模型标记为 Mod1。下面给出 Mod1 上的候选文本中概念的定义。

**定义 16.6**　对 Mod1 中 $WS$ 的任何一个子集 $SUB\_WS$，令 $SUB\_AFS = \bigcap_{x \in sub\_ws} FS_x$，如果这两个集合满足：

(1) $|SUB\_WS| > 1$，$|SUB\_AFS| > 1$；

(2) $FS_x \supseteq SUB\_AFS$，必有 $x \in SUB\_WS$。

那么 $SUB\_WS$ 和 $SUB\_AFS$ 就构成了 Mod1 上的候选文本中概念，这个候选概念的内涵和外延分别是 $SUB\_AFS$ 和 $SUB\_WS$，标记为 $SUB\_WS$：$SUB\_AFS$。

定义 16.4 与定义 16.6 的区别在于，前者描述的是对文本中概念的客观要求，但是我们毕竟只能在有限的数据集上挖掘文本中概念，这样的概念必定不完全符合客观的文本中概念的要求，后者就是对这种有限性的描述。另外，因为满足定义 16.6 的数据必须经过评价和筛选之后才能被接收为可信的文本中概念，所以说它是“候选”的。

客观上，文本中概念是由概念在文本中的所有概念词和所有上下文构成的，但当前的数据模型是具体和有限的，只能找出其中所有可能是同一个概念的概念词，并由它们共同的上下文最为候选概念的内涵，同时，要求各个概念词之间至少要有两个相同的上下文，才认为它们之间的关系并非完全偶然，即才有成为一个概念的基本的可能性。定义 16.6 就是对这个思想的数学规定。

基于定义 16.6，我们给出候选概念的评分公式如下：

$$\mathrm{Score}(|SUB\_WS|, |SUB\_AFS|) = \frac{|SUB\_WS| \times |SUB\_AFS|}{\sqrt{|SUB\_WS|^2 + |SUB\_AFS|^2}} \quad (16-1)$$

即候选概念的分数是关于 $|SUB\_WS|$ 和 $|SUB\_AFS|$ 的二元函数。根据候选概念的定义，$SUB\_AFS$ 和 $SUB\_WS$ 都非空，所以这个公式恒有意义。由于 $|SUB\_WS|$ 和 $|SUB\_AFS|$ 都是正整数，所以这个公式有以下两个重要性质：

**性质 16.6**：

$$\frac{\min(|SUB\_WS|,|SUB\_AFS|)}{\sqrt{2}} \leqslant \mathrm{Score}(|SUB\_WS|,|SUB\_AFS|) \leqslant \min(|SUB\_WS|,|SUB\_AFS|)$$

**性质 16.7** $\mathrm{Score}(|SUB_WS|,|SUB_AFS|)$是分别关于$|SUB_WS|$和$|SUB_AFS|$的递增函数。

所以这个评分公式与16.5.6节所讨论的评价原则完全一致。即：两个集合越大越好(性质16.7)，但单方面提高某个集合的大小，无法有效地改善最后的评分结果，如果导致另一个集合的变小，则会明显地降低分数(性质16.6)。

## 16.7 基于上下文组合树的概念提取算法

本算法借助树的数据结构特点，并利用一种特殊的树的生长规则，把AFS中的一个子集的各种上下文组合情况合理的散列到一棵树的各个节点上，然后在这棵树上进行局部性的概念挖掘。所以称其为“基于上下文组合树的概念提取算法”。

### 16.7.1 算法思想

Mod1是一个庞大的数据模型，*WS*的每个元素都有自己特殊的上下文集。根据Mod1上候选文本中概念的定义，以及评分公式(16-1)，要从整个Mod1中直接提取出符合条件的候选概念词，并进行一定程度的优化选择，是一件困难的工作，也需要极大的计算量。

WS中大量的概念词之间是没有任何关联的，由有语义相关性的概念词构成的子集的规模并不大，而概念主要就是存在于具有语义关联性的概念词子集中。所以，解决计算问题的一种可行的解决办法是从Mod1中分离出各个有内部语义关联性的数据子集，然后逐一在各个数据子集上挖掘概念。

本算法就是基于这个思想提出的。基本原理就是对AFS的每个元素$\alpha$，都为其从WS中分离出所有包含$\alpha$的概念词，由这个概念词集及其全部的上下文构成一个数据子集，然后利用上下文组合树对每个数据子集进行处理，进而提取出其中的概念。

下面首先给出上下文组合树的定义，并讨论它的一些性质，然后讨论针对一棵上下文组合树的概念提取算法，在此基础上，最后讨论整个数据模型上基于上下文组合树的概念提取算法。

### 16.7.2 上下文组合树

**定义 16.7** 上下文组合树是这样的一种树：

(1)它的每个节点$TN_i$都包含两个数据$NodeWS_{TN_i}$和$NodeF_{TN_i}$，$NodeWS_{TN_i}$是$WS$的子集，称为节点的概念词集，而$NodeF_{TN_i}$是AFS的一个元素，称为节点的上下文。$TN_i$还附带一个上下文的集合，记为$NodeSubFS_{TN_i}$，$TN_i$的子孙节点的上下文都必须属于这个集合。

(2)在它的根节点$TN_0$上，$NodeF_{TN_0}$是AFS的一个元素，而$NodeWS_{TN_0}=\{x \mid x \in WS,$

$NodeF_{TN_0} \in FS_X\}$，即 $NodeWS_{TN_0}$ 是所有上下文集包含 $NodeF_{TN_0}$ 的概念词。$NodeSubFS_{TN_0} = \bigcup_{x \in NodeWS_{TN_0}} FS_x - \{NodeWS_{TN_0}\}$。

(3)让 $NodeSet_{TN_i}$ 表示 $TN_i$ 以及它的所有祖先节点组成的集合，$BranchFS_{TN_i} = \{NodeF_x \mid x \in NodeSet_{TN_i}\}$，即 $BranchFS_{TN_i}$ 是 $TN_i$ 以及它的所有祖先节点的上下文组成的集合。则一个节点 $TN_i$ 的子节点的产生规则是对如下三步操作的 $|NodeSubFS_{TN_i}|$ 次循环：

①每次循环都从 $NodeSubFS_{TN_i}$ 中提取一个元素（每次都不同），记为 α，并令 $NodeSubFS' = NodeSubFS' \cup \{\alpha\}$（$NodeSubFS'$ 是一个临时变量，初始为空，每循环一次都增加一个元素）。

②令 $NodeWS' = \{x \mid x \in NodeWS_{TN_0}, BranchFS_{TN_i} \cup \{\alpha\} \subseteq FS_x\}$，如果 $|NodeWS'| \leqslant 1$，则跳到第①步操作继续执行。否则执行第③步。

③为 $TN_i$ 生成一个新的子节点 $TN_j$，对 $TN_i$ 进行如下设置：$NodeF_{TN_j} = \alpha$，$NodeWS_{TN_j} = NodeWS'$，$NodeSubFS_{TN_j} = NodeSubFS_{TN_i} - NodeSubFS'$。

从子节点的产生规则可以看出，一个节点 $TN_i$ 的各个子节点的上下文各不相同，并且都不属于 $BranchFS_{TN_i}$。由于第③步中的最后一个赋值操作，对任意两个不同节点 $TN_j$ 和 $TN_i$，必有 $BranchFS_{TN_i} \neq BranchFS_{TN_j}$，这确保了从一个上下文组合树上不会产生重复的候选概念(提取算法将在 16.7.3 节介绍)。

从 AFS 的一个元素 α 出发，我们可以从 *WS* 中获得一个由所有拥有 α 的概念词构成的子集 *X*。从 α 和 *X* 出发，根据定义 16.7 就可以构造一棵上下文组合树，它的根节点的上下文和概念词集分别就是 α 和 *X*。所以 AFS 的一个元素确定了一棵上下文组合树。从定义 16.7 可以得出上下文组合树有以下五点性质：

**性质 16.8**　对于每个节点 $TN_i$，$BranchFS_{TN_i} \subseteq \bigcap_{x \in NodeWS_{TN_i}} FS_x$。

**性质 16.9**　对任意一个节点 $TN_i$，不存在任何一个 *WS* 的子集 *X* 满足：$X \neq NodeWS_{TN_i}$，并且 $BranchFS_{TN_i} = \bigcap_{x \in X} FS_x$。

**性质 16.10**　一个节点 $TN_i$，如果 $BranchFS_{TN_i} = \bigcap_{x \in NodeWS_{TN_i}} FS_x$，则这个节点的 $NodeWS_{TN_i}$ 和 $BranchFS_{TN_i}$ 构成了一个候选的文本中概念，其中，$NodeWS_{TN_i}$ 是其外延，$BranchFS_{TN_i}$ 是其内涵。

**性质 16.11**　对于 *WS* 的任意一个非空子集 *X*，如果 $|X| \geqslant 2$，并且 $NodeF_{TN_0} \in \bigcap_{x \in X} FS_x$，则上下文组合树上存在一个节点 $TN_i$ 满足：$BranchFS_{TN_i} = \bigcap_{x \in X} FS_x$。

**性质 16.12**　不同节点 $TN_j$ 和 $TN_i$，必有 $BranchFS_{TN_i} \neq BranchFS_{TN_j}$。

性质 16.8 说明不是每个节点都对应一个候选的文本中概念。性质 16.10 和性质 16.11 说明数据模型 Mod1 中所有包含上下文 $NodeF_{TN_0}$ 的候选概念都能从 $NodeF_{TN_0}$ 确定的上下文组合树上获得；从而也进一步说明，如果我们从 *AFS* 中的每个元素出发，分别建立一棵上下文组合树(共有 $|AFS|$ 棵)，则我们能历遍 Mod1 中的所有候选概念。性质 16.12 说明上下文组合树上没有重复的候选文本中概念。所以性质 16.11 和性质 16.12 说明由 $NodeF_{TN_0}$ 确定的上下文组合树对包含 $NodeF_{TN_0}$ 的候选概念的覆盖是完备的。

下面举例证明性质 16.11：

①由上下文组合树的构造规则可以得出，上下文组合树的所有节点的 $BranchFS_{TN_i}$ 构

成的集合(上下文集合的集合)包含所有满足如下条件的上下文集合：它是 $NodeSubFS_{TN_0} \cup \{NodeF_{TN_0}\}$ 的非空子集，并且包含 $NodeF_{TN_0}$，并且是 $NodeWS_{TN_0}$ 的某个子集(其元素个数不少于2)的元素的上下文集的交集。

②由于上下文集包含 $NodeF_{TN_0}$ 的概念词都在 $NodeWS_{TN_0}$ 中，并且 $NodeWS_{TN_0}$ 的所有元素的上下文都属于 $NodeSubFS_{TN_o} \cup \{NodeF_{TN_0}\}$。所以满足性质16.11中的条件的 $WS$ 的子集 $X$ 必定是 $NodeWS_{TN_0}$ 的子集，进而 $\bigcap_{x \in X} FS_x$ 也必定是 $NodeSubFS_{TN_o} \cup \{NodeF_{TN_0}\}$ 的非空子集。

由①和②，满足性质16.11中的条件的 $WS$ 的任意一个子集 $X$，必定存在一个节点 $TN_i$ 满足：$BranchFS_{TN_i} = \bigcap_{x \in X} FS_x$。

证毕。

### 16.7.3 一棵上下文组合树上的概念提取

通过上面的分析，从 $AFS$ 的某个元素 $\alpha$ 对应的一棵上下文组合树上可以找到所有上下文集合包含 $\alpha$ 的候选文本中概念。基于一棵上下文组合树的概念提取，就是根据性质16.10，从树上获取所有的候选概念，然后根据公式(15－1)，计算候选概念的分数，并根据分数择优提取概念。

为了确保最终获取的概念都满足文本中概念不冲突约束(15.5.7节)，从候选概念列表中提取了一个概念后，必须对剩下的候选概念进行修正。修正的方法必须满足两个要求：

(1)修正后来自一个上下文组合树的所有候选概念的上下文集必须依然包含该上下文组合树的 $NodeF_{TN_0}$ (不包含 $NodeF_{TN_0}$ 的概念会在别的上下文组合树上获取)。

(2)这些候选概念都必须仍然满足定义16.6中的两个条件。

符合这两个要求的修正的算法如下(标记为 $Cor-Alg_1$ 算法)：

记当前提取出来的概念的外延为 $SUB\_WS'$，内涵为 $SUB\_AFS'$，那么对剩下来的每一个分数比其低的候选概念(外延和内涵分别记为 $SUB\_WS$ 和 $SUB\_AFS$)分别做如下的判断和处理：如果 $|SUB\_AFS' \cap SUB\_AFS| > 0$，则令 $SUB\_WS = SUB\_WS - SUB\_WS'$；然后，如果 $|SUB\_WS| \leqslant 1$，则删除该候选概念(其实它已经不再符合候选概念的定义)。

下面证明修正后的候选文本中概念依然满足定义16.6的两个条件：

(1)一旦从数据模型Mod1中提取出一个概念，则可以认为这个概念的知识已经不存在于剩下的数据模型中，而对于它的每个概念词来说，属于这个概念的上下文也不再存在于剩下的数据模型中。也即在 $Cor-Alg_1$ 算法中，从一个候选概念的概念词集中移走的概念词的上下文集已经不再包含这个候选概念的上下文集。

(2)修正后的候选概念的内涵集并没有改变，所以在剩下的数据模型中并不会有其他概念词的上下文集包含这个内涵。

综合(1)和(2)，修正后的“候选文本中概念”在剩下的数据模型中依然满足候选概念的条件。

证毕。

下面再证明如果在每次提取一个概念后，都对剩下的候选概念执行 $Cor-Alg_1$ 算法，则最后获取的所有概念不会违反文本中概念不冲突约束：

记此前获取的某一个概念的外延和内涵分别是 $SUB\_WS'$ 和 $SUB\_AFS'$，而修正后再提取的另一个概念的外延和内涵分别为 $SUB\_WS''$ 和 $SUB\_AF''$，那么根据 Cor－$Alg_1$ 算法中的两步判断和计算，这两个概念之间的关系必然属于如下两种情况之一：

（1）$|SUB\_AFS' \cap SUB\_AFS''| > 0$ 并且 $SUB\_WS' \cap SUB\_WS'' = \varphi$。

（2）$|SUB\_AFS' \cap SUB\_AFS''| = 0$。

也即：两个概念要么没有相同的概念词，要么没有重复的上下文，所以满足文本中概念不冲突约束。

证毕。

基于上述的讨论，下面给出基于一棵上下文组合树的概念提取算法流程：

①从 $AFS$ 中选出一个元素 $\alpha$，根据定义 16.7 构造一棵上下文组合树，使其根节点的上下文等于 $\alpha$。

②按性质 16.10，从树上提取所有的候选概念。计算每个候选概念的分数，组成一个候选概念集合。

③进行如下循环，直到候选概念集合清空为止：

Ⅰ 取出集合中分数最高的元素，接受它为概念，并将它从集合中删除；

Ⅱ 对集合中剩下的元素执行 Cor－$Alg_1$ 算法，并根据修正结果重新计算它们的分数。

### 16.7.4　整个数据模型上的概念挖掘

$AFS$ 中的每个元素 α 都对应了一棵上下文组合树，而在一棵上下文组合树上的概念挖掘，只能挖掘到所有内涵包含 α 的概念。根据性质 16.11 和性质 16.12，如果为 AFS 中的每个元素都构造一棵上下文组合树，则可以历遍整个数据模型中的所有候选概念，并可择优提取 Mod1 中所有的文本中概念。

为了满足文本中概念不冲突约束，当从一棵上下文组合树上提取了所有概念之后，一样需要对 Mod1 进行修正。与在一棵上下文组合树中的修正算法（Cor－$Alg_1$）不同，此次的修正无须满足其他附加条件。从 Mod1 的数据结构出发，对 Mod1 的修正算法如下（记为 Cor－$Alg_2$ 算法）：

记 C 为从当前一棵上下文组合树上获取的所有概念中的一个，C 的外延和内涵分别是 $SUB\_WS$ 和 $SUB\_AFS$，则对 $SUB\_WS$ 中的每个元素 $x$，重新计算 Mod1 中的 $FS_x$：$FS_x = FS_x - SUB\_AFS$。

Cor－$Alg_2$ 算法的本质就是认为：如果一个概念被从 Mod1 中提取出来，那么 Mod1 中就不会再有关于这个概念的知识。

#### 1. 数据子集及其评价机制

由 $AFS$ 中的每一个元素 $\alpha$ 都可以构造出两个集合：

（1）$SUB\_WS_\alpha = \{x \mid x \in WS, \alpha \in FS_X\}$：$WS$ 的一个自子集；

（2）$SUB\_AFS_\alpha = \bigcup_{x \in SUB\_WS_\alpha} FS_x$：$AFS$ 的一个子集。

这两个集合实际构成了 Mod1 的一个数据子集，其中第一个集合可以称为数据子集的概念词集，而第二个可以称为数据子集的上下文集。

基于一棵上下文组合树的概念挖掘具有一定的局部性，即它只在由 *AFS* 的某个元素确定的一个数据子集中进行概念挖掘。正如 16.5 节所讨论的，Mod1 并不存在概念、概念词和上下文三种之间的理想关系，而是存在各种具体的复杂关系。所以从一棵上下文组合树上提取了概念之后，对剩下的数据的修正，必定会影响后续的上下文组合树的结构和概念提取情况。

例如，假设在 Mod1 中存在三个概念词及其上下文集如下：

- W1：{f1，f2，f6，f7}
- W2：{f1，f2，f3，f4}
- W3：{f2，f3，f4，f5}

如果在当前的上下文组合树上提取了概念"{W1，W2}：{f1，f2}"，则在后续的上下文组合树上，只能提取到"{W2，W3}：{f3，f4}"。但是如果在全局上按照各个候选概念的评分分数来优先提取，则客观上必须优先提取的是"{W2，W3}：{f2，f3，f4}"。当然出现这种情况的概率实际上非常低，而且从数据自身的分布特点来看，第一种提取结果也可以接受。但是为了尽量从更优质的概念开始提取，我们必须优先从相关性更强的数据子集中进行概念挖掘。为此，我们提出了如下的数据子集评分公式：

$$\text{Score\_SubMod}(|SUB\_WS|,|SUB\_AFS|) = \frac{|SUB\_WS|}{|SUB\_AFS|} \qquad (16-2)$$

其中 *SUB_WS* 是数据子集的概念词集，而 *SUB_AFS* 是数据子集的上下文集。这个公式强调，数据子集中的概念词共享的上下文越多，则其分数越高。显然数据子集中的概念词共享的上下文越多，则其相关性就更强。所以这个公式能有效地刻画一个数据子集内部相关性的程度。例如，按照这个公式，由 W1 和 W2 组成的数据子集的分数就低于 W2 和 W3 组成的数据子集的分数。

这样，我们可以对 AFS 中的每个元素 $\alpha$，构造由其确定的数据子集，并利用公式(16－2)分别计算这些数据子集的分数。然后根据这些分数进行逆序排序，作为构造上下文组合树并挖掘概念的顺序。

**2. 最终的算法流程**

基于上述的详细讨论，下面给出最终的整个数据模型上基于上下文组合树的概念提取算法：

对 *AFS* 中的每个元素，构造由其确定的数据子集，根据公式(16－2)计算每个数据子集的分数，并按分数的逆序对 *AFS* 的所有元素排序，构成一个列表，顺次从这个列表中取出每个元素 $\alpha$ 做如下操作：

①对 $\alpha$，执行一棵上下文组合树（由 $\alpha$ 确定的上下文组合树）上的概念提取算法（15.7.3 节）；

②对 Mod1 执行 Cor－$Alg_2$ 算法。

### 16.7.5 算法分析

本质上，基于上下文组合树的概念提取算法将复杂的计算问题化为各个局部计算问题，从而实现了复杂计算问题的可计算化。尽管对概念的提取存在一定的局部性，但是通过对每个数据子集的评分，并优先处理分数高的数据子集，并且限制了在一棵上下文组合树只提取包含根节点的上下文的概念，还是比较好地控制了算法局部性的不利影响。

数据挖掘是一种比较难以进行理论证明的工作，尤其是我们针对的是分布在文本中的完全非结构化的数据，对于结果的合理性更加难以证明。但是我们通过提出数据模型，给出了基于数据模型的候选概念的数学定义。并且在后续的处理中，从这个数学定义出发，进行严谨的推理和证明，确保能完备地获取所有符合定义的文本中概念。所以我们在一定程度上解决了一个复杂数据挖掘问题的理论证明工作，实现了结果的合理性和可解释性。

整个算法的基本计算单元是一棵上下文组合树上的概念提取。首先，构建一棵上下文组合树的计算规模与节点的个数成正比。一棵上下文组合树的节点的数量是 $NodeWS_{TN_0}$ 中上下文集合的交集非空，并且元素个数不少于 2 的所有子集的数量。由于我们实际限制一个上下文最多只能被 40 个概念词共享(见 16.5.2 节的第三点)，所以 $NodeWS_{TN_0}$ 最多只有 40 个元素。而在这 40 个元素中，符合条件的子集(树的节点)实际并不多。其次，由于只提取并处理符合候选概念条件的节点，所以上下文组合树构建后的概念提取的计算规模被进一步压缩，这个计算量远小于构造树的计算量。

关键的是，根据上面的分析，一棵上下文组合树上的概念提取的计算量基本上是一个常量，与整个数据模型的规模基本无关。所以整个算法的计算量基本与 $|AFS|$ 成线性正比。由于具备了这样良好的计算复杂度性能，本算法可以应用于对大规模数据模型的计算。

为了验证算法的时间复杂度性能和准确率，下面我们将提出一种实现全局最优的概念提取，流程比较简单，但是时间复杂度性能比较的算法。之后，我们再对两个算法的时间复杂度性能和准确性进行实验对比。

## 16.8　基于上下文关联性的概念挖掘算法

### 16.8.1　算法思路

如果一个概念存在于 Mod1 中，则这个概念对应的上下文集合在 Mod1 中是客观存在的，只是我们预先并不知道它究竟存在哪里、存在哪个概念词的上下文中、是哪个概念词的上下文的哪个部分。如果我们能把这个客观存在的概念的上下文集找出来，则我们首先就确定了一个概念，按照内涵决定外延的逻辑理论，该概念的外延就是由它的上下文集决定的，在具体操作中，就是所有上下文集包含当前概念上下文集的概念词构成的集合。

上述的分析，其实已经指出了从 Mod1 中提取客观存在的概念的上下文集的一个途径，即一个概念的上下文集是概念的所有概念词共有的子集，这就是概念的所有上下文的一个相关性。本算法的基本思路就是利用这个相关性把数据模型中的候选概念的上下文集提取出来，进而确定候选概念的概念词集。最后在全局上择优选出最终的概念。

我们再把上述的相关性进一步表述为：一个概念的所有上下文都在该概念的所有概念词的上下文中。

那么如果我们把概念词当作事务(transaction)标记，则概念的上下文的关联性与关联规则[434]的频繁项的关联性是一样的。所以我们可以利用关联规则挖掘研究中的频繁项集挖掘算法获取 Mod1 中所有的“频繁上下文集”(每个频繁上下文集都附带一个概念词集，其元素的上下文集都包含这个“频繁上下文集”)，然后对获得的所有“频繁上下文集”进行评价和处理，获得最终的概念。

### 16.8.2 算法讨论

获得“频繁上下文集”的过程与关联规则中频繁项的挖掘方法基本一样。但由于我们获取的数据(“频繁上下文集”及其附带的概念词集)是用于构造概念的，必须首先满足候选概念的条件。因此获取的所有“频繁上下文集”中，只有其附带的概念词集的元素(概念词)的上下文集交集等于这个“频繁上下文集”的时候，这个“频繁上下文集”才是一个有意义的数据。所以当利用频繁项的挖掘算法获得所有的“频繁上下文集”之后，首先要从中删除所有没意义的数据。对于剩下的数据，还必须进行进一步的处理，才能获得最后的概念，下面我们将对此进行逐一讨论。

#### 1. “频繁上下文集”的评价

关联规则频繁项的评价主要是基于支持度的，即主要依据项的频繁的程度来评价。但是在我们的工作中，“频繁上下文集”的物理意义是一个候选的概念的上下文集，所以必须采用候选概念的评分机制对“频繁上下文集”进行评价。所以我们采用公式(16－1)对“频繁上下文集”进行评分，其中第一个参数是“频繁上下文集”的势，而第二个参数就是其附带的概念词集的势。

#### 2. 概念的提取和候选概念的修正

在对候选概念进行评分之后，不但要择优选取概念，而为了使所有获取的概念都满足文本中概念不冲突约束，在选择了高分数的概念之后，还要对剩下的候选概念进行修正。修正算法与 $Cor-Alg_1$ 相同。

### 16.8.3 算法流程

基于上述的讨论，给出最后的算法流程如下：

①利用修改后的 Apriori[435] 算法，获得所有“频繁上下文集”，构成“频繁特征词集”列表 FL；

②从 FL 中提取所有满足候选概念条件的“频繁上下文集”，构成候选概念列表 CL，并根据公式(16－1)计算 CL 中每个候选概念的分数；其中，候选概念的上下文集和概念集分别是“频繁上下文集”及其附带的概念词集；

③从 CL 中提取分数最高的一个候选概念，对 CL 中剩下的候选概念执行 $Cor-Alg_1$ 算法，对每个被修正的候选概念，都重新计算其分数；

④如果 CL 为空，则算法结束，否则转到第③步，继续执行。

### 16.8.4 算法分析

基于频繁项集算法的“频繁上下文集”挖掘算法能获得整个数据模型下的所有的“频繁上下文集”，在此基础上选出的候选概念，也必定是整个数据模型下所有的候选概念。所以算法的查全率得到了保证。另一方面，算法对 Mod1 中所有的候选概念上进行择优提取，所以确保获取的文本中概念是全局最优的。

算法的主要弊端在于全局性的计算需要耗费大量的计算时间。记 $|AFS| = N$，即 1 - 项子集的规模是 $N$。2 - 项子集和后续若干级的频繁项子集的规模与数据模型的规模和概念词之间的语义相关度有关，非常难以进行理论分析和评估，但一般到了 7 - 项子集的规模之后就急剧下降。后面的实验数据会充分说明算法的时间复杂度性能非常差，所以这个算法不适合于处理大规模的数据。

由此可见，虽然算法能获得全局最优的结果，但是对数据模型规模的扩展性却非常差。所以这个算法更大的用途是作为一种原型性的算法，用于在适当的数据量下，验证其他算法的时间复杂度和准确率等性能。

# 16.9　实验和比较

## 16.9.1　本章两个算法的实验比较

实验的目标在于通过两个算法的实验情况的对比验证第一个算法的时间复杂度和准确率性能。

实验采用了由上海国际数据库研究中心自然语言处理小组提供的一个包含 1600 个政治经济学论文的文本集。把 TH_WORD_FRE、TH_CON_FRE 和 TH_CON_FRE 分别设置为 10，10 和 40，最后选出了 3600 个概念词，并分别为它们提取了各自的上下文集。为了验证两个算法的时间复杂度性能，我们让算法分别处理数量递增的 4 个数据集。两个算法同在一台普通服务器上进行，主要硬件参数是：CPU 2.0 GHz，内存 2.0 G。表 16 - 2 是执行时间的统计结果(由于两种算法的执行时间差异太大，所以采用了“时：分：秒”的表示方法)。

**表 16 - 2　算法执行时间对照表**

| 算法 \ 概念词数 | 900 | 1800 | 2700 | 3600 |
|---|---|---|---|---|
| 基于上下文组合树的概念提取算法 | 00：00：18 | 00：01：42 | 00：03：32 | 00：05：35 |
| 基于上下文关联性的概念挖掘算法 | 00：02：16 | 12：03：47 | 13：46：32 | 16：15：28 |

从表 16 - 2 可以得出两个结论：

(1)基于上下文组合树的概念提取算法的实际执行情况符合我们的分析，即基本上与数据集的规模成正比，并且基数也很小，完全适合于处理大规模的数据。

(2)基于上下文关联性的概念挖掘算法的执行时间变化情况比较复杂，当概念词的数量在 900 个的时候，所用的执行时间还非常短，但到了 1800 个概念词的时候，执行时间发生了巨大的突变，此后每次增加概念词的时候，执行时间的增加又变得比较平缓。我们认为这主要还是由概念词的语义相关性造成的，在900个概念词的时候，由于数量较少，各个概念词之间的语义相关性相当弱，所以各级的频繁项子集的规模不会急剧膨胀。而到了1800个概念词的时候，概念词之间的语义相关性已经到达了整个数据集(指由总共3600个概念词构成的)的实际状态，这个时候后续各级的频繁项子集的规模便急剧膨胀，导致了执行时间的巨变。而此后虽然概念词的数量也增加了，但概念词的语义相关性并不会明显地改变，所以执行时间也不会再急剧增加。但总体上，这个算法的时间复杂度性能非常差，所以不适合于处理大规模的数据。

下面在3600个概念词的数据上对两个算法所获得的文本中概念进行比较。两个算法的各个性能的对比情况如表16－3所示。

**表16－3　结果分析统计对比**

| 比较项目 / 算法 | 概念数量 | 准确率 | 概念的最高分数<br>[按式(16－1)计算] | 概念的平均分数 |
| --- | --- | --- | --- | --- |
| 基于上下文组合树的概念提取算法 | 573 | 61.5% | 5.24264 | 1.57887 |
| 基于上下文关联性的概念挖掘算法 | 558 | 62.9% | 5.24264 | 1.58595 |

表16－3的数据反映了两个算法的各自的特点。基于上下文关联性的概念挖掘算法的全局性和最优性的特点，在准确率和概念的平均分数两个重要指标上，都高于基于上下文组合树的概念提取算法。但是基于上下文组合树的概念提取算法所丢失的一点点性能，却换来了极好的时间性能，所以，从实用性的角度出发，是一个更好的算法。

表16－4给出若干算法所获得的文本中概念的例子。

**表16－4　文本中概念示例**

| 外延 | 内涵 | 外延 | 内涵 |
| --- | --- | --- | --- |
| 数字，数据，资料 | 公布，显示，统计，表明 | 物价，股价 | 下跌，涨 |
| 人民币，日元，美元 | 升值，汇率，贬值 | 决策，判断 | 作出，做出 |
| 刑法，民法 | 修改，法，界限，行政 | 局限性，弊端，缺陷 | 克服，模式 |
| 协定，协议 | 回合，签署，签订，达成 | 点，面 | 带，点，线 |
| 所得税，税 | 开征，征，征收，证券 | 差距，距离 | 拉，缩短，还有 |
| 特性，独立性 | 社团，自愿 | 电脑，计算机 | 电话，软件，通信 |
| 主动性，创造性 | 积极性，调动 | 数字，数据 | 取，年鉴，说明 |
| 事，事情 | 做，办，管 | 经理，股东，董事长 | 董事，董事会 |
| 活力，生机 | 充满，注入，焕发 | 县，省，镇 | 区，市 |
| 书，著作 | 写，出版，论 | 外商，外资 | 吸引，吸收 |
| 新股，股，股票 | 上市，发行 | 势头，态势，趋势 | 呈，呈现 |
| 市场经济，自然经济 | 商品经济，计划经济 | 作者，笔者 | 教授，看法 |

续表 16－4

| 外延 | 内涵 | 外延 | 内涵 |
| --- | --- | --- | --- |
| 全年，年度 | 完成，总额 | 实证，表 | 数据，结果 |
| 局面，格局 | 并存，打破 | 日元，欧元 | 兑，美元 |
| 事实，经验 | 表明，证明 | 权利，权益 | 保护，当事人 |
| 文章，论文 | 讨论，题 | 智力，资金 | 人才，引进 |
| 铜，铝 | 铅，锌 | 政治家，选民 | 代表，官僚 |
| 类，类型 | 分为，划分 | 方式，模式 | 传统，采用 |
| 准则，标准 | 判断，是否 | 含义，广义 | 理解，词 |
| 内需，需求 | 刺激，拉动 | 义务，责任 | 权利，相应 |
| 手续，程序 | 办事，简化 | 图，表 | 看出，见 |
| 机械，汽车 | 化工，钢铁 | 参数，系数 | 估计，值 |
| 轨道，道路 | 上，走向 | 兴趣，观点 | 学者，经济学家 |
| 邓小平理论，马克思主义 | 思想，指导 | 习惯，价值观 | 传统，观念 |
| 时机，机遇 | 把握，抓住 | 品质，质量 | 效益，数量 |
| 危机，困境 | 摆脱，陷入 | 注意力，重点 | 放在，转向 |
| 大学，学院 | 教授，理 | 债券，证券 | 发行，股票 |

### 16.9.2　与相似算法的比较

本章所做的文本中概念的研究与挖掘是一项创新性的工作，所获得的知识在结构上接近人类知识体系中真正的概念，在应用中也能同时解决词的同义性和多义性的问题。当前各种词语意义挖掘研究都没有深入分析词语与概念之间的复杂关系，所获得的知识都只能解决同义性或多义性中的一个方面。

从文本中获取词语知识是一项刚起步的艰难的工作。相关研究工作的实验结果还不尽满意。在这个领域中召回率(recall)并不是一个重要的指标[358]，所以我们仅在准确度上与一些相近的工作进行比较。文献[358,359,438]所介绍的工作都是从英文(文献[359]还对法文文本做了实验)文本中获取词语的含义，他们所给出的准确率分别是60.8%、53.3%和63.7%。本章提出的两个算法在中文文本上获得的准确率分别是61.5%和62.9%。由于中文没有严格的语法，对中文文本的处理更加难以获得好的效果，所以能获得与同类算法相近的准确率，已经充分证明本章提出的理论和算法的正确性和先进性。

**本章小结**

本章深入分析了人类知识体系中的概念与文本中的概念词、上下文之间的复杂关系，并提出了“文本中概念”的定义，然后分析了从文本中提取“文本中概念”的各种复杂问题。在此基础上，提出了对“文本中概念”的数学定义，并通过严格的推理和证明，提出了基于上下文组合树的概念提取算法。

为了证明基于上下文组合树的概念提取算法的正确性和时间性能，本章设计了一个具有全局最优化特点但不适合于处理大规模数据的原型性算法。通过实验的对比证明了基于上下文组合树的概念提取算法的正确性和良好的时间复杂度性能。

算法所获得的知识在结构上接近人类知识体系中真正的概念，在应用中也能同时解决词的同义性和多义性的问题，所以本章的研究工作具有一定的创新性。

# 第十七章　基于海量文本的概念词(概念)动词语义关系挖掘

## 17.1　概念的语义关系概述

知识的本质是客观事物的属性和联系，“客观事物的属性”规定了一系列的概念，而“联系”则映射为概念之间的语义关系。概念的语义关系在文本中表现为一定的语言描述，而在语法上，则可以归纳为一些具体的语义语法类型。

在文本中，“主语＋谓语＋宾语”是句子的基本语法结构，其中，主语和宾语一般都是名词(或者其他名词性的词语)，分别代表了某种概念，而谓语，一般是动词性的词语，这个动词通常就代表了前后两个概念的语义关系。例如在句子“熊猫吃着竹子”中，谓语“吃”就代表了“熊猫”和“竹子”两个概念之间的语义关系。又例如在句子“人类也是动物”中，“是”(不等同于“等于”)代表了“人”和“动物”之间的关系，而这种关系又可以归类为某种具体的语义关系语法类型，即“上下位关系”(其中“动物”是上位概念，而“人类”是下位概念)。所以，概念的语义关系可以分为以下两种表示类型：

(1)具体词语(动词)语义关系：简称动词语义关系。

(2)语法类型语义类型：简称语法语义关系。

语义关系的语法类型是有限的，而表示语义关系的具体的词语却非常多，很多具体的动词所表示的语义关系可以归为同一种语法类型，例如“属于”“归属”和“是”都可以表示概念之间的“上下位关系”关系。

下面是知网[382]列出的16种概念语义关系类型(由于“知网”直接用一个词语表示概念，所以下面有些关系其实是词语之间的关系，而非概念之间的关系，例如“同义关系”)：

(1)上下位关系；

(2)同义关系；

(3)反义关系；

(4)对义关系；

(5)部件－整体关系；

(6)属性－宿主关系；

(7)材料－成品关系；

(8)施事/经验者/关系主体－事件关系；

(9)受事/内容/领属物等－事件关系；

(10)工具－事件关系；

(11)场所－事件关系；

(12)时间－事件关系；

(13)值－属性关系；

(14)实体 - 值关系;

(15)事件 - 角色关系;

(16)相关关系。

在这16种语义关系类型中,有些比较容易理解,例如"上下位关系"和"部件 - 整体关系",有些则只有语言学领域的专家才能很好地理解和使用,例如"施事/经验者/关系主体 - 事件关系"和"受事/内容/领属物等 - 事件关系"。一个具体的句子表示的是两个概念之间的哪种语义关系,有时候需要语言学专业的人员才能分析出来。例如在"熊猫吃着竹子"中,"熊猫"和"竹子"之间的语义关系究竟属于上述的哪种类型,还是属于别的什么类型,需要语言学专家才有把握做正确的分析。实际上,"知网"中的概念以及概念之间的语义关系,都是由语言学专家人工构建。知识使用的情况也大概如此,可能大多数人懂得在自然语言处理系统中使用概念之间的"上下位关系"以解决一些问题,但是只有语言学领域的研究人员才懂得准确使用概念之间的"施事/经验者/关系主体 - 事件关系"以及其他的复杂关系。

另一方面,概念语义关系的两种表示方式各有各自的用途。动词语义关系适合于应用在人机对话系统上。例如,对于普通人来讲,他们习惯于提问"人类是什么?",而不是"与人类有'上下位关系'的是什么"?那么如果知识库中概念的语义关系是通过词语来表示的,则更容易给出答案,而且给出的答案(例如,"人类是动物""人类是地球的主人"等等)也更适合于人类阅读和理解。而基于语法语义关系则适合于推理。例如,由于"上下位关系"存在传递性,则通过"人类"与"动物"、"动物"和"生物"之间分别存在的"上下位关系",就可以推导出"人类"与"生物"之间存在"上下位关系"。文献[399,443-445]研究了基于语法语义关系的知识推理。

所以,这两种表示关系都各有特点,也各有其应用价值。本章研究从文本中获取概念词(概念)之间的动词语义关系的相关问题和算法,而下一章则研究从文本中获取概念词(概念)之间的语法语义关系的相关问题和算法。

## 17.2　概念词语义关系与概念语义关系的联系与区别

概念在语言文字中是通过概念词来表示的,所以文本中的语义关系,虽然本质上是概念之间的语义关系,但直接地表现为概念词的语义关系。所以直接从文本提取的语义关系只是概念词之间的语义关系。例如,客观上,"电脑"和"计算机程序"两个概念之间存在"运行"的关系,但是我们从文本中直接获取的是"电脑"和"程序"两个概念词的关系。

第十六章提出了基于集合表示的"文本中概念"的定义,并在16.2.2节中分析了把语义关系建立在两个"文本中概念"之上的意义,即解决了由概念词的多义性引起的歧义问题和由词的同义性引起的冗余问题。通过识别概念词语义关系中概念词所属的概念,可以把概念词之间的语义关系转化为概念之间的语义关系。

但是在实际应用中,概念词语义关系的知识和概念语义关系的知识有共存的必要,其原因是:

(1)在不涉及多义词的情况下,概念词语义关系的知识并没有歧义性,可以正常使用;

(2)第十六章所挖掘的"文本中概念"只是全部客观知识的一小部分,所以必定有相当数量的概念词不属于任何已获得的“文本中概念”。

所以本章(包括第十八章)要获取的知识即包括了概念词之间的语义关系，也包括了概念之间的语义关系。而整个研究过程都是先挖掘概念词之间的语义关系，再尽量地把有条件(即语义关系涉及的两个概念词都属于第十六章挖掘的“文本中概念”)的概念词之间的语义关系转化为概念之间的语义关系。

## 17.3 相关研究

当前主要的概念(词语)知识库(WordNet 和 HowNet)都是由知识工程师或语言学专家手工构建，作为知识库重要组成部分的概念(词语)语义关系，也是如此。文献[445]介绍了一个基于文本的知识表示系统，其中一项重要工作就是从文字中获取词语之间的语义关系以进一步扩充 WordNet 中同义词集之间的语义关系。文献[445]中的算法获取语义关系知识的数据源并不是真正的自由文本。我们知道 WordNet 中每个同义词集都附带一些句子(也是人工编写的)描述这些同义词的语义或使用方法(usage)，这些句子的特点是结构比较简单(真正自由文本中的句子结构是非常复杂和多样化的)，并且格式都比较接近，文献[445]中的算法正是从这些句子中获取词语之间的语义关系。表 17－1 给出了几个例子。

表 17－1 WordNet 中词语条目示例

| 同义词集 | 说明性句子 |
|---|---|
| {skilled worker} | a worker who has acquired special skills |
| {treasure} | something prized for beauty |
| {pilot} | a person qualified to guide ships through difficult waters going into or going out of a harbor |

下面图 17－1 则是主要从表 17－1 中的第一和三个词的“说明性句子”中提取出来的词语语义关系示意图。

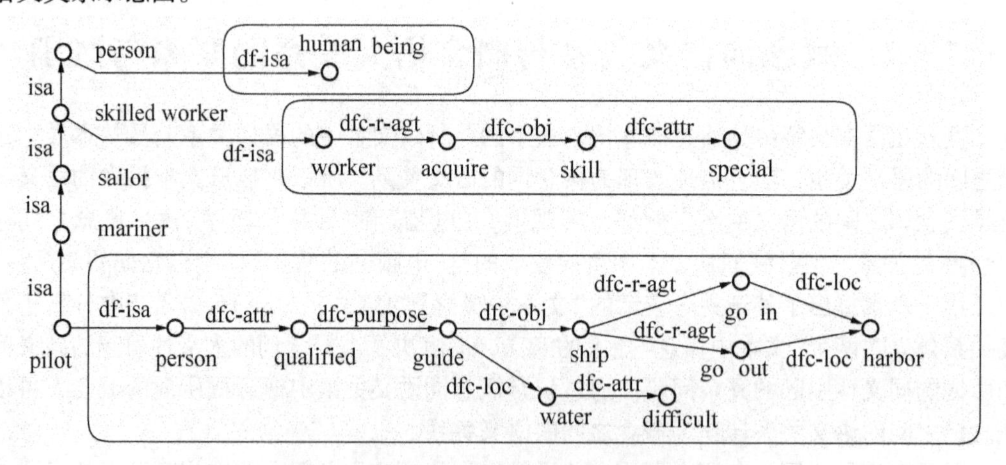


图 17－1 文献[445]建立的语义关系示意图

从这些结构简单、风格统一的句子中提取语义关系是比较简单的，可以分类并对不同类型的句子采用不同的处理方法。

尽管文献[445]中语义关系还是通过语法类型(df_isa，dfc_obj 等)来表示的，但是从图17-1可以看出，与通过动词来表示词语语义关系的效果已经非常相似，例如“acquire”就表示了“worker”和“skill”之间的语义关系，而“guide”也表示了“person”和“ship”之间的语义关系。所以这项工作与本章要研究的内容已经比较相似。

由于我们无法获得格式简单(例如，WordNet 中的说明性句子的格式就很简单)的中文文本，所以我们必须从真正的自由文本中挖掘概念词之间的“动词语义关系”。

## 17.4　从文本中获取概念词之间的动词语义关系

### 17.4.1　算法的思想

尽管句子的基本结构是“主语+谓语+宾语”，但在实际的文本中，句子的形式非常复杂。为了表示复杂的内容，或为了实现一定的表述效果，文本中大量存在各种复杂情况，例如：

- 用一个句子或复杂短语表示一个句子成分(主语、宾语、定语或状语)；
- 用代词表示主语或宾语；
- 主语省略或谓语省略；
- 插入语；
- 其他不完全符合语法的习惯表示方式。

这些复杂格式的存在本身就已经一定程度上引起了人类自身的阅读和理解的难度(尤其是在阅读非母语文章的时候)，它们更加大大提高了自然语言处理系统从中获取语义知识的复杂性。所以无法从文本的句子中直接提取概念之间的动词语义关系，必须借助智能的办法挖掘概念词之间的语义关系。

对于一个结构完整的句子来说，谓语(动词)一般就表示了主语和宾语(都是名词性的词)之间的语义关系。但是由于句子结构复杂性的存在，直接从一个句子中准确地获取其主语部分、谓语部分和宾语部分是比较困难的。但是从数据挖掘的角度来看，如果一个词语三元组(W1，V，W2)(第一和第三个词是名词性的词，第二个是动词性的词。在本文中，词语三元组是特指符合这一组成结构的三个词构成的三元组)依次可以表现为“主语+谓语+宾语”的关系，那么这三个词在海量的文本中必定存在如下的分布特征：

从统计的角度，V 会比较频繁地出现在 W1 的上下文(下同)的右边和 W2 的左边，W1 会比较频繁地出现在 V 和 W2 的左边，W2 会比较频繁地出现在 W1 和 V 的右边。

我们把这个分布特征称为“文本中概念词语义关系分布规律”。

那么，如果通过对海量文本的分析和统计，获得满足这个分布规律的三元组(W1，V，W2)，则我们可以在一定程度上认为 W1 和 W2 之间存在由 V 表示的语义关系。例如，我们通过大范围文本的分析，发现“电脑”的上下文的右边频繁地出现这样的词语：“执行，运行，软件，程序”，而“程序”的上下文的左边则频繁地出现这样的词语：“电脑，硬件，计算机，运行”，进一步分析后会发现，“电脑”(W1)满足频繁出现在“执行”和“程序”左边的条件，而“程序”(W2)满足频繁出现在“电脑”和“执行”右边的条件，所以三元组(电脑，执行，程序)符合“文本中概念词语义关系分布规律”分布特征，即“运行”表示了“电脑”和“程序”之间的语义关系。

因此，挖掘概念词之间的动词语义关系算法的基本思路，就是通过对海量文本的分析，从中获取符合“文本中概念词语义关系分布规律”的词语三元组，对每个三元组，以其中的动词作为前后两个名词(概念词)的语义表示。

## 17.4.2 算法研究与算法流程

### 1. 建立概念词的上下文信息

对于任意的一个词语三元组，要从海量的文本中验证其是否符合“文本中概念词语义关系分布规律”，则不但需要耗费很多的时间，命中率也非常低。我们采取的方法是先为每个概念词建立特殊结构的上下文信息，然后再通过对上下文信息的分析来获取满足分布规律的词语三元组。

我们为每个概念词 W 都建立两个上下文集合：$LeftFSet_w$ 和 $RightFSet_w$。这两个集合分别称为 W 的左上下文集合和右上下文集合，它们满足如下条件：

(1) $LeftFSet_w$ 和 $RightFSet_w$ 中的元素是频繁出现在 W 的上下文中的动词或名词性的词。

(2) $LeftFSet_w$ 中的上下文词语是在文本中出现在 W 左边的上下文中的动词和名词，并且在限定的上下文中，动词的左边必须还有其他名词性的词，而所有的名词都是与 W 至少隔了一个动词，但是并不记录具体隔着哪个动词。这样做的目的是使 $LeftFSet_w$ 中的名词(n)和动词(v)与当前的概念词 W 组成的三元组(n，v，W)比较有可能符合“文本中概念词语义关系分布规律”。W 与它的 $LeftFSet_w$ 中的词可以组成很多个三元组，但仅靠 $LeftFSet_w$ 本身并无法知道那些三元组刚好满足分布规律。

(3) $RightFSet_w$ 中的上下文词语是在文本中出现在 W 右边的上下文中的动词和名词，并且在限定的上下文中，动词的右边必须还有其他名词性的词，而所有的名词都是与 W 至少隔了一个动词，但是并不记录具体隔着哪个动词。这样做的目的是使 $RightFSet_w$ 中的名词(n)和动词(v)与当前的概念词 W 组成的三元组(W，v，n)比较有可能符合“文本中概念词语义关系分布规律”。W 与它的 $RightFSet_w$ 中的词可以组成很多个三元组，但仅靠 $RightFSet_w$ 本身并无法知道哪些三元组刚好满足分布规律。

例如，从句子“政府在广泛听取了各界群众意见之后，制定了符合实际情况的政策”中，可以分别为“政府”，“群众意见”和“政策”获取如表 17－2 所示的候选上下文。

表 17－2 概念词的上下文集合示例

| 概念词 | $LeftFSet_w$ 的候选词语 | $RightFSet_w$ 的候选词语 |
|---|---|---|
| 政府 | | 听取，制定，群众意见，实际情况，政策 |
| 群众意见 | 政府，听取 | ***制定，实际情况，政策*** |
| 政策 | 政府，***听取，群众意见***，制定 | |

通过对海量文本的分析，再以每个上下文出现的频率为依据进行取舍，则表中斜体加粗的几个候选的词语会因为出现频率太低而被淘汰掉。当然，这些概念词还会获得别的上

下文，而这个步骤的最终结果就是为所有概念词构建两个上下文集，我们把这些数据描述为如下的数据模型(标记为 $Mod_{6-1}$)：

- WS 是一个集合，它代表所有概念词构成的集合。
- WS 的元素 w 的左上下文集合和右上下文集合分别标记为 $LeftFSet_w$ 和 $RightFSet_w$ 。

下面研究从 $Mod_{6-1}$ 中提取符合“文本中概念词语义关系分布规律”的词语三元组，即提取隐含在 $Mod_{6-1}$ 中的概念词动词语义关系。

### 2. 概念词的词语语义关系提取

在 $Mod_{6-1}$ 中每个概念词的两个上下文集合的元素都是按上一节的条件选择的。根据上下文的选取规则，以 w 的 $RightFSet_w$ 为例，集合中的动词(v)和名词(n)与 w 组成的词语三元组(w，v，n)[例如表 17－2 中的(政府，听取，群众意见)]可能符合“文本中概念词语义关系分布规律”。由于在元素的选择过程中，并没有记录 $RightFSet_w$ 中动词与名词的相互关系(由于句子结构的复杂性，记录这样的信息没有意义)，并且 $RightFSet_w$ 中存在多个动词和名词，所以其元素和 w 可能组成多个词语三元组，但仅从 $RightFSet_w$ 自身的信息出发，无法判断哪个(或哪些)词语三元组才符合“文本中概念词语义关系分布规律”。

例如表 17－2 中，词语“政府”可以与它的 $RightFSet_w$ 集合组成如下六个三元组：

(1)(政府，听取，群众意见)；

(2)(政府，听取，实际情况)；

(3)(政府，听取，政策)；

(4)(政府，制定，群众意见)；

(5)(政府，制定，实际情况)；

(6)(政府，制定，政策)。

但当前并无法知道其中哪些词语三元组符合“文本中概念词语义关系分布规律”，例如对于第三个词语三元组，“政府”，“听取”和“政策”三个词很少会出现在同一个上下文中，这个三元组本身并不符合“文本中概念词语义关系分布规律”。真正符合这个分布规律的是第一和第十七个词语三元组，但是当前并无从判断。下面，我们给出对这个问题的解决办法。

对 WS 中的任意一个元素 w，分别把 $LeftFSet_w$ 和 $RightFSet_w$ 各转化为另外一个集合：$LeftTripleSet_w$ 和 $RightTripleSet_w$ 。其中 $LeftTripleSet_w$ 称为 w 的左三元组集合，每个元素是一个词语三元组，三元组的第一个项是 $LeftFSet_w$ 中的任意一个名词，第二项是 $LeftFSet_w$ 中的任意一个动词，而第三项是 w。可见，如果 $LeftFSet_w$ 中有 $N$ 个名词，$M$ 个动词，则 $LeftTripleSet_w$ 有 $N \times M$ 个元素。而 $RightTripleSet_w$ 称为 w 的右三元组集合，每个元素是一个词语三元组，三元组的第一个项是 w，第二项是 $RightFSet_w$ 中的任意一个动词，而第三项是 $RightFSet_w$ 中的任意一个名词。可见，如果 $RightFSet_w$ 中有 $K$ 个名词，$L$ 个动词，则 $RightTripleSet_w$ 有 $K \times L$ 个元素。

**命题 17.1**　对于 WS 中的两个元素 $w_1$ 和 $w_2$，仅当 $|RightTripleSet_{w_1} \cap LeftTripleSet_{w_2}| = 1$，才能确保 $RightTripleSet_{w_1} \cap LeftTripleSet_{w_2}$ 的元素(唯一一个元素，即($w_1$，v，$w_2$))符合“文本中概念词语义关系分布规律”。

下面证明命题 17.1 是真命题：

由于 $RightTripleSet_{w_1} \cap LeftTripleSet_{w_2}$ 非空，即 $w_1 \in LeftFSet_{w_2}$（$w_2 \in RightFSet_{w_1}$），所以 $w_1$ 和 $w_2$ 必定存在语义关联，而表示其语义的动词 $v'$ 也必定属于 $RightFSet_{w_1}$ 和 $LeftFSet_{w_2}$。下面分两种情况讨论：

(1)如果 $RightTripleSet_{w_1} \cap LeftTripleSet_{w_2}$ 只有一个元素，即($w_1$，v，$w_2$)，则必定有 $v = v'$，即($w_1$，v，$w_2$)是符合"文本中概念词语义关系分布规律"的词语三元组。

(2)如果 $RightTripleSet_{w_1} \cap LeftTripleSet_{w_2}$ 有多个元素，例如($w_1$，v，$w_2$)和($w_1$，$v''$，$w_2$)。则无法判断 v 和 $v''$ 中哪一个才是 $w_1$ 和 $w_2$ 之间的语义关系($v'$)，因为 v 和 $v''$ 都有可能是 $w_1$(或 $w_2$)与其他概念词的语义关系。

证毕。

**3. 算法流程**

基于前两个小节的讨论，下面提出从海量文本中挖掘概念词动词语义关系的算法：

①从海量文本中构建数据模型 $Mod_{6-1}$。

②对 $Mod_{6-1}$ 的 WS 中每个元素 w，由 $LeftFSet_w$ 和 $RightFSet_w$ 分别产生 $LeftTripleSet_w$ 和 $RightTripleSet_w$。L 是一个用于存放词语三元组的列表，初始化为空。

③对 WS 中的任意两个元素 $w_1$ 和 $w_2$，如果 $|RightTripleSet_{w_1} \cap LeftTripleSet_{w_2}| = 1$，则把交集的唯一元素($w_1$，v，$w_2$)放进 L 中，如果 $|RightTripleSet_{w_2} \cap LeftTripleSet_{w_1}| = 1$，则把交集的唯一元素($w_2$，$v'$，$w_1$)放进 L 中。

算法执行完成后，L 中记录了蕴含在 $Mod_{6-1}$ 中的所有的概念词动词语义关系。例如，对于表 17－2 中的数据，执行上述算法之后，L 中会存在两个词语三元：(政府，听取，群众意见)和(政府，制定，政策)。现在，这两个三元组都准确表示了概念词之间的语义关系。

### 17.4.3 算法分析

算法的最大优点是建立在对自由文本句子格式复杂性的充分认识之上，并进行严谨的推理和论证，确保能从真正的自由文本(非格式简单的句子)中获得文本中概念词之间的语义关系。

算法的另一个特点在于，为每个概念词 w 建立 $LeftFSet_w$ 和 $RightFSet_w$ 集合，由这两个有效的代表 w 蕴含在海量文本中的可靠的与其他词语的关联信息。在数据模型 $Mod_{6-1}$ 上挖掘概念词的语义关系，一方面一定程度上等效于直接从海量的文本中挖掘语义关系，另一方面可以大大降低计算量。

## 17.5 建立概念之间的语义关系

### 17.5.1 算法讨论

本节的工作以第十六章所获得的文本中概念为基础，判断 17.4 节提取的词语三元组中的两个概念词是否分别各自属于某个文本中概念，如果三元组($w_1$，v，$w_2$)中的两个概念词分别各自属于概念 $c_1$ 和 $c_2$ ，则 $c_1$ 和 $c_2$ 就建立起来了由 v 联系起来的动词语义关系。

根据 17.4 节的词语三元组的挖掘算法可知，对于任意一个词语三元组( $w_1$ ，v，$w_2$ )，必有 v，$w_2$ 属于 $RightFSet_{w_1}$ ，也即 v，$w_2$ 都好是 $w_1$ 的上下文。另一方面，算法所获得的每一个词语三元组( $w_1$ ，v，$w_2$ )都符合“文本中概念词语义关系分布规律”，即 $w_1$ ，v 和 $w_2$ 在文本中存在“主语 + 谓语 + 宾语”的关系。那么以 $w_1$ 为例，即使 $w_1$ 是多少个概念(例如 $c_1$ 和 $c_2$ )共用的概念词，根据第十六章的性质 16.5，v 和 $w_2$ 只能要么全是 $c_1$ ，要么全是 $c_2$ 的上下文。也即，在词语三元组( $w_1$ ，v，$w_2$ )中，v 或 $w_2$ 已经规定了 $w_1$ 所属的概念。

让 CL 标记第十六章所获得的文本中概念组成的列表，根据这个结论，我们可以按照以下的方法判断( $w_1$ ，v，$w_2$ )中的 $w_1$ 是否属于 CL 中的某个概念：

如果在 CL 中存在一个概念 $c'$ ，它的外延包含了 $w_1$ ，并且它的内涵包含了 v 或 $w_2$ ，则 $c'$ 就是 $w_1$ 所属的概念。相反地，如果在 CL 中不存在满足上述条件的概念，则 CL 中不包含 $w_1$ 所属的概念。

通过类似的方法可以判断 $w_2$ 是否属于 CL 中的某个概念。

### 17.5.2　算法描述

基于上一小节的讨论，构建概念动词语义关系的算法如下：

记 17.4 节所提取的任一词语三元组为( $w_1$ ，v，$w_2$ )，分以下两种情况处理：

(1)如果 $w_1$ 和 $w_2$ 被分别判定为属于 CL 中的两个概念 $c_1$ 和 $c_2$ ，则( $w_1$ ，v，$w_2$ )所表示的概念词动词语义关系转化为 $c_1$ 和 $c_2$ 之间的动词(v)语义关系；

(2)如果无法从 CL 中找到 $w_1$ 和(或) $w_2$ 所属的概念，则无法由( $w_1$ ，v，$w_2$ )构建概念之间的语义关系知识。

## 17.6　实验与总结

### 17.6.1　实验

本章的实验与第十六章的实验采用了相同的文本集(1600 个政治经济学论文的文本集)，并从第十六章所获得的 3600 个概念词中，挖掘概念词动词语义关系，然后以第十六章所获得的文本中概念作为概念库，把部分概念词动词语义关系转化为概念动词语义关系。下面介绍实验的情况。

17.4 节的概念词动词语义关系提取算法从 3600 个概念词中提取了 285 个词语三元组。其中有效(即正确体现了两个概念词的语义关系)的三元组是 173 个，准确率是 60.7%。表 17－3 给出若干正确的词语三元组。

17.5 节的概念动词语义关系构建算法最后把 173 个三元组中的 26 个三元组转化为概念之间的动词语义关系。造成较低的转化率的原因有两个：

表 17-3 算法获得的词语三元组例子

| 词语三元组 | 词语三元组 |
|---|---|
| （政治家，换取，选票） | （工作者，凝聚，心血） |
| （教学，拓宽，视野） | （聚碳酸酯，做成，光盘） |
| （经理，选任，监事） | （规律性，推演，定理） |
| （雇主，解雇，工人） | （党组织，理顺，程序） |
| （东方人，在乎，房产） | （邓小平理论，写入，党章） |
| （事业，遭受，挫折） | （记者，调查，法院） |
| （方程，检验，假设） | （选民，隐瞒，动机） |
| （工人阶级，结成，联盟） | （指数，突破，大关） |
| （机关，破除，等级） | （代表大会，收集，决议） |
| （审批，核准，事项） | （职权，谋取，私利） |
| （成就，展示，前景） | （错误，耽误，培养） |
| （温饱，迈入，小康） | （生态，遭到，破坏） |
| （成员国，签署，协议） | （游客，逗留，天数） |
| （法院，撤销，伪证） | （牧民，珍惜，草原） |
| （皮鞋，优于，布鞋） | （科学院，迁移，资料） |
| （统计局，公布，数字） | （自我批评，纠正，生活） |

(1)第十六章所获得的概念的所有概念词集只是3600个概念词的一个子集，所以有一些概念词并不属于已获得的任意一个概念。

(2)三元组中的两个概念词同时分别属于已获得的概念的比例会更低。

下面是算法建立起来的概念(只用外延表示)之间动词语义关系的例子：

(1){党组织，市委}与{手续，程序}之间存在“理顺”的语义关系：通过(党组织，理顺，程序)建立。

(2){股价，股市}与{大关，指数}之间存在“突破”的语义关系：通过(指数，突破，大关)建立。

(3){经理，董事会}与{监事，董事}之间存在“选任”的语义关系：通过(经理，选任，监事)建立。

(4){工人阶级，阶级}与{联盟，战线}之间存在“结成”的语义关系：通过(工人阶级，结成，联盟)建立。

(5){毛泽东思想，{邓小平理论}与{党章，章程}之间存在“写入”的语义关系：通过(邓小平理论，写入，党章)建立。

## 17.6.2 实验总结

实验证明了从自由文本中获取词语(概念)知识的困难和复杂性，这是当前各种基于文本(尤其是中文文本)的知识获取研究面临的共同问题。

在建立了表示概念词语义关系的词语三元组之后，进一步建立概念之间语义关系的工作受到前阶段所获得的文本中概念的具体情况的制约，只能把小部分的概念词语义关系转化为概念语义关系。由于在没有涉及多义词的情况下，概念词语义关系可以有效使用，所以尽管概念词的语义关系无法融入概念知识库的体系中，但也可以让这些知识独立存在，让其发挥应有的价值。

**本章小结**

本章分析了概念词(概念)之间语义关系的两种表示方法以及它们各自的特点，研究了概念词动词语义关系在自由文本中的分布规律，并创新性地提出了从自由文本中提取概念词动词语义关系的算法。本章还研究了把概念词之间的语义关系转化为概念之间语义关系的方法。

在实验中，算法从文本中获得了一定数量的有用知识，证明了我们对概念词之间动词语义关系在自由文本中的分布规律的分析的正确性，以及算法的有效性。

# 第十八章　基于句子模式的概念词(概念)语法语义关系挖掘

## 18.1　概述

第十七章研究了概念词(概念)动词语义关系，本章接着研究概念词(概念)语法语义关系(即以语法类型表示的语义关系，例如上下位关系)。

在形式概念研究中，属性集合是为了进行研究而人为设计或假设的，并且研究的是形式化的概念，而不是实际存在的概念，所以能够通过内涵(属性集合，或上下文集合)或外延(对象集合，或概念词集合)的包含关系得出概念的上下位关系。例如，如果一个形式概念 A 的内涵包含形式概念 B 的内涵(等价于：形式概念 B 的外延包含形式概念 A 的外延)，则可以得出 A 是 B 的下位概念，而 B 是 A 的上位概念。

但是对于我们所研究的文本中概念，并不适合通过概念的内涵之间或外延之间的相互关系来研究概念之间的上下位关系。其原因包括以下的两个方面。

一方面，在文本中挖掘算法中，目标是尽量获得接近客观知识的概念，并要求所获得的各个概念满足“文本中概念不冲突约束”，所以任意两个概念之间，不会同时满足内涵之间和外延之间的包含关系。例如，如果存在两个候选的文本中概念：{W1，W2，W3}：{F1，F2，F3}和{W1，W2}：{F1，F2，F3，F4}(在形式概念分析中，这两个概念允许同时存在，并且它们之间存在上下位关系)，则第十六章的算法会优先提取第一个概念(因为分数高于后者)，并删除第二个概念(因为与前者存在冲突)。

另一方面，即使两个文本中概念之间在客观上的确存在上下位关系，它们的内涵之间也无法满足包含关系。在形式概念研究中，人为设计(或假定)的各个属性(例如，“狗”的五个属性：“需要水”“在陆地生活”“能运动”“有四肢”“哺乳”)能有序地分工规定概念的各个方面的性质，所以可以通过内涵之间的关系来研究概念的上下位关系。但是文本中概念的内涵(上下文集合)是从文本中自动获取的，这些上下文词语只是各自无序地从某些侧面表征概念的某些内涵，所以即使两个具备上下位关系的概念之间也不存在理想的内涵包含关系。例如，在表 16-4 中，有以下两个文本中概念：“{数字，数据，资料}：{公布，显示，统计，表明}”和“{数字，数据}：{取，年鉴，说明}”，尽管它们的外延存在包含关系，但是其内涵却一点关系都没有。这个例子还充分体现了“文本中概念”与“形式概念”的不同之处。

上面讨论的上下位关系是语法语义关系中最简单的一种。对于其他更加复杂的语法语义关系(例如，部分整体关系，因果关系)，无论是在形式概念领域，还是我们所研究的文本中概念，都无法通过概念的内涵或外延的关系进行研究和建立。

当前，概念之间的语法语义关系的挖掘研究主要采用基于句子模式的方法[360,361]，即利用描述概念之间语义关系的句子模式，从文本中找到符合句子模式的句子，再从句子中提取两个概念，而这两个概念之间的语义关系就是句子模式所描述的语义关系。第十七章已经指出从文本中直接提取的是概念词之间的语义关系，并研究了如何在概念词之间语义关系的基础上建立概念之间的语法语义关系(17.2节分析了概念词语义关系与概念语义关系的联系与区别，17.5节研究并提出了建立概念之间语义关系的方法)，所以本章的重点是研究基于句子模式的概念词之间的语法语义关系的挖掘算法。

基于句子模式的概念词语义挖掘只是一个基本的算法思路，本章对中文句子的格式特点进行了深入的分析，提出了基于句子框架和重要词语的句子模式表示格式，这种格式的句子模式能更灵活地处理各种具体格式的句子，对各种类型的语法语义关系通用，并能确保基于句子模式的概念词语法语义关系挖掘的准确率。

## 18.2　句子模式

### 18.2.1　句子模式概述

人们在使用语言文字表达某个意思的时候，习惯采用一些比较固定的句子格式来表示一定类型的语义内容，我们把这些比较固定的句子格式称为句子模式，简称句式。

例如，人们习惯用“什么是x”(“什么是数据挖掘?”)来表示对x的含义或概念的提问，习惯用“x是一种y”(例如：“水果是一种对人体非常有益的食物”)来表示两种事物之间的类属关系，习惯用“x由y，z等部件组成”(例如“电脑由CPU内存等部件组成”)来表示事物之间的构成关系。“什么是x”“x是一种y”和“x由y，z等部件组成”就是一些表示了某种固定语义类型的句子模式。

从中可以发现，某些句子模式表达或蕴含了概念之间一定的语义关系。例如：

- “x是一种y”：表达了概念之间的上下位关系，
- “x由y、z等部件组成”：表达了概念之间的部分与整体关系，
- “x的意义刚好与y相反”：表达了两个概念的反义关系。

由于我们研究句子模式的目的是获取概念词对之间的语义关系，所以本章后续内容中的所讲的“句子模式”是特指表达或蕴含两个概念词之间语义关系的句子模式。

表达一种语义关系的句式并不止一个，例如，“在y中，x是最特别的”“很多y，例如x”和“y，尤其是x”等句子模式都表达或蕴含了上下位关系。另一方面，即使是同一个句式，在实际应用中也会有各种具体的格式。例如，“x是一种y”就可以有很多种具体形式：

- “x是最特别的一种y”：对“一种”加了定语；
- “x，众所周知，是最特别的一种y”：加入插入语，变成了多个句子；
- “x是一类y”：用“一类”替换了“一种”；
- “x是一种中国人最喜欢的y”：对名词加了定语。

句式一般都具有在各种领域的知识之间的“移植性”，即在不同的知识领域中都能描述同一种类型的语义关系。例如，句式“x是一种y”分别可以用于描述“计算机是一种电子设备”“苹果是一种水果”“地球是一种天体”等不同领域中概念之间的语义关系。

通过上述的分析，下面总结句子模式的一些特点，这些特点是在研究利用句子模式从文本中自动获取概念词语法语义关系中必须面临和处理的问题：

(1)一定的句子模式描述或蕴含了一种固定的两个概念词之间的语法语义关系；

(2)同一种语法语义关系，可以通过不同的句子模式来表达或体现；

(3)即使是一种句子模式，在应用中也有很多具体的格式(或者说有很多变种)；

(4)既定的一种句子模式，在不同的知识领域中都可以表达同类型的语法语义关系；

(5)一个句子模式不一定只限定在一个句子中，而是可以跨越相邻的若干个句子。

### 18.2.2 句式的形式化描述

笼统地说，句式就是一定的句子格式，一个句式包含了一个有序概念词对(W1，W2)和描述这对概念词语义关系的文字格式。文字格式相对固定，W1 和 W2 在句式中的位置也是固定的，但是(W1，W2)可以被不同的概念对替换。基于上面的讨论，我们给出句式的一般性形式化描述如下：

< C1 > < W1 > < C2 > < W2 > < C3 >

其中 < C1 >、< C2 >和 < C3 >分别是句式的三个文字格式信息块，< W1 >和 < W2 >表示两个概念在句式中的位置。< C1 >、< C2 >和 < C3 >的不同取值，就构成了不同的句式。例如，把 < C1 >和 < C3 >都设置为空字符串，把 < C2 >设置为“是一种”，可形成了一个具体化的句式：“< W1 >是一种 < W2 >”；把 < C1 >设置为“在所有的”，把 < C2 >设置为“中”，把 < C3 >设置为“是体型最大的”，则形成另外一个具体化的句式：“在所有的 < W1 >中 < W2 >是体型最大的”。如果再对这两个句式中的 < W1 >和 < W2 >设置具体的概念，就形成了具体文本中不同的句子，而这些句子就都描述了 < W1 >和 < W2 >之间的特定的语义关系，例如“在所有的哺乳动物中鲸是体型最大的”。

但是把 < C1 >、< C2 >和 < C3 >直接设置为一个固定的文字串是最简单的一种形式，为了让句式能有更广的适应性，必须要有更加灵活的文字格式描述方式，这是本章重点研究的内容之一。

## 18.3 基于句式的概念词语法语义关系提取的基本原理

下面在句式形式化描述的基础上介绍基于句式的概念词语法语义关系提取的基本原理。

基于句式的概念词语法语义关系提取，就是让句式(已知句式所描述的概念词语义关系类型)，与文本中的文字串进行匹配，一旦匹配成功，则按句式所描述的概念词的位置，从文字串中把概念词提取出来，而它们之间的语义关系就是句式所描述的语义关系。

例如，如果让句式“在所有的 < W1 >中 < W2 >是最美丽的”与文本中的文字串“在所有的星球中地球是最美丽的”进行匹配，则在 < C1 >、< C2 >和 < C3 >三个位置上句式与文字串都能成功匹配，这样我们就可以从中把(星球，地球)提取出来，并且把它们的语义关系标记为“上下位关系”。

在这个基本的过程有两个问题需要讨论。

第一个问题：句式一次应该与多长的文字串进行匹配？一个完整的意思经常会被拆分为若干个句子表示出来，两个概念的语义关系也可能蕴含在连续的若干个句子中。所以，文字串的长度不能限定为一个句子，而应该是相连的若干个句子。

第二个问题：文字串与句式之间的具体匹配方法是什么？如果把句式中的文字格式信息( < C1 >、< C2 >和 < C3 >)都简单地设置为具体的文字串，那么匹配方法就是简单的字符串完全匹配(或扩展为一定程度的模糊匹配)。但是为了提高句式对文字串的适应能力，句式中的文字格式信息必须采用更灵活的描述格式，所以不能采取简单的字符串匹配的方法，而必须根据句式格式中文字格式信息的具体描述格式采取对应的匹配方法。

这两个问题也是本章的主要研究内容，下文将会详细讨论。

## 18.4　相关工作

概念之间的语义关系有很多种语法类型，目前比较多的是对上下位关系[361,446-451]的挖掘研究，此外还有部分整体关系[452-456]、因果关系[396]等。

Hearst[447,448]是较早利用基于模式的方法研究上下位关系获取的学者之一，她认为可以从符合特定的语法-句法模式(lexico-syntactic patterns)的句子中提取上下位关系，主要利用了四个语法-句法模式，从 Grolier's Encyclopedia 百科全书中获取上下位关系，并与 WordNet 进行了比较。此外，还探讨了利用已知上下位关系的概念对提取更多语法-句法模式的方法，但没有给出具体的模式提取算法。Hearst 以 WordNet 作为标准，获取上下位关系的准确率是57.55%(总共106对概念中61对通过了验证)。

其他一些研究人员也尝试利用模式的方法获取上下位关系[449-451]。Moldovan 提出利用词语-句法模式获得未知概念以及未知概念与已知概念的上下位关系的算法[396]。Llorens[457]通过识别一些已知存在上下位关系的动词结构(例如，“Be a kind of”)来提取上下位关系。

上面介绍的都是对英文文本的处理，由于英文的语法比较严谨，词与词有标准的界限(空格)，所以对英文文本的分析处理，相对容易，结果也比较准确，Hearst 的算法的57.55%的准确率更是从半结构化的百科全书上获得的。中文领域中，近年也有相关的研究。文献[361]提出了一种基于“是一个”(“is a”)句式的概念(词语)之间上下位关系提取算法。文献[360]提出了一个从文本中提取概念(实际是词语)的部分整体关系的整体体系，先利用一个种子概念对，例如“电脑”-“CUP”)集合，从文本库中提取描述概念之间部分整体关系的句式，然后再利用获得的句式从文本中获取更多的满足部分整体关系的概念对。中文领域的这些相关研究，都没有给出算法准确率数据。

这些研究工作可以按照是否挖掘新句式分为两类：文献[361,448]等都是不挖掘新句式，而是利用既有的句式提取知识，我们把这类方法称为封闭型概念关系提取；文献[360,396]则是先从文本中挖掘句式，然后再利用新句式获取更多的概念关系知识，我们把这类方法称为开放型概念关系提取。在封闭型概念关系提取中，算法流程可以针对已知的模型尽量地进行优化，所以结果的准确率会比较高；但是其弊端在于无法获得由未知句式所表述的概念语义关系知识。开放型概念关系提取刚好相反，因为无法进行有针对性的优化，所以难以获得较高的准确率，但却能获取更多的知识，甚至是一些未知的知识。

利用种子概念词对挖掘新句式的基本依据是文本中存在描述种子概念词对的语义关系的句子(句式)。但是，自由文本中句子的格式非常复杂，只有充分地研究这些复杂性，并制定相应的解决办法，才能确保获得正确有效的句式，确保句式对其他句子具有一定的通用性(这样才能获取新的概念对)。文献[360,396]都只提出了由种子概念词对获取句式的基本思路，并没有研究句式挖掘中可能会遇到的各种问题。

# 18.5　句子模式的挖掘算法

句子模式的挖掘是利用种子概念词对从文本中获取包含某个种子概念词对的文字串，并通过进一步的处理，在文字串的基础上建立句子模式的过程。

例如，利用种子概念词对(哺乳动物，鲸)，并且文本中存在句子“在所有的哺乳动物中鲸是体型最大的”，则可以获得一个句式：“在所有的 W1 中 W2 是体型最大的”。

但是如何去描述一个句式，即如何确定形式化句式中<C1>、<C2>和<C3>的描述格式，却影响了一个句式在概念词语义关系提取中的适应能力。如果把<C1>、<C2>和<C3>直接分别赋值为字串“在所有的”“中”和“是体型最大的”，则这样的句式描述方式无法匹配到一些与“在所有的 W1 中 W2 是体型最大的”的格式大致相同，但存在一些小区别的具体句子，例如：“在所有的哺乳动物中，鲸是体型最大的”或“在所有的星球中地球是最适合人类居住的”。实际上，在这个句式中最关键的就是“在”“中”“是”“最”和“的”等字眼。所以，如果<C1>、<C2>和<C3>的格式信息内容能抓住这些要点，而放弃一些次要的字眼，则这样的句式能更有效地处理一些同类的句子，从而获得更多的概念对。这是本章构建句式的基本原则。

下面，我们先提出一种能有效地抓住句式的重点句式描述方法，然后再研究如何从文本中有效地挖掘这样的句式。

## 18.5.1　基于句子框架和重要词语的句子模式描述方法

### 1. 句式的设计

下面先给出我们为句式形式化描述中<C1>、<C2>和<C3>三个文字格式信息的设计的独特的描述方法，然后再分析这种描述方法的各种特性。每个文字格式信息块(<C1>、<C2>和<C3>)都由三个属性组成，下面是这三个属性的名称及其意义：

- LWord：它的值是一个词(而且词性限定在动词、介词和方位词)或者是空值。如果一个文字格式信息块左临是一个概念(<C2>和<C3>分别左临 W1 和 W2)，则它的 LWord 就是一个词，它的意义是：在挖掘概念词语义关系的句式匹配(18.6 节)中，与这个文字格式信息块匹配的一个局部文字串最左边的词必须等于 LWord，否则匹配失败。如果一个文字格式信息块左临没有概念(<C1>)则它的 LWord 为空值。
- RWord：它的值是一个词(而且词性限定在动词、介词和方位词)或者是空值。如果一个文字格式信息块右临是一个概念(<C1>和<C2>分别右临 W1 和 W2)，则它的 RWord 就是一个词，它的意义是：在挖掘概念词语义关系的句式匹配(18.6 节)中，与这个文字格式信息块匹配的一个局部文字串最右边的词必须等于 RWord，否则匹配失败。如果一个文字格式信息块右临没有概念(<C3>)则它的 RWord 为空值。
- InnerWordSet：它的值是一个词语的集合。它的意义是，在挖掘概念词语义关系的句式匹配(18.6 节)中，与这个文字格式信息块匹配的局部文字串中最好应该有词语出现在这个文字格式信息块的 InnerWordSet 集合中。这个属性与前面两个属性不同之处在于：它与文字串的匹配是非强制性的，文字串中有更多的词语在这个集合中，则匹配的可信度就越高，获得的概念词对的准确率就越高。所以如果想提高结果的准确率，就必须提高对 InnerWordSet 的匹配要求。例如，要求相应的文字串上至少有一个词落在 InnerWordSet 中，才认为对 InnerWordSet 的匹配是成功的。

这样，句式的形式化描述最后具体化为以下的格式(其中 lw，mlw，mws 和 rw 分别代表四个词语，lws，mws 和 rws 分别代表三个词语集合)：

< LWord = " ", InnerWordSet = lws, RWord = lw > < W1 > < LWord = mlw, InnerWordSet = mws, RWord = mrw > < W2 > < LWord = rw, InnerWordSet = rws, RWord = " " >

这种描述格式仍然对表示不同语义关系的句式通用，句式中各个属性的不同取值，就构成不同的句式。例如，“在所有的 W1 中 W2 是体型最大的”可以描述为：

< LWord = " ",InnerWordSet = { }, RWord ="在" > < W1 > < LWord ="中",InnerWordSet = { }, RWord ="中" < W2 > < LWord ="是", InnerWordSet = {最,的}, RWord = " " >

**2. 句式的特点**

这种描述方式最大的特点就是抓住了句式中的重点字眼，即抓住了那些决定一个句式的框架从而决定了句式描述什么类型语义关系的字眼。通过对各种词性的词以及大量句子实例的分析，我们发现，在一个句子(或者是表达一个完整意思的若干个连续句子)中，概念词之间的关系主要是由紧靠概念词的动词、介词和方位词来表达的，例如上面例子中的“在”“中”和“是”。所以，我们限定 LWord 和 RWord 的值必须为动词、介词和方位词，并要求与句式匹配的文字串中必须在相应的位置存在由 LWord 和 RWord 指定的词，这样确保了成功匹配的文字串的主体框架和句子模式的主体框架是一样的。

除了构成主体框架的动词，介词和方位词之外，句子中的有些词语对句子的语义也起到一定的表达意义，例如上面例子中的“最”和“的”。这些词的特点是它们在很多同类的句子中都是会出现的，但它们又存在一定的可变性，并且很难确定它们与概念的相对位置。所以我们用 InnerWordSet 集合表示这些词，在与文字串匹配的时候不要求固定的位置，并且可以根据对准确率的要求来灵活的调整匹配的程度。

由于这种描述方式具有这两个特点，所以我们把其称为“基于句子框架和重要词语的句子模式描述方法”。

**3. 句式的优点**

句式的优点是由句式的特点决定的。

(1)对各种具体格式的句子具有很强的灵活性。与原始的句式(例如，“在所有的 W1 中 W2 是体型最大的”)相比，“基于句子框架和重要词语的句子模式描述方法”能灵活地匹配各种相似的句子以获得概念词对，例如：

- 在所有的哺乳动物中，鲸是体型最大的。
- 在所有的星球中，地球是最适合人类居住的。
- 在所有的星球中，美丽的地球是最适合人类居住的。
- 在各种各样的星球中地球是最适合人类居住的。
- 在所有的星球中，木星是除了地球之外最有可能成为人类居所的。

(2)能保证提取概念词语义关系知识的准确率。句式中的各个 InnerWordSet 集合能辅助保障所获知识的准确率。

句式中的各个 LWord 和 RWord 虽然能描述一个句子框架，但也会有一些句子只是巧合地出现各个某个句式的各个 LWord 和 RWord 对应的词，而它并不属于这个句式，但是这样的句子还出现各个 InnerWordSet 集合中的词的可能性显然就相当低。所以通过在句式中设置 InnerWordSet，并在句式与句子匹配的过程中，让它与对应位置的局部文字串做匹配检查，可以降低由文字上的巧合所造成的错误。

(3)对各种类型的语义关系具有通用性。无论两个概念之间是什么类型的语义关系，在文字中主要都是通过动词、介词和方位词来确定它们的语义关系，所以“基于句子框架和重要词语的句子模式描述方法”具有通用性。例如：

- < LWord =" ", InnerWordSet = { }, RWord ="在" > < W1 > < LWord ="中", InnerWordSet = { }, RWord ="含有" < W2 > < LWord =" ", InnerWordSet = { }, RWord =" " >：表示概念之间整体与成分关系。
- < LWord =" ", InnerWordSet = { }, RWord ="与" > < W1 > < LWord ="反义", InnerWordSet = { }, RWord ="是" < W2 > < LWord =" ", InnerWordSet = { }, RWord =" " >：表示概念之间反义关系。
- <LWord =" ", InnerWordSet = { }, RWord =" " > <W1 > < LWord ="是", InnerWordSet = { }, RWord ="由" <W2 > < LWord ="组成", InnerWordSet = { }, RWord =" " >：表示概念之间整体与部分关系。

## 18.5.2 句子模式挖掘算法的设计

句子模式的挖掘，是一个以种子概念词对集合和文本集作为输入，以句式作为输出的过程。算法分为两个阶段：

(1)个体句式的提取：所谓个体句式，就是一对概念匹配到了某段文字串中的两个词之后，从这个文字串直接构造出来的初步的句式。

(2)同类句式的合并：由于文本中存在用同种格式书写的多个文字串，从这些文字串构造出来的个体句式其实是同类句式，可以把它们合并。句式的合并有助于提高句式的可信度(由越多的个体句式合并出来的句式越可信)和适应性，也降低最终句式集合的冗余度。

### 1. 个体句式的提取算法

首先必须确定一对概念词出现在多长的文字串里面，才可以确认这个文字串是描述两个概念词之间语义关系的句式。前面已经分析过不能限定为一个句子，但是也不能太长。例如，如果两个概念词相隔了 10 个句子，那么我们不能相信这 10 个句子是合起来表示这两个概念词的语义关系，也即不能用这 10 个句子来构成一个句式。我们最后确定允许一个句式跨越 3 个句子，即如果一个概念词对中的两个概念词在文本中的距离不超过三个句子，则认为这三个句子是一个描述或蕴含它们之间语义关系的句式。

下面是从文本集中挖掘个体句式的算法流程：

输入：一个文本集 TSet，一个种子概念词对集合 ConceptPairSet(其中每对概念词对之间的语义关系都属于同一种已知的语法语义类型)；

输出：一个存放个体句式的列表 SPatternList。

图 18－1 给出了算法的详细逻辑流程，算法执行结束后，SPatternList 中就存放了算法所挖掘到的个体句式列表。

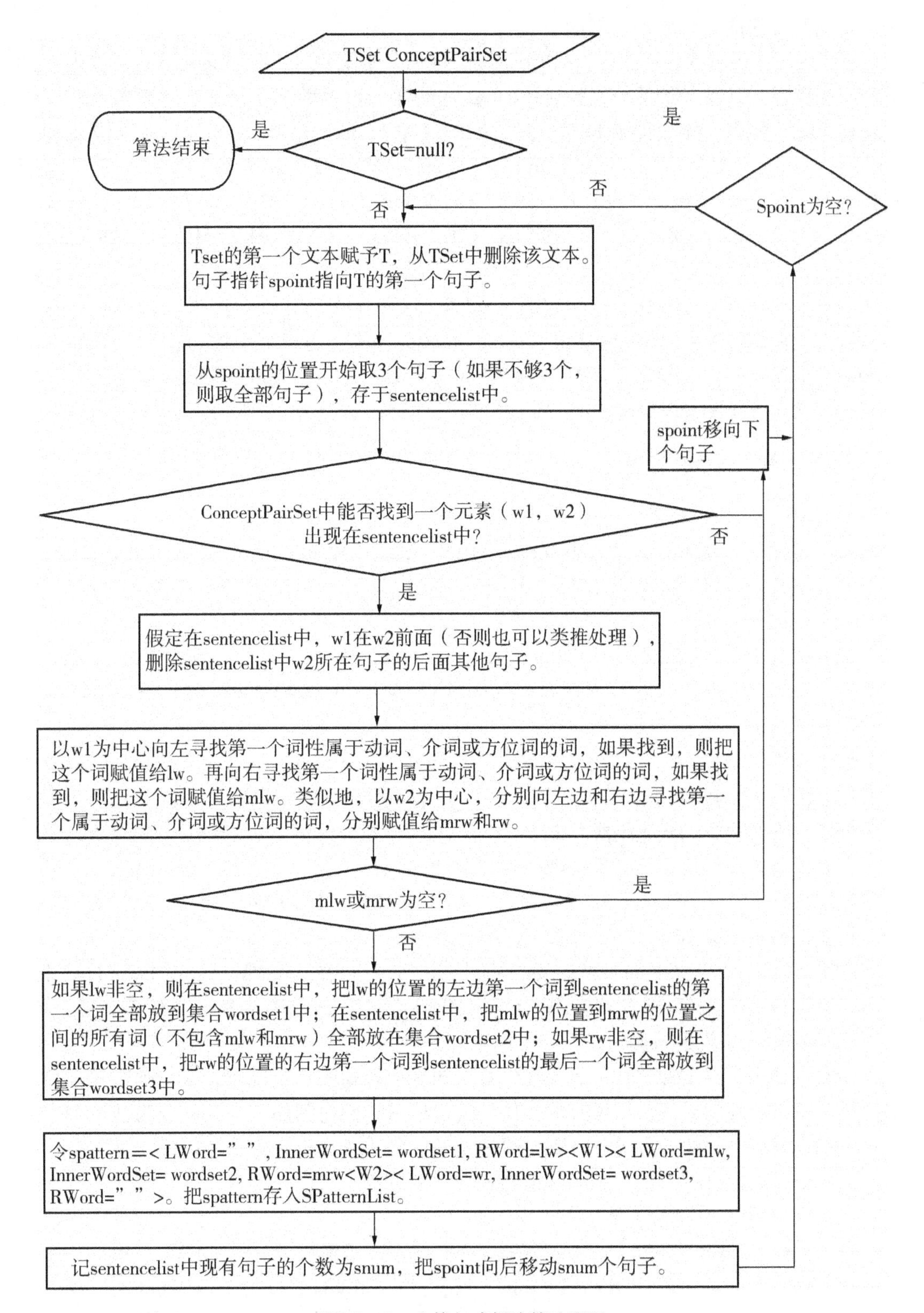


图 18－1　个体句式提取算法流程

下面对算法的工作原理举例如下：

假设 ConceptPairSet 中有一个概念词对是(星球，木星)，并且 sentencelist =“在所有的星球中，美丽的地球是最适合人类居住的”。在这样的数据前提下，算法将顺着流程图中的主流程往下执行，首先得到 lw =“在”，mlw =“中”，mrw =“中”，rw =“是”，然后得到 wordset1 = null(空集合)，wordset2 = null，wordset3 = {最，适合，人类，居住，的}。最后构造出如下的个体句式：< LWord = " ", InnerWordSet = { }, RWord ="在" > <W1> < LWord ="中", InnerWordSet = { }, RWord ="中" <W2> < LWord ="是", InnerWordSet = {最，适合，人类，居住，的}, RWord =" " >。

同样地，如果 ConceptPairSet 中有一个概念词对是(哺乳动物，鲸)，而 sentencelist =“在所有的哺乳动物中，鲸是体型最大的”，则算法会构造出以下个体句式：< LWord =" ", InnerWordSet = { }, RWord ="在" > <W1> < LWord ="中", InnerWordSet = { }, RWord ="中" <W2> < LWord ="是", InnerWordSet = {体型，最，大，的}, RWord =" " >。

**2. 同类句式的合并算法**

**定义 18.1** 对任意两个句式：

(1) 句式 1：< LWord =" ", InnerWordSet = lws_1, RWord = lw_1 > <W1> < LWord = mlw_1, InnerWordSet = mws_1, RWord = mrw_1 > <W2> < LWord = rw_1, InnerWordSet = rws_1, RWord =" " >;

(2) 句式 2：< LWord =" ", InnerWordSet = lws_2, RWord = lw_2 > <W1> < LWord = mlw_2, InnerWordSet = mws_2, RWord = mrw_2 > <W2> < LWord = rw_2, InnerWordSet = rws_2, RWord =" " >

如果满足：lw _1 = lw _2，mlw_1 = mlw_2，mrw_1 = mrw_2，rw_1，= rw_2，则称句式 1 和句式 2 是同类句式。

例如，下面两个句式是同类句式：

(1) < LWord =" ", InnerWordSet = { }, RWord ="在" > <W1> < LWord ="中", InnerWordSet = { }, RWord ="中" <W2> < LWord ="是", InnerWordSet = {最，适合，人类，居住，的}, RWord =" " >

(2) < LWord =" ", InnerWordSet = { }, RWord ="在" > <W1> < LWord ="中", InnerWordSet = { }, RWord ="中" <W2> < LWord ="是", InnerWordSet = {体型，最，大，的}, RWord =" " >就是同类句式。

显然，如果句式 1 和句式 2 是同类句式，句式 2 和句式 3 是同类句式，则句式 1 和句式 3 也必定是同类句式。所以所有的个体句式可以按它们之间的同类关系分为若干个个体句式子集，而个体句式合并的目标就是要把同类的句式子集合并为一个句式。

以两个句式的合并为例，下面给出句式合并的算法：

记待合并的两个同类句式如下：

(1)句式 1：< LWord =" ", InnerWordSet = lws_1, RWord = lw > <W1> < LWord = mlw, InnerWordSet = mws_1, RWord = mrw > <W2> < LWord = rw, InnerWordSet = rws_1, RWord =" " >;

(2)句式 2：< LWord =" ", InnerWordSet = lws_2, RWord = lw > <W1> < LWord =

mlw, InnerWordSet = mws_2, RWord = mrw > < W2 > < LWord = rw, InnerWordSet = rws_2, RWord =" " >

那么合并后的句式如下:

< LWord =" ", InnerWordSet = lws_1 ∩ lws_2, RWord = lw > < W1 > < LWord = mlw, InnerWordSet = mws_1 ∩ mws_2, RWord = mrw > < W2 > < LWord = rw, InnerWordSet = rws_1 ∩ rws_2, RWord =" " >

例如，由上面两个示例的同类句式合并后的句式是：< LWord =" ", InnerWordSet = {}, RWord ="在" > < W1 > < LWord ="中", InnerWordSet = {}, RWord ="中" > < W2 > < LWord ="是", InnerWordSet = {最，的}, RWord =" " >

根据这个算法，可以把所有同类句式合并为一个句式。所以，如果18.5.2.1节挖掘的个体句式分为$N$类，则最后就合并出$N$个句式，而这$N$个句式就是整个句子模式挖掘算法的结果。

**3. 句式合并的意义**

通过合并同类的个体句式，可以达到如下三个效果：

(1)通过对同类句式的数量的统计，能获得每一类句式在文本集中出现的次数，次数越多，则该类型的句式的通用性和可信度就越高。

(2)合并的过程是对两个句式中的词语集合(InnerWordSet)做交集运算的过程，合并后的句式中的InnerWordSet只保存那些具有通用性的词语，即那些能辅助描述概念之间的语义关系的词语。

(3)减少了句式的数量，有助于提高基于句式的概念词语义关系挖掘的效率。

# 18.6　基于句式的概念词语法语义关系挖掘

## 18.6.1　算法设计

基于句式的概念词语法语义关系挖掘，是基于种子概念词对的句式挖掘的反过程。

与句式的提取相同，在概念词对的提取过程中，我们允许一个句式同时匹配最多三个句子，即可以在连续的3个句子中寻找可能存在的概念词对。

正如第十六章所分析的，从文本中直接获取的是概念词之间的语义关系，必须根据一定的上下文信息来识别概念词所对应的概念。所以，当一个句式匹配到一个文字串，并从中提取了概念词对之后，还必须提取这个文字串中的一些相关的词语，作为识别概念词所属的概念的参考信息。我们所提取的是这个文字串中的名词性词语和动词。

利用句式从文本集中提取概念对的核心是句式与一个最长为三个句子的文字串的匹配，而如何从文本集中逐一地取出最长为3个句子的文字串，与17.5节中句式挖掘算法的处理是一样的，所以下面只给出一个句式与一个文字串的匹配算法。

句式与文字串的匹配算法：

输入：

(1)一个句式：spattern = < LWord =" ", InnerWordSet = lws, RWord = lw > < W1 >

< LWord = mlw, InnerWordSet = mws, RWord = mrw > < W2 > < LWord = rw, InnerWordSet = rws, RWord = " " >（已知它所代表的语法语义关系）

（2）一个文字串：sentencelist

输出：

①一个概念词对：（w1，w2）；

Ⅱ w1 和 w2 之间的语法意义关系：RelationType；

Ⅲ一个附带的词语集合：FSet。

处理流程：

①检查 sentencelist 中是否从左到右依次存在 lw（如果 lw 为空，则认为它出现在 sentencelist 第一个字的左边的空位置上）、mlw、mrw 和 rw（如果 rw 为空，则认它为出现在 sentencelist 最后一个字的右边的空位置上）。如果这四个词没有全部找到，则匹配失败，退出算法。如果 sentencelist 中，lw 与 mlw 所在位置之间或者 mrw 与 rw 所在位置之间没有任何词语，则也算匹配失败，退出算法。

②从 sentencelist 中取出三段局部文字：从句子开头到 lw 所在的位置的局部文字（不包含 lw），标记为 spart1；从 mlw 所在位置到 mrw 所在位置的局部文字（不包含 mlw 和 mrw），标记为 spart2；从 rw 所在位置到句子末尾（不包含 rw），标记为 spart3。

③让 spart1 与 lws，spart2 与 mws，spart3 与 rws 分别按相同的方法进行匹配，以 spart1 与 lws 的匹配为例，方法如下：

Ⅰ如果 spart1 与 lws 和为空，则匹配成功；

Ⅱ如果两个中只有一个为空，则匹配失败；

Ⅲ如果两个都非空，那么如果 spart1 中至少有一个词属于 lws，则匹配成功，否则匹配失败。

如果三对数据之间的匹配中至少有两对匹配成功，则 spattern 与 sentencelist 的匹配成功，转到下一步执行，否则匹配失败，退出算法。

④根据 lw、mlw、mrw 和 rw 的位置，从 sentencelist 中提取出两个概念词并存入（w1，w2）中；把 RelationType 标记为 spattern 所代表的语义关系；从 sentencelist 取出其他剩下的名词性的词语和动词，存入 FSet 中。

### 18.6.2 算法分析

算法中句子与句式的匹配逻辑完全是由句式的格式确定的，其过程本身是对句式的理解。其中第③步的具体处理方式决定了算法准确率的高低。如果提高文字串中局部文字与句式中词语集合（InnerWordSet）的匹配标准，则可以提高准确率，但也会导致最终获得的概念词对减少。如果降低匹配标准，则结果刚好相反。

算法的优点完全由 18.5.1 节所设计的“基于句子框架和重要词语的句子模式描述方法”和 18.5.2 节所挖掘得到的用这种方法描述的句子模式所决定的，18.5.1.3 节深入分析了这种特殊的句式描述格式的各种优点，这些优点确保了句式能从自由文本中有效地提取概念词之间的语法语义关系。

## 18.7　建立概念之间的语法语义关系

基于句式的概念词语法语义关系提取算法建立了两个概念词之间的语法语义关系，对于每两个建立起语义关系的概念词，算法还得到它们所在句子的上下文，所以可以利用这些上下文判断这两个概念词是否属于第十六章所挖掘的文本中概念。这个过程的理论依据和算法与第十七章的17.2节和17.5节的内容基本一样，本章不再赘述。

## 18.8　实验与分析

实验的目的在于验证“基于句子框架和重要词语的句子模式描述方法”对不同语法语义关系的通用性和对概念词语义关系的提取能力。实验是在上海国际数据库研究中心自然语言处理小组提供的一个包含1600个政治经济学论文的文本集上进行的。

### 18.8.1　句式描述方法通用性实验

为了验证“基于句子框架和重要词语的句子模式描述方法”对不同语法语义关系的通用性，我们分别做了从文本集中提取表示上下位关系的句式的实验和从文本集中提取表示部分整体关系的句式的实验。

两组实验的过程是一样的，以存在上下位关系(或部分整体关系)的30对概念词作为种子概念词对集，在文本集的前800个文本上执行18.5.2节的句子模式挖掘算法，最后各分别保留合并次数最多的(见18.5.2中第2点、第3点)15个句式。下面分别列出各5个句式，可以看出，两组句式都能有效地刻画对应的语法语义关系。所以句式描述格式的灵活性和挖掘算法的有效性都得到了充分的验证。

(1)描述部分整体关系的5个句式：

Ⅰ < LWord = "" InnerWordSet = "" RWord = "" > < W1 > < LWord = "在" InnerWordSet =" RWord = "在"" > < W1 > < LWord = "中" InnerWordSet = "比重" RWord = "" >

Ⅱ < LWord = "" InnerWordSet = "结构" RWord = "由" > < W1 > < LWord = "组成" InnerWordSet = "" RWord = "组成" > < W1 > < LWord = "" InnerWordSet = "" RWord = "" >

Ⅲ < LWord = "" InnerWordSet = "" RWord = "" > < W1 > < LWord = "是" InnerWordSet = "" RWord = "组成" > < W1 > < LWord = "不可" InnerWordSet = "部分" RWord = "" >

Ⅳ < LWord = "" InnerWordSet = "" RWord = "认为" > < W1 > < LWord = "是" InnerWordSet = "" RWord = "从" > < W1 > < LWord = "分离" InnerWordSet = "部分" RWord = "" >

Ⅴ < LWord = "" InnerWordSet = "是" RWord = "在" > < W1 > < LWord = "里" InnerWordSet =" RWord = "以"" > < W1 > < LWord = "为" InnerWordSet = "主体" RWord = "" >

(2)描述上下位关系的5个句式：

Ⅰ < LWord = "" InnerWordSet = "" RWord = "将" > < W1 > < LWord = "包括" InnerWordSet = "" RWord = "在" > < W2 > < LWord = "中" InnerWordSet = "是、标准" RWord = "" >

Ⅱ < LWord = "" InnerWordSet = "" RWord = "" > < W1 > < LWord = "是" InnerWordSet

="" RWord = "是" > < W2 > < LWord = "中" InnerWordSet = "多样化、体现" RWord = "" >

Ⅲ < LWord = "" InnerWordSet = "" RWord = "" > < W1 > < LWord = "是" InnerWordSet = "" RWord = "从" > < W2 > < LWord = "中" InnerWordSet = "出来" RWord = "" >

Ⅳ < LWord = "" InnerWordSet = "" RWord = "将" > < W1 > < LWord = "作为" InnerWordSet = "" RWord = "在" > < W2 > < LWord = "中" InnerWordSet = "具有" RWord = "" >

Ⅴ < LWord = "" InnerWordSet = "" RWord = "" > < W1 > < LWord = "同" RWord = "属于" InnerWordSet = "" > < W2 > < LWord = "" InnerWordSet = "" RWord = "" >

### 18.8.2 基于句式的概念词语义关系挖掘实验

实验使用18.6.1节的算法，并分别采用18.8.1节提取到的两组各15个句式，从剩下的800个文本(句式提取实验已经用了前800个文本，为了验证句式的有效性，必须在剩下的800文本上进行本小节的实验)中分别提取概念词之间的部分整体关系和上下位关系。

表18-1对比了两组句式所提取到的数据的统计结果。表18-2举例列出了20对存在部分整体关系的概念词。在社会科学领域，尤其是抽象的政治经济学领域，概念之间的语义关系并不是十分直观，但获得的知识也就显得更加有意义。表18-2所列出的语义关系就是一些非常有意义的知识。文献[360]也介绍了部分整体关系的挖掘研究，但是从其给出的例子数据中，主要获取的是物理世界的物质之间的关系(例如CUP与芯片的关系，氯化镁与镁的关系)，这些物理关系一般在文本中有更加直观的描述，所以更加容易获取，另一方面知识的新颖性和价值也会有所欠缺。

**表18-1　两种语义关系提取结果数据**

| 语义关系类型 | 提取的概念词对总数 | 正确概念词对数量 | 准确率 |
|---|---|---|---|
| 部分整体关系 | 217 | 98 | 45.16% |
| 上下位关系 | 182 | 75 | 41.21% |

**表18-2　部分整体关系提取结果示例**

| 表示"整体"的词 | 表示"部分"的词 | 表示"整体"的词 | 表示"部分"的词 |
|---|---|---|---|
| 国民经济 | 国有经济 | 经济结构 | 农业产值 |
| 社会主义政治经济学 | 所有制理论 | 国家经济 | 石油工业 |
| 社会主义市场经济 | 运行机制 | 订单 | 商品名称 |
| 经济结构 | 金融服务业 | 国际社会 | 国际组织 |
| 消费结构 | 商品消费 | 订单回复 | 商品单价 |
| 我国经济 | 农村经济 | 现代经济学体系 | 企业理论 |
| 国民经济 | 非国有经济 | 现代化 | 农村城市化 |
| 世界 | 中国 | 总投资 | 设备投资 |
| 商品价值 | 产品成本 | 商品价值 | 产品利润 |
| 社会主义经济 | 私营经济 | 社会基础投资 | 科教开发投入 |

### 18.8.3　比较

很多介绍基于句子模式的语法语义关系挖掘研究的文献都没有给出算法正确率数据，其原因就在于从真正的自由文本中提取词语知识在客观上是一件非常难以取得良好效果的工作，并且由于各自使用的文本的类型不同，所以各种工作之间很难进行客观的对比。在我们所参阅的很多文献中，只有文献[447]给出了57.55%(总共106对概念中61对通过了验证)的准确率数据，而且这个准确率数据是在人为有针对性的设计句式的情况下，从半结构化的英文百科书中获得的。尽管我们的算法的准确率比其低了10多个百分点，但是这个性能是在使用自动获取的句式的情况下，从中文的完全非结构化的自由文本中实现的，此外，我们采用的是抽象的政治经济类文本，这也一定程度影响了算法的性能。

本章研究工作的特点在于设计了一个能自动获取通用性句式，并进而使用自动获取的句式提取概念词语法语义关系的框架。两个阶段的实验验证了这个框架的有效性，并获得了一些比较新颖的有价值的知识(如表18－2所示)，这些都证明了本章的研究工作是有价值的。

**本章小结**

本章深入分析了句子模式在文本中的各种实际情况，在此基础上提出了基于句子框架和重要词语的句子模式描述方法，这种特殊的句式描述方法既能灵活处理各种同类句子，而且对各种类型的语法语义关系具有通用性。

然后提出了由“个体句式挖掘”和“同类句式合并”两个阶段所组成的先进的句子模式挖掘算法，并提出了基于这种特殊句子模式的概念词语法语义关系挖掘算法。

实验证明了“基于句子框架和重要词语的句子模式描述方法”对不同语法语义类型的通用性，并证明了自动获取通用性句式，并进而使用自动获取的句式提取概念词语法语义关系的整个框架的有效性。

由于基于概念词的语义关系建立概念的语义关系的理论问题和实验已经在第十七章展开，所以本章并没有重复这些工作，而只关注于句子模式和概念词语法语义关系的研究和实验。

## 参考文献


[1] Schwefel H. P.. Numerical Optimization or Computer Models. John Wiley, Chichester, UK, 1981.

[2] 杨旸，席裕庚. ATM 网络虚通道路由选择和带宽分配算法[J]. 通信技术，1999，(4).

[3] Bennett K., Ferris M. C., Ioannides Y. E.. A Genetic Algorithm for Database Query Optimization[A]. Proceedings of the Fourth International Conference on Genetic Algorithms, Morgan Kaufmann Publishers, San Mateo, CA, 1991: 400-407.

[4] Goldberg D E.. Genetic Algorithm in Search. Optimization and Machinelearning. New York: Addison Wesley, 1989.

[5] Fogel I. L.. Artificial Intelligence through Simulated Evolution. New York: John Wiley, 1996.

[6] Rechenberg I.. Cybernetic solution path of an experimental problem. Roy Aircr, establ., libr. Trans. 1222, Hants, U K Farnboroungh, 1965.

[7] Kirkpatrick S., Gelatt C. D., Vechi M. P.. Optimization by simulated annealing[J]. Science, 1983, 220: 551-580.

[8] Glover F.. Tabu search part 1/part 2. ORSAJ Computing, 1989, (3): 190-206; 1990, (1): 4-32.

[9] Glover F.. Future paths for integer programming and links to artificial intelligence[J]. Comput. & Ops. Res., 1986, 13(5): 533-549.

[10] De Werra D., Hertz A.. Tabu search techniques: A tutorial and an application to neural network. 11. ORSpektrum, 1989: 131-141.

[11] Nowicki E., Smntnicki C.. A fast tabu search algorithm for the Job Shop problem[J]. Management Science, 1996, 42(6): 797-812.

[12] Glover F.. Auseer's guide to tabu search[J]. Annals of Operations Research. 1993, 41: 3-28.

[13] Hertz A., De Werra D.. Using tabu search techniques for graph coloring[J]. Computing. 1987, 39: 345-351.

[14] Holland J. H.. 基因算法[J]. 科学，1992，11：24-31.

[15] Holland J. H.. Adaptation in natural and artificial systems[M]. Univ. of Michigan Press, Ann Arbor Mich, 1975.

[16] Goldberg D. E.. Genetic and evolutionary algorithms come of age[J]. Comm. ACM. 1994, 37(3): 113-119.

[17] 王哲，黄海东，余英林. 进化策略在图像恢复中的应用[J]. 通信学报，1998，19(1).

[18] Hlenbein H M.. Parallel genetic algorithms, population genetics and combinatorial optimization. In: Proc of the 3th Conf on Gas, CA: Morgan Kaufmann, 1989: 416-421.

[19] 王守觉，鲁华祥，陈向东，等. 人工神经网络硬件化途径与神经计算机研究[J]. 深圳大学学报，1997，14(1)：8-13.

[20] 鲁华祥，王守觉. 半导体人工神经网络的研究与发展[J]. 电子科技导报，1996，(9)：10-12.

[21] Rudolph G. L., Martinez T. R.. A transformation for implementing efficient dynamic backpropagation neural net-works. In: Pearson D W etal eds, Artificial Neural Nets and Genetic Algorithms. New York: Springer-Verlag, 1995.

[22] 米凯利维茨. 周家驹，何险峰译. 演化程序——遗传算法和数据编码的结合[M]. 北京：科学出版社，2000.

[23] Goldberg D. E.. Genetic algorithms in search. optimization and machine learning[M]. MA: Addison-Wesley, 1989.

[24] Bertoni A., Dorigo M.. Implicit parallelism in genetic algorithms[J]. Artificial Intelligence, 1993, 61

(2): 307 - 314.

[25] 恽为民, 席裕庚. 遗传算法的运行机理分析[J]. 控制理论与应用, 1996, 13(3): 289 - 297.

[26] 马丰宁. 遗传算法与遗传规划运行机理的研究[D]. 天津大学, 1998.

[27] 张铃, 张钹. 统计遗传算法[J]. 软件学报, 1997, 8(5): 335 - 344.

[28] Grefenstette J. J.. Conditions for implicit parallelism. In: Foundations of Genetic Algorithms, CA: Morgan Kaufmann, 1991: 252 - 261.

[29] Muhlenbein H.. Evolution in time and space - The parallel genetic algorithm, In: Foundations of Genetic Algorithms. CA: Morgan Kaufmann, 1991: 316 - 337.

[30] Radcliffe N. J.. Equivalence class analysis of genetic algorithms[J]. Complex Systems, 1991, 5(2): 183 - 205.

[31] Radcliffe N. J.. Non-linear genetic representations. In: Parallel Problem Solving from Nature, Am sterdam [J]. Elsevier Science, 1992: 259 - 268.

[32] Vose M. D., Liepins G. E., Schema disruption. In: Proc of the 4th Int Conf on Genetic Algorithms. CA: Morgan Kaufmann, 1991: 237 - 242.

[33] Salomon R.. Some comment on evolutionary algorithm theory. Evolutionary Computation Journal. 1996, 4 (4): 405 - 415.

[34] Salomon R.. Raising theoretical questions about the utility of genetic algorithms. In: Evolutionary Programming VI. Berlin: Springer, 1997: 275 - 284.

[35] Fogel D. B.. Evolutionary computation: Toward a new philosophy of machine intelligence[M]. New York: IEEE Press, 1995.

[36] Sampson J. R., Brindle A.. Genetic algorithms for function optimization. In: Proc of the 9th Manitoba Conference on Numerical Mathematics and Computing. 1979: 31 - 47.

[37] Liepins G. E., Vose M. D.. Representational issues in genetic optimization. J of Experimental and Theoretical Artificial Intelligence. 1990, 2(2): 101 - 115.

[38] Goldberg D. E., Smith R. E.. Nonstationary function optimization using genetic algorithms with dominance and diploidy. In: Proc of the 2nd Int Conf on Genetic Algorithms. NJ: Lawrence Erlbaum Associates, 1987: 59 - 68.

[39] Michalewicz Z., Janikow C. Z., Krawczyk J. B.. A modified genetic algorithm for optimal control problems [J]. Computers & Mathematics with Applications, 1992, 23(12): 83 - 94.

[40] Janikow C. Z., Michalewicz Z.. An experimental comparison of binary and floating point representations in genetic algorithm s. In: Proc of the 4th Int Conf on Genetic Algorithms. CA: Morgan Kaufmann, 1991: 31 - 36.

[41] Qi X., Palmieri F.. Adaptive mutation in the genetic algorithms. In: Proc of the 2nd Conf on Evolutionary Programming. CA: Evolutionary Programming Society, 1993: 192 - 196.

[42] 张晓缋, 方浩, 戴冠中. 遗传算法的编码机制研究[J]. 信息与控制, 1997, 26(2): 134 - 139.

[43] Vose M. D.. Generalizing the notion of schema in genetic algorithms[J]. Artificial Intelligence, 1991, 50: 385 - 396.

[44] Bosworth J., Foo N., Zeigler B. P.. Comparison of genetic algorithms with conjugate gradient methods. Michigan: The University of Michigan, 1972.

[45] Davis L., Orvosh D.. The mating pool: A testbed for experiments in the evolution of symbol systems. In: Proc of the 6th Int Conf on Genetic Algorithms, CA: Morgan Kaufmann, 1995: 405 - 412.

[46] Antonisse J.. A new interpretation of schema notation that overturns the binary encoding constraint. In: Proc of the 3rd Int Conf on Genetic Algorithms. CA: Morgan Kaufmann, 1989: 86 - 91.

[47] Antonisse H. J., Keller K. S.. Genetic operators for high - level knowledge representations. In: Proc of the

2nd Int Conf on Genetic Algorithms. NJ: Lawrence Erlbaum Associates, 1987: 69 – 76.

[48] Goldberg D. E., Segrest P.. Finite Markov chain analysis of genetic algorithms. In: Proc of the 2nd Int Conf on Genetic Algorithms. NJ: Lawrence Erlbaum Associates, 1987: 1 – 8.

[49] Eiben A. E., Aarts E. H. L., Van Hee K. M.. Global convergence of genetic algorithms: An infinite Markovchain analysis. In: Parallel Problem Solving from Nature. Berlin: Springer – Verlag, 1991: 4 – 12.

[50] Fogel D. B.. Asymptotic convergence properties of genetic algorithms and evolutionary programming: Analysis and experiments[J]. Cybernetics and Systems, 1994, 25(3): 389 – 407.

[51] Suzuki J.. A Markov chain analysis on a genetic algorithm. In: ICGA'93. CA: Morgan Kaufmann, 1993: 146 – 153.

[52] Rudolph G.. Convergence analysis of canonical genetic algorithms. IEEE Trans on Neural Networks, 1994, 5(1): 96 – 101.

[53] 王丽薇，洪勇，洪家荣．遗传算法的收敛性研究[J]. 计算机学报，1996, 19(10): 794 – 797.

[54] 李书全，寇纪淞，李敏强．遗传算法的随机泛函分析[J]. 系统工程学报，1998, 13(1).

[55] 田军．遗传算法用于优化计算的问题研究[D]. 天津大学，1998.

[56] 梁艳春，周春光，王在申．基于扩展串的等价遗传算法的收敛性[J]. 计算机学报，1997, 20(8): 686 – 694.

[57] 张讲社，徐宗本，梁怡．整体退火遗传算法及其收敛充要条件[J]. 中国科学(E 辑)，1997, 27(2): 154 – 164.

[58] Baeck T.. The interaction of mutation rate, selection and self-adaptation within a genetic algorithm. In: Parallel Problem Solving from Nature, Am sterdam: Elsevier Science, 1992: 850 – 94.

[59] Muhlenbein H.. How genetic algorithms really work (I): Mutation and hillclimbing. In: Parallel Problem Solving from Nature, Amsterdam: Elsevier Science, 1992: 15 – 25.

[60] Asoh H., Muhlenbein H.. On the mean convergence time of evolutionary algorithms without selection and mutation. In: Parallel Problem Solving from Nature, PPSN. Berlin: Springer – Verlag, 1994: 88 – 97.

[61] Niwa T., Tanaka M.. On the mean convergence time for simple genetic algorithms. In: 1995 IEEE Int Conf on Evolutionary Computation. NJ: IEEE Service Center, 1995, 1: 373 – 377.

[62] 恽为民，席裕庚．遗传算法的全局收敛性和计算效率分析[J]. 控制理论与应用，1996, 13(4): 454 – 460.

[63] Aytug H., Koehler G. J.. Stopping criteria for finite length genetic algorithms[J]. ORAS J of Computation, 1996, (8): 183 – 191.

[64] Aytug H., Bhattacharrya S., Koehler G. J.. A Markov chain analysis of genetic algorithms with power of 2 cardinality alphabets[J]. European J of Operational Research, 1996, 96: 195 – 201.

[65] Goldberg D. E., Deb K., Thierens D.. Toward a better understanding of mixing in genetic algorithm s. IL: University of Illinois at Urbana Champaign, 1992.

[66] Thierens D., Goldberg D. E.. Convergence models of genetic algorithm selection schemes. In: Parallel Problem Solving from Nature, PPSN, Berlin: Springer-Verlag, 1994: 119 – 129.

[67] Muhlenbein H., Schlierkamp Voosen D.. Predictive models for the breeder genetic algorithm (I): Continuous parameter optimization. Evolutionary Computation. 1993, 1(1): 25 – 49.

[68] Muhlenbein H., Schlierkamp Voosen D.. A predictive theory of the breeder genetic algorithm. In: Proc of the KI94 Workshop. Germany, 1994: 7 – 15.

[69] Back T., Schwefel H P., An overview of evolutionary algorithms for parameter optimization[J]. Evolutionary Computation, 1993, 1(1): 1 – 23.

[70] Salomon R.. The influence of different coding schemes on the computational complexity of genetic algorithms in function optimization. In: Parallel Problem Solving from Nature. Berlin: Springer, 1996: 227 – 235.

[71] Bethke A. D.. Comparison of genetic algorithms and gradient-based optimizers on parallel processors: Efficiency of use of processing capacity, MI: University of Michigan, 1976.

[72] Frantz D. R.. Non-linearities in genetic adaptive search. Doctoral Dissertation of University of Michigan. 1972, 33(11): 1 -227.

[73] Goldberg D. E.. Simple genetic algorithms and the minimal, deceptive problem. In: Genetic Algorithms and Simulated Annealing. CA: Morgan Kaufmann, 1987: 74 -88.

[74] Takahashi Y.. Convergence of the simple genetic algorithm to the two - bit problem. IEICE Trans Fundamentals, 1994, E77(5): 868 -880.

[75] Yamamura M., Satoh H., Kobayashi S. A Markov analysis of generation alternation models on minimal deceptive problems. In: Int Conf on Information Sciences: Fuzzy Logic, Intelligent Control &Genetic Algorithm, NC: Duke University, 1997: 47 -50.

[76] Goldberg D. E.. Construction of high - order deceptive functions using low - order Walsh coefficients. Annals of Mathematics and Artificial Intelligence. 1992, 5(8): 35 -48.

[77] Deb K., Horn J., Goldberg D. E.. Multimodal deceptive functions[J]. Complex Systems, 1993, 7(2): 131 -153.

[78] Deb K., Goldberg, D. E.. Sufficient conditions for deceptive and easy binary functions. Annals of Mathematics and Artificial Intelligence. 1994, 7(10): 385 -408.

[79] Barrios D., Pazos J., R′ios J etal. Conditions for convergence if genetic algorithms through Walsh series [J]. Computers and Artificial Intelligence, 1994, 13(5): 441 -452.

[80] Dasgupta D.. Handling deceptive problems using a different genetic search. In: Proc of the 1st IEEE Conf on Evolutionary Computation. NJ: IEEE Service Center, 1994, 2: 807 -811.

[81] Kuo T., Hwang S.. A genetic algorithm with disruptive selection. IEEE Trans on Systems, Man and Cybernetics—Part B: Cybernetics. 1996, 26(2): 299 -307.

[82] Grefenstette J. J.. Deception considered harmful. In: Foundations of Genetic Algorithms, CA: Morgan Kaufmann, 1993: 75 -91.

[83] Kosters W. A., Kok J. N., Floreen P.. Fourier analysis of genetic algorithms, Preprint, Leiden U niversity, 1997.

[84] Koehler G. J., Bhattacharyya S., Vose M. D.. General cardinality genetic algorithms. Preprint, University of Florida at Gainesville, 1995.

[85] Vose M. D., Liepins G. E.. Punctuated equilibria in genetic search[J]. Complex Systems, 1991, 5(1): 31 -44.

[86] Arora S., Rabani Y., Vazirani U.. Simulating quadratic dynamical systems is SPPACE - complete. In: Proc of the 26th Annual ACM Symposium on Theory of Computing. New York: ACM Press, 1994: 459 -467.

[87] Wolpert D. H., Macready W. G.. No free lunch theorems for search. The Santafe Institute, 1995.

[88] Radcliffe N. J., Surry P. D.. Fundamental limitations on search algorithms. UK: University of Edinburgh, 1995.

[89] Zadeh L. A. Fuzzy logic. Neural Networks and soft computing. 5th IFSA World Congress, Seoal, 1993.

[90] 张良杰，李衍达．模糊神经网络技术的新近发展[J]．信息与控制，1995，24(1)：39 -46.

[91] Zadeh L. A.. New frontiers in fuzzy logic. 6IFSA World Congress, Sao Paulo, 1995.

[92] 陈国良，王熙法，庄镇泉等．遗传算法及其应用[M].6. 北京：人民邮电出版社，1996：37，89，148.

[93] 徐雷．一种改进的模拟退火组合法[J]．信息与控制，1990，3：1 -7.

[94] 郑启伦，胡劲松等．精确快速模拟退火算法[J]．计算机科学，2001，28(5 专)：183 -185.

[95] Rao S. S.. Optimization Theory and Application. Wiley Eastern Limited, 1984.
[96] Rosenbrock H. H.. An Automatic Method for Fingding the Greatest or Least Value of a Function, Computer Journal, 1960, Vol. 3(3): 175 - 184.
[97] Box M. J., Davies D., Swann W. H.. Nonlinear Optimization Techniques. ICI Ltd., Monograph No. 5, Oliver and Boyd, Edinburgh, 1969.
[98] 林焰，郝聚民，纪卓尚，等．隔离小生境遗传算法研究[J]．系统工程学报，2000，Vol. 15(1)：86 - 91.
[99] Hongmei Yu, Haipeng Fang, Pingjing Yao, etal. A combined genetic algorithm: simulated annealing algorithm for large scale system energy integration. Computers and Chemical Engineering. 2000, 24: 2023 - 2035.
[100] 彭伟，卢锡城．一种函数优化问题的混合遗传算法函数[J]．软件学报，1999，10(8)：819 - 823.
[101] 胡劲松．模糊控制算法的改进与自寻优模糊控制器[D]．广州：华南理工大学，1998.
[102] 李东辉．Fuzzy 控制规则自调整和 Fuzzy 控制系统寻优及仿真研究[J]．模糊数学，1986，3：53 - 61.
[103] 卢朝晖等．时变对象模糊控制稳态性能的提高[J]．信息与控制，1995，24(1)：59 - 63.
[104] 贾磊等．用论域缩小逼近法消除模糊控制器的余差[J]．信息与控制，1995，4：251 - 256.
[105] 余永权等．单片机模糊逻辑控制[M]．第一版．北京：北京航天航空大学出版社，1995：349 - 374.
[106] He S. Z., Tan S. H.. Control of dynamic processes using an on - line rule - adaptive fuzzy control system. Fuzzy Sets and Systems. 1992, 47: 13 - 21.
[107] Zurada J., Introduction to artificial neural systems. West Publishing Company, 1992.
[108] 席裕庚，柴天佑，恽为民．遗传算法综述[J]．控制理论与应用，1996，13(6)：697 - 708.
[109] 姚新，陈国良，徐惠敏．进化算法研究进展[J]．计算机学报，1995，18(9)：694 - 706.
[110] 张晓缋，戴冠中，徐乃平．一种新的优化搜索算法——遗传算法[J]．控制理论与应用，1995，12(3)：265 - 273.
[111] Yao X.. A review of evolutionary artificial neural networks. Int Intelligent Systems. 1993, 8: 539 - 567.
[112] Schaffer J. D., Whitley L. D., Eshelman L J.. Combinations of genetic algorithms and neural networks: A survey of the state of the art. In: Proceedings of COGANN - 92, Los Alamitos. CA: IEEE Computer Society Press, 1992: 1 - 37.
[113] 梁化楼，戴贵亮．人工神经网络与遗传算法的结合：进展与展望[J]．电子学报，1995，23(10).
[114] Belew R. K., Mclnerney J., Schraudolph N. N.. Evolving networks: U sing the genetic algorithm with connectionist learning. In: Artificial Life. Redwood City: Addison - Wesley, 1991: 511 - 547.
[115] Schaffer J. D.. Using genetic search to exploit the emergent behavior of the neural networks. Physica D42. 1990: 244 - 248.
[116] Schaffer J. D.. Combinations of genetic algorithms with neural networks of fuzzy systems. In: Computational Intelligence: Imitating Life. IEEE Press, 1994: 371 - 382.
[117] 方建安，邵世煌．采用遗传算法学习的神经网络控制器[J]．控制与决策，1993，8(3)：208 - 212.
[118] Merelo J. J.. Optimization of a competitive learning neural network by genetic algorithms. 1993.
[119] Miller G. G.. Designing neural networks. Neural Networks. 1991, 4: 53 - 60.
[120] Maniezzo V.. Genetic evolution of the topology and weight distribution of neural networks. IEEE Trans on Neural Networks. 1994, 5(1): 39 - 53.
[121] Marin F. J., Sandoval, F.. Genetic synthesis of discrete - time recurrent neural network, 1993.
[122] 潘卫东．利用遗传技术辅助设计人工神经网络[J]．模拟识别与人工智能，1994，17(1)：72 - 77.
[123] Hancock P J B.. Recombination operators for the design of neural nets by genetic algorithm. In: Parallel

Problem Solving from Nature 2, Amsterdam: Elsevier, 1992: 441 -450.
[124] Whitley D. , Starkweather T. , Bogart C. . Genetic algorithms and neural networks: Optimizing connections and connectivity. Parallel Computing, 1990, 14: 347 -361.
[125] Alba E. , Aldana J F. , Troya J M. . Full automatic ANN design: A genetic approach. 1993.
[126] Harp S A. , Samad T. . Genetic synthesis of neural network architecture. In: Handbook of Genetic Algorithms. NewYork: Van Nostrand Reinhold, 1991: 203 -221.
[127] Fogel D. B. , Fogel L. J. , Porto V. W. . Evolving neural networks. Biological Cybernetics. 1990, 63(6): 487 -493.
[128] Saravanan N. , Fogel D B. . Evolutionary neural control systems. IEEE Expert. June 1995: 23 -27.
[129] Angeline P J. . An evolutionary algorithm that constructs recurrent neural networks. IEEE Trans on Neural Networks. 1994, 5(1): 54 -65.
[130] Chiva E. , Tarrowx P. . Evolution of biological regulation networks under complex environmental constraints. Biol Cybern. 1995, 73.
[131] Mc Donnell J R. , Waagen D. . Evolving recurrent perceptions for time - series modeling. IEEE Trans on Neural Networks. 1994, 5(1): 24 -38.
[132] Mc Donnell J R. , Wagen D. . Neural network structure design by evolutionary programming. In: Proceedings of the 2nd ANN Conference on Evolutionary Programming, La Jolla. CA: Evolutionary Programming Society, 1993, 79 -89.
[133] Yao X. , Liu Y. . A new evolutionary system for evolving artificial neural networks. IEEE Trans on Neural Networks. 1997, 8 (3): 694 -713.
[134] Liu Y. , Yao X. . Evolutionary design of artificial neural networks with different nodes. In: Proc 1996 IEEE Int Conf Evolutionary Computation, Nagoya, 1996: 670 -675.
[135] Scholz M. . A learning strategy for neural networks based on a modified evolutionary strategy. In: Parallel Problem Solving from Nature. Heidelberg: Springer Verlag, 1991: 314 -318.
[136] Koza J. , Rice J. . Genetic generation of both the weights and architecture for a neural network. In: Proceedings of the IEEE International Joint Conference on Neural Networks, Seattle. WA: IEEE Press, 1991: 397 -404.
[137] Gruan F. , Genetic micro programming of neural networks. In: Advances in genetic programming, Cambridge. MA: MIT Press, 1993: 495 -518.
[138] Gruau F. , Whitley D. , Pyeatt L. . A Comparison between cellular encoding and direct encoding for genetic neural networks. In: Proc of the First Annual Con on Genetic Programming, Cambridge. MA: MIT Press, 1996: 81 -89.
[139] Esparcia-Alcȯzar A I. , Sharman K. . Evolving recurrent neural network achitectures by genetic programming. In: Advances in Genetic Programming, Cam bridge. MA: MIT Press, 1997: 89 -94.
[140] Angeline P J. , Kinnear K E. . Advances in genetic programming, Cambridge. MA: MIT Press, 1996.
[141] Al-Sultan K. . A tabu search approach to the clustering problem. Pattern Recognition. 1995, 28 (9): 1443 -1451.
[142] Franti P. , Kivijarvi J. , Nevalaiinen O. . Tabu search algorithm for codebook generation in vector quantization . Pattern Recognition. 1998, 31(8): 1139 -1148.
[143] 于志伟 . Tabu 机——一种新的全局优化神经网络[J]. 电子学报，1999, 27(2).
[144] 翁妙凤 . 解 Job - shop 调度问题的混合模拟退火进化规划[J]. 信息与控制，1999, Vol. 28(2).
[145] 邓志东等 . 一种模糊 CMAC 神经网络[J]. 自动化学报，1995，(3)：288 -293.
[146] 叶其革，吴捷 . 一种模糊神经网络控制器[J]. 控制与决策，1998，(6)：694 -699.
[147] 赵国屏等 . 生物信息学[M]. 第一版 . 北京：科学出版社，2002：2 -4，158 -160.

[148] Minoru Kanehisa 著. 孙之荣等译. 后基因组信息学[M]. 第一版. 北京：清华大学出版社，2002：86 - 88.

[149] Davie W. Mount. Bioinformatics：sequence and genome analysis[M]. USA：Cold Spring Harbor Laboratory Press，2002：53 - 54.

[150] T. K. Attwood and D. J. Parry-Smith 著. 罗静初等译. 生物信息学概论[M]. 第一版. 北京：北京大学出版社，2001：141 - 145.

[151] WANG L and JIANG T. On the complexity of Multiple Sequence Alignment. J. Compute Biol. 1994(1)：337 - 348.

[152] Lipman D. J. Altschul S F and Kececioglu J D. A Tool for multiple Sequence Alignment. Proc. Natn. Acad. Sci. 1989(86)：4412 - 4415.

[153] Gibbs A. J.，Mclntyre G. A.，The diagram，a method for comparing sequences. Its use with amino acid and nucleotide sequences. Eur. J. Biochem. 1970(16)：1 - 11.

[154] Maizel J. V.，Fitch W. M.. Testing the covarion hypothesis of wvolution. Mol. Biol. Evo. 1995(12)：503 - 513.

[155] Auda G.，Kamel M. Raafat H. Voting schemes for cooperative neural network classifiers. IEEE Int. Conf. Neural networks. 1995(3)：1240 - 1243.

[156] S Cho. A neuro-fuzzy architecture for high performance classification. Adv. Fuzzy Logic Neural Networks Genetic Algorithms. IEEE/Nagoya Univ. World Wisepersons Worshop. 1995：66 - 71.

[157] Lee D.. Srihari S.. A theory of classifier combination：The neural network approach. Int. Conf. Document Analysis and Recognition. 1995：42 - 46.

[158] 左孝凌. 离散数学[M]. 上海：上海科学技术文献出版社，1982，9：272 - 280，317 - 328.

[159] 张乃尧，阎平凡. 神经网络与模糊控制[M]. 北京：清华大学出版社，1998.

[160] Hornik K.，Stinchcombe M.，White H.. Mutilayer feedforward networks are universal approximators. Neural Networks. 1989(2)：359 - 366.

[161] Needleman S. B.，Wunsch C. D.，A general method applicable to the search for similarities in the amino acid sequence of two proteins. J. Mol. Biol. 1970(48)：443 - 453.

[162] Nicholas，H. B. Jr，Ropelewski A J and Deerfield D W. Strategies for multiple sequence alignment. Biotechniques. 2002(32)：572 - 578.

[163] Notredame C and Higgins D G. SAGA：sequence alignment by genetic algorithm. Nucleic Acids Res. 1996(24)：1515 - 1524.

[164] Rego C.，Glover F.. Local search and metaheuristics. The Traveling Salesman Problem and its Variations，Kluwer Academic Publishers，Dordrecht，The Netherlands. 2002：321 - 327.

[165] Saitou N.，Nei M.. The neighbor-joining method：a new method for reconstructing phylogenetic trees. Mol. Biol. Evol. 1987(4)：406 - 425.

[166] Jacobs R.，Jordan M.，Barto A.. Task Decomposition Through Competition a Modular Connectionist Architecture PhD thesis. Univ. of Massachusets，Amherst，MA，USA. 1990.

[167] 史忠植. 知识发现[M]. 北京：清华大学出版社，2002：285 - 290.

[168] 张颖等. 软计算方法[M]. 北京：科学出版社，2002：109 - 111.

[169] Battiti R.，Colla A.. Democracy in neural nets：Voting schemes for classification. Neural Networks. 1994，7(4)：691 - 707.

[170] Hansen L.. Salamon P.. Neural network ensembles. IEEE Trans. On Pattern Analysis and Machine intelligence. 1990，12(10)：993 - 1003.

[171] Alpaydin E.. Multiple networks for function learning. Int. Conf. Neural Networks. 1993(1)：9 - 14.

[172] Sneath P.，Sokal R. Numerical Taxonomy：the Principles and Practice of Numerical Classification. W. H.

Freeman and Company, San Francisco, CA. 1973.

[173] Taylor W. R. A flexible method to align large numbers of biological sequences. J. Mol. Evol. 1988(28): 161 -169.

[174] Thompson J. D. , Higgins D. G. , Gibson T J. CLUSTAL W: improving the sensitivity of progressive multiple sequence alignment through sequence weighting, position-specific gap penalties and weight matrix choice. Nucleic Acids Res. 1994(22): 4673 -4680.

[175] Gupta S. K. , Kececioglu J. , Schäffer A. A.. Improving the practical space and time efficiency of the shortest-paths approach to sum - of - pairs multiple sequence alignment. J. Comput. Biol. , 1995 (2): 459 -472.

[176] Henikoff S. Henikoff J G.. Amino acid substitution matrices from protein blocks. Proc. Nat. Acad. Sci. USA, 1992(89): 10915 -10919.

[177] R Venkateswaran and Z Obradovic. Efficient learning through cooperation In World Cong. Neural Networks. 1994(3): 390 -395.

[178] W Lincoln and J Skrzypek. Synergy of clustering back propagation networks. Adv. Neural Info. Proc. Syst. 1990(2): 650 -657.

[179] S Mukherjee and T Fine. Ensemble pruning algorithms for accelerated training. IEEE Int. Conf. Neural Networks (ICNN96). 1996(3): 96 -101.

[180] S Hashem. Algorithms for optimal linear combinations of neural networks. IEEE Int. Conf. Neural Networks. 1997(1): 242 -247.

[181] Feng D and Doolittle R. Progressive sequence alignment as a prerequisite to correct phylogenetic trees. J. Mol. Evol. 1987(25): 351 -360.

[182] Y Foo and H Szu. Solving large - scale optimization problems by divide - and - conquer neural networks. Int. Joint Conf. Neural Networks. 1989(1): 507 -511.

[183] G Auda, M Kamel and H Raafat. A new neural network structure with cooperative modules. World Cong. Comput. Intell. , Florda, USA. 1994(3): 1301 -1306.

[184] A Iwata, H Kawajiri and N Suzumure. Classification of hand - written digits by a large scale neural network combnet - ii. IEEE Int. Joint Conf. Neural networks. 1991: 1021 -1026

[185] T Salome and H Bersini. An algorithm for self - structuring neural net classifiers. Int. Conf. Neural Network. 1994(3): 1307 -1311.

[186] Mount D. W.. Bioinformatics: Sequence and Genome Analysis. Cold Spring Harbor Laboratory Press, Cold Spring Harbor, NY. 2001.

[187] Barton G. J. , Sternberg M. J. E.. A strategy for the rapid multiple alignment of protein sequences - confidence levels from tertiary structure comparisons. J. Mol. Biol. , 1987(198): 327 -337.

[188] Dayhoff M. O. , Schwartz R. , Orcutt B. C. A model of evolutionary change in proteins. National Biomedical Research Foundation, Washington, DC. 1978(5): 345 -352.

[189] Eddy S. R.. Multiple alignment using hidden Markov models. Proc. Int. Conf. Intell. Syst. Mol. Biol. 1995 (3): 114 -120.

[190] 胡劲松. 新型快速高精度全局优化算法及应用的研究[D]. 华南理工大学, 2002: 36 -70.

[191] 吴建鑫, 周志华, 沈学华. 一种选择性神经网络集成构造方法[J]. 计算机研究与发展, 2000, 37 (9): 1039 -1044.

[192] 姜远, 周志华, 陈世福. 一种从神经网络集成抽取规则的算法[J]. 中国人工智能进展, 2001, (12): 478 -481.

[193] 周志华, 陈世福. 神经网络集成[J]. 计算机学报, 2002, 25(1): 1 -8.

[194] T. Hrycej. Modular learning in neural networks: A modularized approach to classification. Wiley. 1992.

[195] Chan S, Wang A and Chu D. A survey of multiple sequence comparison methods. Bull. Math. Bio. 1992(54): 563 - 360.

[196] Notredame C. Recent progress in multiple sequence alignment: a survey. Pharmacogenomics. 2002, 3(1): 131 - 44.

[197] 塞图宝，梅丹尼斯著．朱浩等译．计算分子生物学导论[M]．北京：科学出版社，2003(8)：35 - 76.

[198] Notredame C and Higgins D G. SAGA: sequence alignment by genetic algorithm. Nucl. Acids Res. 1996(24): 1515 - 1524.

[199] Altschul S F, Gish W, Miller, W Myers, E W, and Lipman D J. Basic local alignment search tool. Journal of Molecular Biology. 1990(215): 403 - 410.

[200] Nicholas, H. B. Jr, Ropelewski, A. J. and Deerfield, D. W. Strategies for multiple sequence alignment. Biotechniques, 2002, 32: 572 - 578.

[201] S Cho, Y Cho and S Yoon. Reliable roll force prediction in cold mill using multiple neural networks. IEEE Trans Neural Networks. 1997, 8(4): 874 - 882.

[202] Lee C, Grasso C and Sharlow M F. Multiple sequence alignment using partial order graphs. Bioinformatics. 2002, (18): 452 - 464.

[203] 李茂军，童调生．单亲遗传算法在多机多阶段 Flow - shop 问题中的应用[J]．湖南大学学报(自然科学版)，2001，28(5)：56 - 60.

[204] 李茂军，童调生．用单亲遗传算法求解有序组合优化问题[J]．系统工程与电子技术，1998：58 - 61.

[205] 李茂军等．单亲遗传算法及其应用研究[J]．湖南大学学报，1998，25(6)，56 - 59.

[206] G Rogova. Combining the results of several neural network classifiers. Neural Networks. 1994, 7(5): 777 - 781.

[207] 陈国良，王熙法，庄镇泉等．遗传算法及其应用[J].6. 北京：人民邮电出版社，1996：37，89，148.

[208] 王小平，曹立明．遗传算法——理论、应用与软件实现[M]．西安：西安交通大学出版社，2000：18 - 28.

[209] 马原野，王建红．认知神经网络原理和方法[M]．重庆出版社，2003：154 - 155.

[210] Davis L D. Handbook of Genetic Algorithms. Van Nostrand Reinbold. 1991: 125 - 128.

[211] Schwefel H P and Manner. Parallel Problem Solving from Naure. Lecture Notes in Computer Science. 1991, 496(2): 215 - 220.

[212] Koza J. P.. Genetic Programming MIT. MA: Press, Cambridge, 1992: 78 - 84.

[213] Michalewicz Z. Genetic Algorihms + Data Sructures = Evolution programs. Springer Verlag, 1992: 149 - 157.

[214] Whitley D. Genitor Ⅱ: A Distributed Genetic Algorithms. J. Expt. Theor. Artif. Intell. 1990(2): 198 - 208.

[215] R Jacobs, M Jordan and A Barto. Task decomposition through competition in a modular connectionist architecture: The what and where vision tasks. Neural computation. 1991(3): 79 - 87.

[216] E Corwin and S Greni Alpaydin. Multiple networks for function learning. Int. Conf. neural networks. 1993, (1): 9 - 14.

[217] W Tsai, H Tai and A Reynolds. An Art2 - Bpsupervised neural net. In world Cong. Neural network. 1994, (13): 619 - 624.

[218] E Corwin, S Greni, A Logar and K Whitehead. A multi-stage neural network classifer. In World Cong. Neural networks. 1994, (3): 198 - 203.

[219] H. Hackbarth and J. Mantek, Modular connectionist structure for 100 – word recognition. Int. Joint Conf. Neural Networks. 1991, (2): 845 – 849.

[220] 田盛丰 . 人工智能原理与应用——专家系统·机器学习·面向对象的方法 . 北京: 北京理工大学出版社, 1993: 285 – 291.

[221] KOZEKT. Genetic Algorithms for CNN Template Learning. IEEE CASO. 1993, 40(6): 580 – 591.

[222] YAO Y. A Review of Evolutionary Artificial Neural Network. Intl J of Intell Systems. 1993 (8): 780 – 787.

[223] 侯格贤, 吴成柯. 遗传算法的性能分析[J]. 控制与决策, 1999, (3): 257 – 260.

[224] Jiang Tao, Kearney P and Li Ming. Some Open Problems in Computational Molecular Biology. J. of Algorithms. 2000, (34): 194 – 201.

[225] G Auda and M Kamel. CMNN: Coopertative modular neural networks. Int. Conf. Neural networkds. 1997, (2): 226 – 231.

[226] Goldberg D E and Segrest P. Finite Markov chain analysis of genetic algorithm [A]. In: Proc of the second Int. Conf. on Genetic Algorithms. 1987: 1 – 8.

[227] Eiben A E and Aarts E H. Global convergence of genetic algorithms: an infinite Markov chain analysis. Proc of the first Conf on Parallel P roblem Solving from Nature. Heidelberg, Berlin: Springer – verlag, 1991: 4 – 12.

[228] RudolphG. Convergence properties of canonical genetic algorithms. IEEE Tran on Neural Networks. 1994, 5(1): 96 – 101.

[229] Qi X and Palmieri F. Theoretical analysis of evolutionary algorithms with an infinite population size in continuous space, Part I: basic properties of selection and mutatio. IEEE Tran on Neural Networks. 1994, 5 (1): 102 – 119.

[230] Buck T. The interact ion of mutation rate, select ion, and self – adaptation with in genetic algorithms. Proc of the Second Conf on Parallel Problem Solving from Nature. Amsterdam, North Holland, 1992: 84 – 94.

[231] Muhlenbein H. How genetic algorithms really work. I: mutation and hill climbing. Proc of the Second Conf on Parallel Problem Solving from Nature. Amsterdam, North Holland, 1992: 15 – 25.

[232] 侯格贤, 吴成柯. 遗传算法的性能分析[J]. 控制与决策, 1999, 14(3): 257 – 260.

[233] Sunil Choenni. Design and Implementation of a Genetic – Based Algorithm for Date Mining. Proceeding of the 26th VLDB Conference, Cairo, Egypt, 2000: 33 – 42.

[234] 闻新, 周露, 王丹力, 等. MATLAB 神经网络应用设计[M]. 北京: 科学出版社, 2001: 271 – 278.

[235] C chiang and H Fu. A divide and conquer methodology for modular supervised neural network design. World Cong. Comput. Intell. 1994, (1): 119 – 124.

[236] M Bollivier, P Gallinan and S Thiria. Cooperation of neural nets for robust classification. Int. Joint Conf. Neural Networks. 1991, (2): 573 – 576.

[237] Wang L and Jiang T. On the complexity of Multiple Sequence Alignment. J Computer Biology. 1994, (1): 337 – 348.

[238] M S Waterman. General methods of sequence comparison. Bull Math Biology. 1984, (46): 473 – 500.

[239] Holland J H. Adaptation in Natural and Artificial Systems. ANN Arbor: The University of Michigan Press. 1975: 45 – 47.

[240] Goldberg D E. Genetic Algorithms in Search, Optimization and Machine Learning, Reading. MA: Addsion – Wesley, 1989: 146 – 157.

[241] M E Aggoune, M A El – sharkawi, D C Park, M J Damborg and R J Marks. Preliminary results on using artificial neural netwoks for security assessment, Proc. Of the 16th Power Industry Computer Application

Conference. 1989, (5): 254 - 258.

[242] Dong Hwa Kim. Tuning of a PID controller using immune network model and fuzzy Ser. Pusan. 2001, 6 (15).

[243] Dong Hwa Kim. Tuning of a PID controller using a artificial immune network model and fuzzy Ser. Vancouver. 2001, 7(28).

[244] Kawafuku Motohiro, Sasaki Minoru and Takahashi Kazuhiko. Adaptive learning method of neural network controller using an immune feedback law. roceedings of the 1999 IEEE/ASME International Conference on Advanced Intelligent Mechatronics, Journal article. 1999: 641 - 646.

[245] Kim Dong Hwa and Lee Kyu Young. Neural networks control by immune network algorithm based auto - weight function tuning. 2002 International Joint Conference on Neural Networks, Proceedings of the International Joint Conference on Neural Networks. 2002, (2): 1469 - 1474.

[246] P Blonda, V Laforgia, G Pasquariello and G Satalino. Multispectral classification by modular neural network architecture. IGSESS' 94. Int. Geoscience and Remote Sensing Technologies, Data Analysis andinterpretation. USA. 1993, (4): 1873 - 1876.

[247] 王宝翰，陈劲．模块化神经网络及其性能[J]．生物物理学报，1994，10(12)：671 - 680.

[248] 王国胤，施鸿宝，邓伟．基于 NARA 模型和筛选方法的并行神经网络体系结构[J]．计算机学报，1996，19(9)：679 - 686.

[249] 王国胤，施鸿宝．汉字识别的并行神经网络方法[J]．模式识别与人工智能，1996，9(1)：96 - 101.

[250] 王国胤，聂能．PMSN：并行多级筛选神经网络体系结构[J]．计算机研究与发展，1999，36(7)：21 - 25.

[251] 曹建福等．非线性系统理论及应用[M]．西安：西安交通大学出版社，2001：73 - 86.

[252] D Ballard. Modular learning in neural networks. $6^{th}$ Nat. Conf. Artificial Intell. 1987: 279 - 284.

[253] Yan H H, Chow J C, Kam M, Sepich C R and Fischl R. Design of a binary neural network for security classification in power system operation. Proceedings - IEEE International Symposium on Circuits and Systems. 1991, (2): 1121 - 1124.

[254] S. Cho, Y. Cho and S. Yoon. Reliable roll force prediction in cold mill using multiple neural networks. IEEE Trans Neural Networks. 1997, 8(4): 874 - 882.

[255] H H Yan and J D Willson. A real-time line closing analysis technique using distribution factors. IEEI Trans. on PAS. 1980, PAS - 99 (6): 2400 - 2405.

[256] D J Sobajic and Y Pao. Artificial neural-based dynamic security assessment for electrical power systems. IEEI trans on power Systems. 1988, 4(1): 220 - 228.

[257] Hammer J . New methods to predict MHC-binding sequences within protein antigens[J]. Curr Opin Immunol, 1995 , 7(2) : 263 - 269.

[258] Buus S. Description and prediction of peptide-MHC binding : the 'human MHC project' [J] . Curr Opin Immunol , 1999 , 11 (2) : 209 - 213.

[259] H Raafat and M Rashwan. A tree structure neural network. Int. Conf. Document Analysis and Recognition ICDAR93. 1993: 939 - 942.

[260] H Kita, H Massataki and Y Nishikawa. Improved version of a network for large - scale pattern recognition tasks. 1991 IEEE Int. Joint Conf. Neural Networks. 1991: 1021 - 1026.

[261] K Joe, Y Mori and S Miyake. Construction of a large scale neural network: simulation of handwritten Japanese character recognition ncube, Concurrency. 1990, 2(2): 79 - 107.

[262] Carrillo H and Lipman D J. The multiple sequence alignment problems in biology. SIAM J. Appl. Math. 1988, (48): 1073 - 1082.

[263] L Wang, N Nasrabadi and S Der. Asymptotical analysis of a modular neural network. IEEE Int. Conf. Neural Network. 1997, (2): 1019 - 1022.

[264] V Ramamurti and J Gosh. Regularization and error bars for the mixture of experts network. IEEE Int. Conf. Neural Networks. 1997, (1): 221 - 225.

[265] V Tresp and M Taniguchi. Combining estimators using non - constant weighting functions. Neural Info. Proc. Syst. 1994: 419 - 426.

[266] K Chen and H Chi. A modified mixtures of experts architecture for classification with diverse features. IEEE Int. Conf. Neural Networks. 1997, (1): 215 - 220.

[267] B Lu, H Kita and Y Nishikawa. A multi - sieving neural netwwork architecture that decomposes learning tasks automatically. World Cong. Comput. Intell. 1994, (3): 1319 - 1324.

[268] Feng D and Doolittle R. Progressive alignment of amino acid sequences and construction of phylogenetic trees from them. Methods Enzymol. 1996, (266): 368 - 382.

[269] Fitch W M. An improved method of testing for evolutionary homology. J. Mol. Biol. 1966, (16): 9 - 16.

[270] A Waibel. Modular construction of time - delay neural networks for speech recognition. Neural Computation. 1989, (1): 39 - 46.

[271] H Elsherif and M Hambaba. A modular neural network architecture for pattern classification. IEEE Workshop Neural Networks Signal Proc. 1993: 232 - 239.

[272] S Zein - Sabatto, W Hwang and D Marpaka. Neural networks sharing knowledge and experience. World Cong. Neural networks. 1994, (13): 613 - 618.

[273] Y Nishikawa Nn/I. A new neural network which divides and learns environments. Int. Joint Conf. Neural networks. 1990: 684 - 687.

[274] E Corwin, S Greni, A Logar and K Whitehead. A multi-stage neural network classifier. World Cong. Neural Networks. 1994, (13): 198 - 203.

[275] Smith T F, Waterman M S. Identification of common molecular subsequences. J. Mol. Biol. 1981, (147): 195 - 197.

[276] Lipman Pearson. Rapid and sensitive protein similarity searches. Science. 1985, (227): 1435 - 1441.

[277] Altshul lipman. Basic local alignment search tool. J. Mol. Biol. ? (215): 403 - 410.

[278] Altshul lipmangapped blast and PSI - Blast. A new generation of protein database search programs. Nucleic Acids Research. ? 25 (17): 3389 - 3401.

[279] Thompson, J D, Plewniak F and Poch O. A comprehensive comparison of multiple sequence alignment programs. Nucleic Acids Res. 1999, (27): 2682 - 2690.

[280] Wang L and Jiang T. On the complexity of multiple sequence alignment. J. Comput. Biol. 1994, (1): 337 - 348.

[281] 凌卫新，郑启伦，陈琼，等．并行协作模块化神经网络体系结构[M]．北京邮电大学学报，2002，(2)．

[282] 赵建平，吴玉章．CTL 表位预测的方法学进展[J]．第三军医大学学报，22(10)：988 - 992.

[283] 凌卫新．模块化神经网络体系结构及应用研究[D]．华南理工大学，2002：9 - 20.

[284] Viadimir Brusic, George Rudy, Margo Honeyman, Jurgen Hammer and leonard Harrison. Prediction of MHC class II-binding peptides using an evolutionary algorithm and artificial neural network. Bioinformatics. 1998, 14(2): 121 - 130.

[285] Johnson D S and McGeoch L A. Experimental analysis of heuristics for the STSP. Gutin, G. and Punnen, A. P. ( eds. ) The Traveling Salesman Problem and its Variations, Kluwer Academic Publishers, Dordrecht, the Netherlands. 2002: 415 - 424.

[286] Mata M, Travers P J , Liu Q , et al . The MHC class I2restricted immune response to HIV2gag in BALB/

c mice selects a single epitope that does not have a predictable MHC-binding motif and binds to Kd through interactions between a glutamine at P3 and pocket D[J]. J Immunol, 1998, 161(6): 2 985 -2993.

[287] LimJ S, Kim S, Lee H G, et al. Selection of peptides that bind to the HLA - A2. 1 molecule by molecular modelling[J]. Mol Immunol, 1996, 33(2): 221 - 230.

[288] Adams H P, Koziol J A. Prediction of binding to MHC Class I molecules [J]. J Immunol Methods, 1995, 185(2). 181 -190.

[289] Lipman D J, Altschul S F and Kececioglu J D. A tool for multiple sequence alignment. Proc. Nat. Acad. Sci. 1989, (86): 4412 -4415.

[290] McLachlan A D. Repeating sequences and gene duplication in proteins. J. Mol. Biol. 1972, (64): 417 - 437.

[291] Hu Guiwu, Zheng Qilun, PengHong. A Family New Fuzzy Morphological Associative Memories And the Kernel Method[J]. 华南理工大学学报自然科学版. 2003, 31(2): 96 -99.

[292] G X Ritter, P Sussner, J L Diaz - deleon. Morphological Associative associative memories. IEEE Trans. Neural networks. 1998, l9(2): 281 -293.

[293] 林尧瑞，马少平. 人工智能导论[M]. 北京：清华大学出版社出版.

[294] Brusic V et al. A neural network model approach to the study of human TAP transporter. Silico. Biol. 1999, (1): 109 - 121.

[295] Falk K, Rotzschke O, Steranovic S, et al. Allele - specific motifs revealed by sequencing of self - peptides eluted from MHCmolecules. Nature, 1991, 351(6324): 290 - 296.

[296] Kubo R T, Sette A, Grey H M, et al. Definition of specific peptide motifs for four major HLA2A alleles. J Immunol. 1994, 152(8): 3913 -3925.

[297] Parker K C, Bednarek M A and Coligan J E. Scheme for ranking potential HLA - A2 binding peptides based on independent binding of individual peptide side2chains. J Immunol. 1994, 152(1): 163 -175.

[298] Stryhn A, Pedersen L O, Romme J, et al. Peptide binding specificity of major histocompatibility complex class I resolved into an array of apparently independent subspecificities: quantitation by peptide libraries and improved prediction of binding. Eur. J. Immunol. 1996, 26(8): 1 911 -1918.

[299] Hammer J, Valsasnini P, Tolba K, et al. Promiscuous and allele - specific anchors in HLA - DR - binding peptides. Cell. 1993, (74): 197 - 203.

[300] Doytchinova IA and Flower DR. Toward the quantitative prediction of T - cell epitopes: CoMFA and CoMSIA studies of peptides with affinity for the class I MHC molecule HLA - A0201. J. Med. Chem. 2001, (44): 3572 - 81.

[301] 于自然. 现代生物化学[M]. 化学工业出版社. 2001: 1 -102.

[302] 郝柏林，张淑誉. 生物信息学[M]. 上海科学技术出版社，2002，12: 194 -199.

[303] D Sankoff. Minimal mutation trees of sequences. SIAM Journal on Applied Mathematics. 1975, (28): 35 - 42.

[304] Anbarasu L A, Sundarrarajan V. Multiple sequence alignment using parallel adaptive genetic algorithm. Simulated Evolution and Learning. Berlin: Springer. 1999(LNA11585): 130 -137.

[305] Wayama M, Takahashi K and Shimizu T. An approach to amino acid sequence alignment using a genetic algorithm. Genome Informatics. 1995, (6): 122 -123.

[306] 陈慰峰等. 医学免疫学[M]. 第三版 人民卫生出版社，上海科学技术出版社，2000: 1 -13, 53 - 65.

[307] D E Rumelhart and J L McCleland. Parallel distributed processing. Combridge MA. MIT Press. 1986: 321 - 327.

[308] 孙功星，朱科军，戴长江，等. 层次式多子网级联神经网络[J]. 电子学报，1999，27(8):

49 -51.

[309] P. Blonda V. Laforgia, G. Pasquariello and G. Satalino. Multispectral classification by modular neural network architecture. In IGSESS ' 94. Int. Geoscience and Remote Sensing Technologies, Data Analysis andinterpretation. USA. 1993, 4: 1873 -1876.

[310] 王宝翰，陈劲．模块化神经网络及其性能[J]．生物物理学报，1994，10(12)：671 -680.

[311] 王国胤，施鸿宝，邓伟．基于 NARA 模型和筛选方法的并行神经网络体系结构[J]．计算机学报，1996，19(9)：679 -686.

[312] Flower D. R. , Doytchinova I. A. . Immunoinformatics and the prediction of immunogenicity. Applied Bioinformatics. 2002, 1: 167 -176.

[313] Yu K. , Petrovsky N. , Schonbach C. , etc. Methods for prediction of peptide binding to MHC molecules: a comparative study. Molecular Medicine. 2002, 8: 137 -48.

[314] Brusic, V. , Petrovsky, N. , Zhang, G. and Bajic, V. (2002). Prediction of promiscuous peptides that bind HLA class I molecules. Immunology and Cell Biology, 80: 280 -285.

[315] Mallios, R. R. (2001). Predicting class II MHC/peptide multilevel binding with an iterative stepwise discriminative analysis meta - algorithm. Bioinformatics, 17: 942 -948.

[316] Schirle, M. , Weinschenk, T. and Stevanovic, S. (2001). Combining computer algorithms with experimental approaches permits the rapid and accurate identification of T cell epitopes from defined antigens. Journal of Immunological Methods, 257: 1 -16.

[317] Deavin, A. J. , Auton, T. R. and Greaney, P. J. (1996). Statistical comparison of established T - cell epitope predictors against a large database of human and murine antigens. Molecular Immunology, 33: 145 -155.

[318] Rammensee, H - G. (1995). Chemistry of peptides associated with MHC Class I and Class II molecules. Current Opinion in Immunology, 7: 85 -96.

[319] Ding Yongsheng, Ren L ihong. Fuzzy self2tuning immune feedback cont roller for t issue hyperthermia[A]. IEEE Int Conf on Fu zy S y stem s [C]. San A ntonio, 2000, 1: 534 -538.

[320] Yan, H. H. ; Chow, J. -C. ; Kam, M. ; Sepich, C. R. ; Fischl, r. "Design of a binary neural network for security classification in power system operation" Proceedings-IEEE International Symposium on Circuits and Systems, v 2, 1991, p 1121 -1124.

[321] Zayan, Mahmoud B. ; El - Sharkawi, Mohamed A. ; Prasad, Nadipuram R. ," Comparative study of feature extraction techniques for neutral network classifier" Proceedings of the International Conference on Intelligent Systems Applications to Power Systems, ISAP, 1996: 400 -404 .

[322] H. H. Yan, and J. D. Willson," A real-time line closing analysis technique using distribution factors," IEEI Trans, on PAS , vol. PAS -99, no. 6, pp. 2400 -2405, NOV/Dec, 1980.

[323] D. J. Sobajic and Y. Pao, ' Artificial neural - based dynamic security assessment for electrical power systems. ' IEEI trans on power Systems, vol. 4, no. 1, pp. 220 -228, Feb. 1988.

[324] M. E. Aggoune, M. A. El - sharkawi, D. C. Park, M. J. Damborg, and R. J. Marks, ' Preliminary results on using artificial neural netwoks for security assessment, ' Proc. Of the 16th Power Industry Computer Application Conference, pp. 254 -258, seattle, WA, May 1989.

[325] Dong Hwa Kim," Tuning of a PID controller using immune network model and fuzzy Ser" June 15, ISIE2001, Pusan.

[326] Dong Hwa Kim,"Tuning of a PID controller using a artificial immune network model and fuzzy Ser" July 28, IFSA2001, Vancouver.

[327] Kawafuku, Motohiro; Sasaki, Minoru; Takahashi, Kazuhiko "Adaptive learning method of neural network controller using an immune feedback law" Proceedings of the 1999 IEEE/ASME International Conference on

Advanced Intelligent Mechatronics (AIM 99), Journal article (JA), 1999, p 641 - 646.

[328] Kim, Dong, Hwa; Lee, Kyu, Young "Neural networks control by immune network algorithm based auto-weight function tuning," 2002 International Joint Conference on Neural Networks (IJCNN '02), Proceedings of the International Joint Conference on Neural Networks, v 2, 2002, p 1469 - 1474.

[329] K. Takahashi and T. Yamada," A Self - Tuning Immune Feedback Controller for Controlling Mechanical Systems,"Proceeding of Advanced Intelligent Mechatroncs(AIM'97), CD - ROM Proceeding, 1997.

[330] 苏成，殷兆麟．基于免疫 Agent 的网络安全模型[J]．计算机工程与设计，2003，24(2).

[331] 王小平，曹立明．遗传算法——理论、应用与软件实现[M]．西安：西安交通大学出版社，2000：18 - 28.

[332] 党建武．神经网络技术及应用[M]．北京：中国铁路出版社，2000：6 - 47.

[333] 马原野，王建红．认知神经网络原理和方法[M]．重庆：重庆出版社，2003：154 - 155.

[334] 闻新，周露，王丹力，等．MATLAB 神经网络应用设计[M]．北京：科学出版社，2001：271 - 278.

[335] 莫宏伟．人工免役系统原理与应用[M]．哈尔滨：哈尔滨工业大学出版社，2002：131 - 136.

[336] Zayan, Mahmoud B, El - Sharkawi, Mohamed A and Prasad Nadipuram R. Comparative study of feature extraction techniques for neutral network classifier. Proceedings of the International Conference on Intelligent Systems Applications to Power Systems, ISAP. 1996: 400 - 404.

[337] McEliece R J, et al. The Capacity of Hopfield AM. IEEE Trans 1987, IT - 33, 461 - 482.

[338] 张承福等．联想记忆神经网络的若干问题[J]．自动化学报，1994，20：513 - 521.

[339] Bersini H, V arela F. Hints for adaptive problem solving gleaned from immune network [ A ]. parallel Problem Solving from Natu re [ C ]. Berlin Heidelberg: Springer - Verlag, 1991, 3432354.

[340] Dasgupta D, Forrest S. A n anomaly detect ion algorithm inspired by the immune system [ A ]. Artificial Immune System and Their Applications [ C ]. Berlin: Sp ringer - Verlag, 1998: 262 - 277.

[341] Cooke D E, Hunt J E. Recognizing promoter - sequences using an artificial immune system [ A ]. Proc Intelligent S y stem s in Molecular Biology ( ISM B '95) [ C ]. Cambridge: AAA I Press, 1995. 89 - 97.

[342] J iao Licheng, Wang Lei. Novel genetic algorithm based on immunity [ J ]. IEEE T rans on S y stem s, M an and Cybernetics —P art A : S y stem s and H umans, 2000, 30(5) : 552 - 561.

[343] Ha Daewon, Sh in Dongwon, Koh Dw an2Hyeob, et al. Cost effective embedded DRAM integration for high - density memory and h igh performance logic using 0. 15 Lm technology node and beyond [ J ]. IEEE rans on Election Devices, 2000, 47 (7) : 1499 - 1506.

[344] Yan H H, Chow J C, Kam M, Sepich C R and Fischl R. Design of a binary neural network for security classification in power system operation. Proceedings - IEEE International Symposium on Circuits and Systems. 1991, (2): 1121 - 1124.

[345] Takahashi and T Yamada. A Self - Tuning Immune Feedback Controller for Controlling Mechanical Systems. Proceeding of Advanced Intelligent Mechatroncs, CD - ROM Proceeding. 1997.

[346] G Auda and M Kamel. Modular neural network classifiers: A comparative study. 3rd Int. Conf, Neural Networks Appl. 1997: 41 - 47.

[347] Korostensky C and Gonnet G H. Using traveling salesman problem algorithms for evolutionary tree construction. Bioinformatics. 2000, (16): 619 - 627.

[348] Kreher D L and Stinson D R. Combinatorial Algorithms: Generation, Enumeration, and Search. CRC Press, Boca Raton, FL. 1999.

[349] 苏成，殷兆麟．基于免疫 Agent 的网络安全模型[J]．计算机工程与设计，2003，24(2).

[350] Bellotti, M Castellano, C D Marzo and G Satalino. Signal/Background classification in a cosmic ray space experiment by a modular neural system. Proc. of the SPIE - The Int. Society for Optical Engineering. 1995,

2492(2): 1153 - 1161.
[351] Mui A Agarwal, A Gupta and P Shen - Pei Wang. An adaptive modular neural network with application to unconstrained character recognition. Int. Journal of Pattern Recognition and Artificial Intelligence. 1994, 8 (5): 1189 - 1204.
[352] R Schwaerzel and B Rosen. Improving the accuracy of financial time series prediction using ensemble networks and high order statistics. IEEE Int. Conf. neural Network. 1997, (4): 2045 - 2050.
[353] T Kim, K Asakawa, M Yoda and M Takeoka. Stock market prediction system with modular neural network. 1990 Int. Joint Conf. on Neural Network IJCNN'90. USA. 1990: 1 - 6.
[354] 韩立新，谢立．一种从 WEB 上抽取信息的方法[J]．情报学报，2004，01：44 - 50.
[355] 黄豫清，戚广志，张福炎．从 WEB 文档中构造半结构化信息的抽取器[J]．软件学报，2000，11(1)：73 - 78.
[356] 吴鹏飞，孟祥增，刘俊晓，等．基于结构与内容的网页主题信息提取研究[J]．山东大学学报(理学版)，2006，41(3)：131 - 134.
[357] 殷贤亮，李猛．基于分块的网页主题信息自动提取算法[J]．华中科技大学学报(自然科学版)，2007，35(10)：39 - 41.
[358] Pantel P., Lin D. Discovering Word Senses from Text[C]. In ACM SIGKDD Conference on Knowledge Discovery and Data Mining, 2002.
[359] Ferret Olivier. Discovering Word Senses from a Network of Lexical Cooccurrences[C]. In Proceedings of Coling, 2004: 1326 - 1332.
[360] WU Jie, LUO Bei, CAO Cun - gen, et al. Acquisition and Verification of Mereological Knowledge from Web Page Texts[J]. In Journal of East China University of Science and Technology (Natural Science Edition), 2006, 32(11): 1310 - 1117.
[361] LIU Lei, CAO Cun - Gen, WANG Hai - Tao, et al. A Method of Hyponym Acquisition based on "isa" Pattern[J]. In Computer Science, 2006, 33(9): 146 - 151.
[362] Zhao Y, Karypis G. Topic - driven Clustering for Document Data - sets[C]. SIAM 2005 Data Mining Conference. St. Louis, Missouri, 2005, 358 - 369.
[363] 任江涛．一种用于文本聚类的改进的 K 均值算法[J]．计算机应用，2006，26：73 - 76.
[364] 李凡，林爱武，陈国社．一种基于 VSM 文本分类系统的设计与实现[J]．华中科技大学学报(自然科学版)，2005，33(3)：53 - 55.
[365] Fabrizio Sebastiani. Machine learning in automated text categorization[J]. ACM Computing Surveys, 2002, 34 (1) : 11 - 12 , 32 - 33
[366] Jurafsky, D.. 自然语言处理综述[M]．冯志伟，孙乐译．北京：电子工业出版社，2005.
[367] 王彩荣，李晓毅，黄玉基．汉语自动分词系统的评价[J]．微处理机，2003，05：28 - 30.
[368] 李德毅，淦文燕，刘璐莹．人工智能与认知物理学[A]．中国工智能展第 10 届全国学术年会文集[C]．北京：北京邮电大学出版社，2003：6 - 15.
[369] John B. Best. 认知心理学[M]．黄希庭主译，中国轻工业出版社，2000.
[370] 赵南元．认知科学与广义进化论[M]．清华大学出版社，1994.
[371] 杨炳儒，孙海洪．基于双库协同机制的挖掘关联规则算法 Maradbcm[J]．计算机研究与发展，2002，39(11)：1447 - 1455.
[372] 杨炳儒，高静，宋威．认知物理学在数据挖掘中的应用研究[J]．计算机研究与发展，2006，43(8)：1432 - 1438.
[373] 李德毅，刘常昱，杜鹢．不确定性人工智能[J]．软件学报，2004，15(11)：1583 - 1594.
[374] 李德毅，刘常昱．人工智能值得注意的三个研究方向[M]．人工智能 50 年：回顾与展望，北京：科学出版社，2006.
[375] 杨炳儒，孙海洪，熊范纶．利用标准 SQL 查询挖掘多值型关联规则及其评价[J]．计算机研究与

发展，2002，39(3)：307 -312.
[376] 杨炳儒．基于内在机理的知识发现理论及其应用[M]．北京：电子工业出版社，2004.
[377] 刘颖．计算语言学[M]．北京：清华大学出版社，2002.
[378] Fellbaum, C. WordNet: an Electronic Lexical Database[M]. Cambridge: The MIT Press, 1998.
[379] Luisa Bentivogli, Andrea Bocco, Emanuele Pianta. ArchiWordNet: Integrating WordNet with Domain - Specific Knowledge[C]. GWC 2004, 2004: 39 -46.
[380] 张俐，李晶皎，胡明涵，等．中文 WordNet 的研究及实现[J]．东北大学学报(自然科学版)，2003，23(4)：327 -329.
[381] Harabagiu S, Miller G. A., MoldovanD. WordNet 2 - A Morphologically and Semantically Enhanced Resource[C]. In SIGLEX'99, 1999.
[382] 董振东，董强．知网[EB/OL]. http: //www. keenage. com, 2009.
[383] 董强，郝长伶，董振东．基于《知网》的中文信息结构抽取[C]．第五届汉语词汇语义学研讨会，2004：161 -168.
[384] Peng Fuchun, et al. Chinese Segmentation and New Word Detection using Conditional Random Fields [C]. In Proceedings of The 20th International Conference on Computational Linguistics, 2004: 562 -56.
[385] Wu Z. LDC Chinese Segmenter[EB/OL]. http: //www. ldc. upenn. edu/ Projects/ Chinese/ segmenter/ mansegment. perl, 1999.
[386] Teahan W. J., Wen Y., McNab R., et al. A Compression-based Algorithm for Chinese Word Segmentation[J] Computational Linguistics, 2000, 26(3): 375 - 393.
[387] Gao J., Li M., Huang C. Improved Source - Channel Models for Chinese Word Segmentation[C]. In Proceedings of the 41th Annual Meeting of Association of Computaional Linguistics (ACL), Japan. 2003.
[388] Xue N. Chinese Word Segmentation as Character Tagging[J]. International Journal of Computational Linguistics and Chinese Language Processing, 2003, 8(1).
[389] Zhang H., Liu Q., Cheng X., Zhang H., et al. Chinese Lexical Analysis Using Hierarchical Hidden Markov Model[C]. In Proceedings of the Second SIGHAN Workshop, Japan, 2003: 63 - 70.
[390] 余蕾，曹存根．基于 Web 语料的概念获取系统的研究与实现[J]．计算机科学，2007，34(2)：161 -165，195.
[391] 张春霞．领域文本知识获取方法研究及其在考古领域中的应用[D]．北京：中科院计算所，2005：31 -63.
[392] Miller G. WordNet: An On - line Lexical Database[J]. International Journal of Lexicography, 1990, 3(4).
[393] Beeferman D. Lexical discovery with an enriched semantic network[C]. In Proceedings of the Workshop on Applications of WordNet in Natural Language Processing Systems. ACL/COLING, 1998.
[394] Richardson S D, Dolan W B, Vandervende L. Mindnet: acquiring and structuring semantic information from text[C]. In Proc. Of COLING - ACL'98, 1998: 1098 -1102.
[395] James J O. Six different kinds of composition[J]. Journal of Object-Oriented Programm ing, 1994, 5 (8) : 55 -61.
[396] Dan Moldovan, Roxana Girju, Vasile Rus. Domain-Specific Knowledge Acquisition from Text[C]. ANLP - 2000, 2000: 268 -275.
[397] Bernhard Ganter, Rudolf Wile. Formal Concept Analysis[M]. In Springer - Verlag Berlin Heidlberg 1999: 15 -49.
[398] 魏宏森．系统论——系统科学哲学[M]．北京：清华大学出版社，1995：287 -297.
[399] Harabagiu S., Moldovan D. I. Knowledge processing on an extended WordNet[M], In WordNet: An Electronic Lexical Database. MIT Press. 1998: 379 - 405.
[400] 黄文蓓，杨静，顾君忠．基于分块的网页正文信息提取算法研究[J]．计算机应用，2007，27：25 -26，30.

[401] 孙承杰，关毅．基于统计的网页正文信息抽取方法的研究[J]．中文信息学报，2004，18(5)：17－22.
[402] KOVACEV IC M. Recognition of common areas in web page using visual information：A possible application in a page classification[C]. Proceedings of ICDM02，Maebashi，Japan，IEEE Press，2002：250－258.
[403] 李蕾，王劲林，白鹤，等．基于 FFT 的网页正文提取算法研究与实现[J]．计算机工程与应用，2007，43(30)：148－151.
[404] Adelberg B. NoDOSE——A tool for semi－automatically extracting structured and semistructured data from text documents[C]. Proc. of SIGMOD'98. Seattle，Washington，ACM Press，1998：283－294.
[405] Soderland S. Learning to extract text－based information from the World Wide Web[C]. Proc. of 3rd International Conf. On Knowledge Discovery and Data Mining. 1997：251－254.
[406] Smith D.，Lopez M.. Information extraction for semistructured documents[C]，Proc. of 1st Workshop on Management of Semistructured Data. Arizona，1997.
[407] Guan Tao，Wong Kam－Fai. KPS：a Web information mining algorithm[J]. Computer Networks，1999，31：1495－1507.
[408] 陈兰．一种新的基于 Ontology 的信息抽取方法[J]．计算机应用研究，2004，(8)：155－170.
[409] Li Shianhua，Ho Janming. Discovering informative content blocks from Web documents[C]. Proceedings of ACM SIGKDD. Edmonton：ACM，2002：588－593.
[410] Sandip Debnath，Prasenjit Mitra，Lee Giles. Identifying content blocks from Web documents[C]. Proceedings of the 15th ISMIS 2005 Conference. New York：Springer，2005：285－293.
[411] 王琦，唐世渭，杨冬青，等．基于的 DOM 网页主题信息自动提取[J]．计算机研究与发展，2004，41(10)：1786－1791.
[412] Zhao Y，Karypis G. Topic－driven Clustering for Document Data－sets[C]. SIAM 2005 Data Mining Conference. St. Louis，Missouri，2005. 358－369.
[413] 彭京．一种基于语义内积空间模型的文本聚类算法[J]．计算机学报，2007，30(08)：1354－1363.
[414] Liu Qun，Li Su－Jian. Word similarity computing based on How－Net[C]. Computational Linguistics and Chinese Language Processing，2002，7(2)：59－76.
[415] 冯少荣，肖文俊．基于语义距离的高效文本聚类算法[J]．华南理工大学学报(自然科学版)，2008，36(5)：30－37.
[416] 刘群，李素建．基于《知网》的词汇语义相似度计算[J]．计算语言学及中文信息处理，2002，7(2).
[417] 董强，郝长伶，董振东．基于《知网》的中文语块抽取器[C]．语言计算与基于内容的文本处理(全国第七届计算语言学联合学术会议论文集)，2003.
[418] 于满泉，陈铁睿，许洪波．基于分块的网页信息解析器的研究与设计[J]．计算机应用，2005，25(4)，974－976.
[419] 孙茂松，邹嘉彦．汉语自动分词研究评述[J]．当代语言学，2001，3(1)：22－32.
[420] 傅立云，刘新．基于词典的汉语自动分词算法的改进[J]．情报杂志，2006，01：42－43.
[421] 徐华中，徐刚．一种新的汉语自动分词算法的研究和应用[J]．计算机与数字工程，2006，2：139－142.
[422] Ricardo Baeza－Yates. Computational Linguistics and Intelligent Text Processing[J]. Computer Science，2004，(3)：445－456.
[423] 王蕾，杨季文．汉语未登录词识别现状及一种新识别方法介绍[J]．计算机应用与软件，2007，24(08)：213－215.
[424] 孙广范．基于属性和规则的未登录词识别[C]．第二届 HNC 与语言学研讨会论文集，2003.
[425] 周蕾，朱巧明，李培峰．基于统计和规则的未登录词识别方法研究[J]．计算机工程，2007，8(33)：196－198.
[426] 秦文，苑春法．基于决策树的汉语未登录词识别[J]．中文信息学报，2004，18(01)：14－19.
[427] 张锋，樊孝忠，许云．基于统计的中文姓名识别方法研究[J]．计算机工程与应用，2004，40

(10):53—54.
[428] 张仰森，徐波，曹元大，等．基于姓氏驱动的中国姓名自动识别方法[J]．计算机工程与应用，2003，(4):62-65.
[429] 罗智勇，宋柔．一种基于可信度的人名识别方法[J]．中文信息学报，2005，19(3):67-72，86.
[430] 王蕾，李培峰，朱巧明等．一种基于框架结构的专有名词自动识别方法[J]．计算机工程与科学，2007，29(07):141-144，154.
[431] 王蕾，杨季文．基于属性标记的专有名词自动识别研究[J]．计算机技术与发展，2006，11(16):195-198.
[432] Chen K. J., Bai M. H. Unknown Word Detection for Chinese by a Corpus-based Learning Method[C]. Computational Linguistics and Chinese Language Processing, 1998, 3(1): 27-44.
[433] Wu A. Chinese Word Segmentation In MSR-NLP[C]. Proceedings of the Second SIGHAN Workshop on Chinese Language Processing, Japan, 2003.
[434] Han J, Kamber M. 数据挖掘概念与技术[M]．范明，孟小峰译．北京，机械工业出版社，2001.
[435] Agrawal R., Srikant R. Fast algorithms for mining association rules[C]. The International Conference on Very Large Databases. 1994: 487-499.
[436] 石纯一．人工智能原理[M]．清华大学出版社，1995：196-220.
[437] Lin, D. Automatic retrieval and clustering of similar words[C]. Proceedings of COLING/ACL-98, 1998: 768-774.
[438] Lin, D., Pantel P. Induction of semantic classes from natural language text[C]. In Proceedings of SIGKDD-01. 2001: 317-322.
[439] Dorow B., Widdows D. Discovering Corpus-Specific Word Senses[C]. EACL 2003, 2003.
[440] T. Pedersen, R. Bruce. Distinguishing Word Senses in Untagged Text[C]. EMNLP97, 1997.
[441] Rapp R. Word Sense Discovery Based on Sense Descriptor Dissimilarity[C]. Machine Translation Summit IX, 2003.
[442] Schütze H. Automatic Word Sense Discrimination[J]. Computational Linguistics, 1998, 24(1): 97-123.
[443] Harabagiu S, Moldovan D. A Marker Propagation Algorithm for Text Coherence[C]. Working Notes of the Workshop on Parallel Processing for Artificial Intelligence, IJCAI-95, 1995: 76-86.
[444] Harabagiu S, Moldovan D. A Parallel Algorithm for Text Inference[C]. In Proceeding of the International Parallel Processing Symposium, 1995.
[445] Harabagiu S., Moldovan D, TextNet-A Text-Based Intelligent System[J]. Journal for Natural Language Engineering, 1997.
[446] Shinzato, K., Torisawa, K. Acquiring hyponymy relations from web documents[C]. Proceedings of HLT-NAACL, 2004: 73-80.
[447] Hearst M A. Automatic acquisition of hyponyms from large text Corpora[C]. Proceedings of 14th International Conference on Computational Linguistics, 1992.
[448] Hearst M A. Automated discovery of WordNet relations[M]. In An Electronic Lexical Database and Some of Its Applications. Cambridge, MA: MIT Press, 1998: 131-151.
[449] Imasumi K. Automatic acquisition of hyponymy relations from coordinated noun phrases and appositions[D]. Kyushu Institute of Technology, 2001.
[450] Morin, E., Jacquemin C. Automatic acquisition and expansion of hypernym links[J]. Computer and the Humanities, 2004, 38(4): 363-96.
[451] Ando M, Sekine S, Ishizaki. Automatic extraction of hyponyms from newspaper using lexicosyntactic patterns[C]. IPSJSIG Technical Report 2003-NL-157, 2003: 77-82.
[452] Girju R, Badulescu A, Moldovan D. Automatic Discovery of Part-Whole Relations[J]. Cognitive Science, 2006, 32(1): 83-135.

[453] Girju R, Badulescu A, Moldovan D. Learning semantic constraints for the automatic discovery of part – whole relations[C]. HLT – NAACL 2003, 2003: 80 – 87.

[454] Iris, Madelyn, Bonnie Litowitz, et al. Problems with part – whole relation[J]. Relational Models of the Lexicon: Representing Knowledge in Semantic Networks. Cambridge University Press, 1988: 261 – 288.

[455] Alessandro Artale, Enrico Franconi, Nicola Guarino, et al. Part – whole relations in object – centered systems: An overview [J]. Data & Knowledge Engineering, 1996, 12(5) : 205 – 214.

[456] Morton EWinston, Douglas Herrmann. A taxonomy of part – whole relations[J]. Cognitive Science, 1987, 11: 417 – 444.

[457] Lloréns J, Astudillo H. Automatic generation of hierarchical taxonomies from free text using linguistic algorithms[C]. Proceedings of OOIS Workshops2002, 2002: 74 – 83.